高 等 学 校 教 材

新编基础化学实验(Ⅱ)
有机化学实验

强根荣　金红卫　盛卫坚　主编

第三版

U0230991

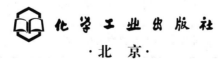

化学工业出版社

·北 京·

内 容 提 要

《新编基础化学实验（Ⅱ）——有机化学实验》（第三版）共分 8 章，含 68 个实验项目。本书前六章以加强基础与培养能力为主线，按基本操作、基础性实验、综合性实验、研究与设计性实验安排内容；第七章为典型实验教学指导，选取了 7 个经典实验从实验原理、操作要点、问题研究与讨论、教学法等方面详细阐述，对青年教师也具有很强的指导作用；第八章为 10 套有机化学实验试卷，所选题目侧重实验基础和实验操作，有利于检查学习效果和考研测试，实验答案以二维码呈现。本书在基本操作部分配有二维码，指导学生随时学习。

《新编基础化学实验（Ⅱ）——有机化学实验》（第三版）可作为化学、化工、制药及其他近化类专业的本科生教材，也可供相关人员参考。

图书在版编目（CIP）数据

新编基础化学实验 . Ⅱ，有机化学实验/强根荣，金红卫，盛卫坚主编 . —3 版 . —北京：化学工业出版社，2020.9（2025.2 重印）

高等学校教材

ISBN 978-7-122-37296-3

Ⅰ.①新…　Ⅱ.①强…②金…③盛…　Ⅲ.①化学实验-高等学校-教材②有机化学-化学实验-高等学校-教材

Ⅳ.①O6-3

中国版本图书馆 CIP 数据核字（2020）第 113882 号

责任编辑：宋林青　　　　　　　　　　文字编辑：刘志茹
责任校对：李雨晴　　　　　　　　　　装帧设计：史利平

出版发行：化学工业出版社（北京市东城区青年湖南街 13 号　邮政编码 100011）
印　　装：三河市双峰印刷装订有限公司
787mm×1092mm　1/16　印张 17　字数 417 千字　2025 年 2 月北京第 3 版第 6 次印刷

购书咨询：010-64518888　　　　　　售后服务：010-64518899
网　　址：http://www.cip.com.cn
凡购买本书，如有缺损质量问题，本社销售中心负责调换。

定　　价：42.00 元

前　言

《新编基础化学实验（Ⅱ）——有机化学实验》（第三版）继承原有教材的体系与风格，在做好教学内容和教学方法改革的前提下，大胆创新，积极融入教育信息化、数字化的大环境，改革传统的实验教学模式，拓展仅以纸质教材为媒介的教学载体，建设纸质教材与数字化资源一体化的新形态教材。

第三版修订和增加的内容主要有以下几方面。

1. 修订实验内容与方法。对加热方式、蒸馏、减压蒸馏、萃取与洗涤、重结晶、薄层色谱、熔点测定等内容进行了修订，使基本操作更具完整性。对苯甲酸的微波合成与苯甲酸乙酯的制备、乙酰二茂铁的制备及柱色谱分离等实验进行了修订，使实验方法更具绿色化。增加了对溴苯胺的绿色合成、手性物质的制备、拆分及 2,2'-二丁氧基-1,1'-联萘的 Williamson 合成等综合性实验，以及邻二溴代烃的连续流合成、含氮稠杂环类化合物的多组分一锅法合成等研究性实验，使实验内容更具先进性、实验手段更具新颖性。

2. 创新实验教材形态。通过移动互联网技术，在 12 个基本操作实验后面嵌入二维码，学生通过手机扫码即可观看实验视频，将实验教材、实验课堂、教学资源三者融合，使实验课堂和教学资源库的线上线下教学有机衔接起来。

3. 加强实验教学指导。新增典型实验教学指导一章，对 7 个典型实验从实验原理、操作要点、问题研究讨论、教学法等方面加以详细阐述，深化理解实验中的一些难点问题，对青年教师、研究生助教和学生都具有重要的指导作用。

4. 重视实验知识自测。新增加有机化学实验试卷一章，共 10 套试卷，通过扫码可查看答案，用于学生自查对有机化学实验基础知识的掌握情况，检验学习效果，并考察综合分析问题的能力。

本书实验内容和方法的修订是编著者教学、科研成果的结晶，已在教学中得到了实践。基本操作实验教学视频是基础化学实验 SPOC 课程建设的重要资源，具有普适性。实验教学指导内容是编著者长期以来对教学实验中的有关现象、问题的思考和解析，是教学经验的总结。实验试卷是编著者由历年的试卷真题精心筛选、编制而成，具有很强的针对性。

第三版的修订、改版工作由强根荣、金红卫、盛卫坚分工完成，全书由强根荣统稿。王红、王海滨、梁秋霞等老师及浙江工业大学有机化学学科的部分研究生试做了新实验或提供了实验视频、实验教学指导内容。单尚教授对教材修订提供了宝贵建议。在此一并致以衷心感谢！限于编著者水平，书中不当之处在所难免，敬请使用者批评指正。

编著者
2020 年 5 月于杭州

第一版前言

化学实验教学在高校化学、化工类各专业的教学中占有很大的比重。实验教学一方面是为了让学生更好地理解理论教学内容，更重要的是为了培养学生的各种能力，包括观察能力、动手能力、科学研究与创新能力、使用现代仪器设备的能力、发现问题并解决问题的能力以及正确表达实验结果的能力。通过实验还有利于培养学生勤勉敬业、实事求是、一丝不苟、团结协作的精神。因此，化学实验教学是培养和造就高素质化学、化工人才的重要环节。

当前，大学化学实验教学的改革在全国广泛开展。在有限的实验教学时数内使学生的能力得到全面提高始终是我们追求的目标。为进一步推进大学化学实验教学的改革与发展，我们在原有的《现代大学化学实验》基础上，对实验课程体系和教学内容进行了调整与充实，重新编写出版基础化学实验系列教材。本书是新编基础化学实验系列教材的第二本。

本实验教材主要有以下几个特点：1. 内容的安排以加强基础与培养能力为主线。按照由浅入深、循序渐进的认识规律将所选实验分成基本操作实验、制备实验、综合实验与设计性实验三个层次编写。2. 在注重基础的前提下，尽可能体现现代有机化学实验的发展成果。新编了诸如微波合成实验、绿色化学实验、微量与半微量实验、离子液体中的合成实验、无水无氧条件下的合成实验等内容。3. 制作了配套教学课件。我们精选了18 个实验，制作成约 180 分钟的实验操作演示视频作为配套教学课件出版。教学课件尽可能做到选材恰当、内容丰富、生动直观，为学生创造一种指导预习、便于复习的学习环境，让学生在进实验室之前已对要做的实验有了充分地了解，以达到提升实验教学效果的目的。

本书由单尚、强根荣、金红卫分工编写，全书由单尚统稿。配套教学课件由单尚主编，实验示范由单尚、强根荣、盛卫坚、王海滨承担，课件制作由朱敬东、高剑、申屠丽群、梁松岩承担。本教材得到了浙江工业大学重点教材建设项目的资助，在编写过程中，化工与材料学院领导及有机化学学科的老师提出了修改意见，参考了许多国内外化学实验教材和化学文献资料，在此表示衷心的感谢。

化学实验教学的改革是一项艰巨的任务，需要在长期的教学实践中不断探索、总结与提高。我们在选材和编写过程中虽然尽了努力，但限于水平及成书时间仓促，疏漏与不当之处在所难免。作为实验教学改革的一次尝试，抛砖引玉，期盼使用本教材的师生、读者批评指正。

编　者
2007 年 6 月于杭州

第二版前言

本教材自 2007 年出版以来，一直在浙江工业大学化工学院、材料学院、海洋学院、生物与环境学院、药学院等大学二年级的有机化学实验课程教学中使用，国内也有数所高校选用本教材。经过 7 年来的教学实践检验，教学效果良好。随着有机化学理论与实验技术的发展，原教材出现一些局限性，需要增补一些新的内容以满足现代有机化学实验教学的需要，为此我们编写了第二版。

第二版主要增加了以下三个方面的内容。

1. 制备实验方面，增加了某些有代表性的实验，如酸酐的制备、醛的制备、硝化反应、Hofmann 降解反应等，力求使基本实验的类型比较齐全，在教学中有更多的选择。目前测定有机化合物结构的仪器日益普及，为适应此情况，编写了核磁共振碳谱等内容。

2. 综合实验方面，增加了制备色谱、柱色谱等实用性较强的内容，主要体现在 3,5-二苯基异噁唑啉的绿色合成，2-亚氨基噻唑啉类化合物的合成等实验中。

3. 研究性实验方面有了较大幅度的增加，共编写了 10 个研究性实验供有机化学实验教学的后期选做。主要增加了取代苯乙炔的多步合成，离子液体中 4,6-二取代氨基-1,3,5-三嗪类衍生物的合成，安息香的绿色催化氧化，水杨醛缩肼基二硫代甲酸苄酯类 Schiff 碱的合成，水杨酸双酚 A 酯的合成，吗氯贝胺的合成等研究性实验。

这些实验大都经过反复试做，有些直接出自教师的科研项目，具有前沿性与可靠性，体现对学生创新能力培养的重视。此外，对第一版教材中的一些不当之处作了更正，改写了部分思考题，使教材的文字表述更规范准确。新增加的实验数大约占原书的三分之一，书末仍附带实验教学视频光盘。

第二版的编写工作由单尚、强根荣、金红卫分工完成，全书由单尚统稿。校内外的教师在教学过程中提出了许多有益的意见，浙江工业大学有机化学学科的严捷教授、盛卫坚副研究员参与了部分内容的编写与修改，在此表示衷心的感谢。限于作者水平，书中疏漏与不当之处，敬请使用本教材的师生指正。

编　者
2014 年 6 月于杭州

目　录

第一章　有机化学实验基础知识

第一节　有机化学实验室规则

为了保证有机化学实验课正常、有效、安全地进行，提高实验课的教学质量，学生必须遵守下列规则：

1. 进入实验室须穿实验服，不得穿拖鞋、高跟鞋、背心、短裤（裙）等进入实验室。绝对禁止在实验室内饮食、吸烟，或把食品带进实验室。

2. 了解实验室安全用具放置的位置和水、电的阀门，熟悉各种安全用具（如灭火器、沙桶、急救箱等）的使用方法，不得随意搬动安全用具。

3. 实验前必须认真预习，明确实验目的和要求，了解实验的基本原理、实验操作技术和基本仪器的使用方法，熟悉实验内容以及注意事项，写好预习报告。

4. 遵守纪律，不迟到，不无故缺席。实验过程中不得擅自离开实验室。保持室内安静，不在实验室大声喧哗。

5. 实验前，先清点所用仪器，如发现破损、缺少，立即向指导教师申明补领。如在实验过程中损坏仪器，应及时报告并按规定补领。

6. 实验时听从教师和实验室工作人员的指导，严格按操作规程正确操作，集中思想，仔细观察，如实、及时、正确地记录实验现象和实验数据。若要求重做实验，或改变实验方案，须征得指导教师的同意。

7. 保持实验室和实验桌面的整洁，实验仪器合理放置。火柴、纸屑、废品等投入废物桶内，废酸、废碱等倒入指定的容器，严禁投放在水槽中，以免腐蚀和堵塞水槽及下水道。

8. 公用仪器和试剂用毕即放回原处，盖好瓶盖，避免混淆及玷污试剂。按量取用试剂，注意节约。严禁将药品任意混合，更不能尝其味道。

9. 实验后需对实验现象认真分析总结，对原始数据进行处理，对实验结果进行讨论，按要求格式写出实验报告，交给指导教师批阅。

10. 实验完毕后，应清洗玻璃仪器，整理好实验桌面、药品架。经指导教师检查同意后方可离开实验室。值日生负责做好整个实验室和公用台面的清洁卫生工作，并关好水、电、通风设施及门窗等。实验室一切药品不得带离实验室。

第二节　有机化学实验室的安全知识

有机化学实验所用药品种类繁多，多数易燃、易爆，而且具有一定的毒性。在大量使用时，对人体也会造成一定的伤害，因此，防火、防爆、防中毒已成为有机化学实验中的重要问题。同时，应注意安全用电，还要防止割伤和灼伤事故的发生。

一、防火

引起着火的原因很多，如用敞口容器加热低沸点的溶剂，磨口仪器安装不到位，加热方法不正确等，均会引起着火。因此，实验中应注意以下几点：

1. 不能用敞口容器加热和放置易燃、易挥发的化学药品。应根据实验要求和物质的特性，选择正确的加热方法。

2. 尽量防止或减少易燃气体的外逸。处理和使用易燃物时，应远离火源，注意室内通风，及时将气体排出。

3. 易燃、易挥发的废物，不得倒入废液缸和垃圾桶中，应作专门回收处理。

4. 实验室不得存放大量易燃、易挥发性物质。

5. 一旦发生着火，应沉着、镇静地及时采取正确措施，控制事故的扩大。首先，立即切断电源，移走易燃物。然后，根据易燃物的性质和火势采取适当的方法进行扑救。有机物着火通常不用水进行扑救，因为一般有机物不溶于水或遇水可发生更强烈的反应而引起更大的事故。小火可用湿布或石棉布盖灭，火势较大时，应用灭火器扑救。

地面或桌面着火时，还可用沙子扑救。

身上着火时，应就近在地上打滚（速度不要太快）将火焰扑灭。千万不要在实验室内乱跑，以免造成更大的火灾。

二、防爆

在有机化学实验室中，发生爆炸事故一般有两种情况：

1. 有些化合物容易发生爆炸，如过氧化物、芳香族多硝基化合物等，在受热或受到碰撞时，均会发生爆炸。含过氧化物的乙醚在蒸馏时，也有爆炸的危险。乙醇和浓硝酸混合在一起，会引起极强烈的爆炸。

2. 仪器安装不正确或操作不当时，也可引起爆炸。如常压蒸馏或反应时，实验装置被密闭起来，减压蒸馏时使用不耐压的仪器等。

为了防止爆炸事故的发生，应注意以下几点：

1. 使用易燃易爆物品时，应严格按操作规程操作，要特别小心。

2. 反应过于剧烈时，应适当控制加料速度和反应温度，必要时采取冷却措施。

3. 在安装实验装置之前，要先检查玻璃仪器是否有破损。

4. 常压操作时，不能在密闭体系内进行加热或反应，要经常检查反应装置是否被堵塞。如发现堵塞应停止加热或反应，将堵塞排除后再继续加热或反应。

5. 减压蒸馏时，不能用平底烧瓶、锥形瓶、薄壁试管等不耐压容器作为接收瓶或蒸馏瓶。

6. 无论是常压蒸馏还是减压蒸馏，均不能将液体蒸干，以免局部过热或产生过氧化物而发生爆炸。

三、防中毒

大多数化学药品都具有一定的毒性。中毒主要是通过呼吸道和皮肤接触有毒物品而对人体造成危害。因此预防中毒应做到：

1. 称量药品时应使用工具，不得直接用手接触，尤其是有毒药品。做完实验后应洗净双手再吃东西。

2. 使用和处理有毒或腐蚀性物质时，应在通风柜中进行或加气体吸收装置，并戴好防护用品。尽可能避免蒸气外逸，以防造成污染。

3. 如发生中毒现象，应及时离开现场，到通风好的地方，严重者应及时送往医院。

四、防灼伤

皮肤接触了高温、低温或腐蚀性物质后均可能被灼伤。为避免灼伤，在接触这些物质时，最好戴橡胶手套和防护眼镜。使用油浴加热时，要防止水溅入油浴内。发生灼伤时应按下列要求处理：

1. 被碱灼伤时，先用大量的水冲洗，再用 $1\% \sim 2\%$ 的乙酸或硼酸溶液冲洗，然后再用水冲洗，最后涂上烫伤膏。

2. 被酸灼伤时，先用大量的水冲洗，然后用 1% 的碳酸氢钠溶液清洗，最后涂上烫伤膏。

3. 被溴灼伤时，应立即用大量的水冲洗，再用酒精擦洗或用 2% 的硫代硫酸钠溶液洗至灼伤处呈白色，然后涂上甘油或鱼肝油软膏加以按摩。

4. 被热水烫伤后一般在患处涂上红花油，然后擦烫伤膏。

5. 以上这些物质一旦溅入眼睛中，应立即用大量的水冲洗，并及时去医院治疗。

五、防割伤

有机实验中主要使用玻璃仪器。使用时，最基本的原则是：不能对玻璃仪器的任何部位施加过度的压力。

1. 安装温度计、用玻璃管和塞子连接装置时，用力处不要离塞子太远，如图 1-1 中（a）和（c）所示。图 1-1 中（b）和（d）的操作是不正确的。尤其是插入温度计时，要特别小心。

| (a) | (b) | (c) | (d) |

图 1-1　玻璃管与塞子连接时的操作示意图

2. 新割断的玻璃管断口处特别锋利，使用时，要将断口处用火烧至熔化，使其成圆滑状。

发生割伤后，应将伤口处的玻璃碎片取出，再用生理盐水将伤口洗净，涂上红药水，用纱布包好伤口。若割破静（动）脉血管，流血不止时，应先止血。具体方法是：在伤口上方约 $5 \sim 10cm$ 处用绷带扎紧或用双手掐住，然后再进行处理或送往医院。

六、防触电

进入实验室后，首先应了解实验室的电源总闸在何处，而且要掌握其使用方法。在实验中，应先将电器设备上的插头与插座连接好后，再打开电源开关。不能用湿手或手握湿物去插或拔插头。

使用电器前，应检查线路连接是否正确，电器内外要保持干燥，不能有水或其他溶剂。实验做完后，应先关掉电源，再去拔插头。

第三节　化学试剂及气体

一、化学试剂的规格与存放

1. 化学试剂的规格

根据国家和有关部门颁布的标准，化学试剂按其纯度和杂质含量的高低分为四个等级（表 1-1）。

表 1-1　化学试剂的等级

项目	一级	二级	三级	四级
中文名	优级纯	分析纯	化学纯	实验试剂
英文标志	GR	AR	CP	LR
标签颜色	绿色	红色	蓝色	棕色或黄色

优级纯（一级）试剂，又称保证试剂，杂质含量最低，纯度最高，适用于精密的分析及研究工作。

分析纯（二级）及化学纯（三级）试剂，适用于一般的分析研究及教学实验工作。

实验试剂（四级），只能用于一般性的化学实验及教学工作。

除上述四种级别的试剂外，还有适合某一方面需要的特殊规格试剂，如"基准试剂""色谱试剂""生化试剂"等，另外还有"高纯试剂"，它又细分为"高纯""超纯""光谱纯"等。

此外，还有工业生产中大量使用的化学工业品（也分为一级品、二级品）以及可供食用的食用级产品。

基准试剂是容量分析中用于标定标准溶液的基准物质，而光谱纯试剂为光谱分析中的标准物质，色谱纯试剂是用作色谱分析的标准物质，生化试剂则用于各种生物化学实验。

各种级别的试剂及工业品因纯度不同而价格相差很大。工业品和优级纯试剂之间的价格可相差数十倍，所以使用时，在满足实验要求的前提下，应考虑节约的原则，选用适当规格的试剂。例如配制大量洗液使用的 $K_2Cr_2O_7$、浓 H_2SO_4，发生气体大量使用的以及冷却浴所使用的各种盐类等都可以选用工业品。

2. 化学试剂的存放

化学试剂在储存过程中，会受到温度、光照、空气和水分等外在因素的影响，容易发生潮解、霉变、聚合、氧化、分解、变色、挥发和升华等物理、化学变化，失效而无法使用，因此要采取适当的储存条件。有些化学试剂有一定的保质期，使用时一定要注意。化学试剂中有一些属于易燃、易爆、有腐蚀性、有毒或有放射性的化学品。总之，在使用化学试剂之前一定要对所用的化学试剂的性质、危害性及应急措施有所了解。

实验室保存化学试剂时，一般应遵循以下原则。

（1）见光或受热易分解的试剂应该放置在阴凉处，避光保存。例如，硝酸、硝酸银等，一般应存放在棕色试剂瓶中，储放在黑暗而且温度低的地方。

易燃有机物要远离火源。强氧化剂要与还原性的物质隔开存放。钾、钙、钠在空气中极易氧化，遇水发生剧烈反应，应放在盛有煤油的广口瓶中以隔绝空气。

（2）存放试剂的柜、库房要经常通风。室温下易发生反应的试剂要低温保存。苯乙烯和丙烯酸甲酯等不饱和烃及衍生物在室温下易发生聚合，过氧化氢易发生分解，因此要在10℃以下的环境中保存。

（3）化学试剂都要密封，如易挥发的试剂（浓盐酸、浓硝酸、溴等）；易被氧化的试剂（亚硫酸氢钠、氢硫酸、硫酸亚铁等）；易与水蒸气、二氧化碳作用的试剂（无水氯化钙、氢氧化钠等）。

（4）有腐蚀性的试剂，如氢氟酸不能存放在玻璃瓶中；强氧化剂、有机溶剂不能用带橡胶塞的试剂瓶存放；碱液、水玻璃等不能用带玻璃塞的试剂瓶存放。

二、气体钢瓶的使用

1. 气体钢瓶

气体钢瓶是储存压缩气体或液化气的高压容器。实验室常用它直接获得各种气体。钢瓶（见图 1-2）是用无缝合金钢或碳素钢管制成的圆柱形容器。器壁很厚，一般最高工作压力为 15MPa。钢瓶口内外壁均有螺纹，以连接钢瓶启闭阀门 3 和钢瓶帽 4。钢瓶底座 5 通常制成方形，便于钢瓶竖直立稳。瓶外还装有两个橡胶制的防震圈。钢瓶阀门侧面接头具有左旋或右旋的连接螺纹，可燃性气体为左旋，非可燃性及助燃气体为右旋。各种高压气体钢瓶外表都涂上特定颜色的油漆以及特定颜色的标明气体名称的字样（见表 1-2）。

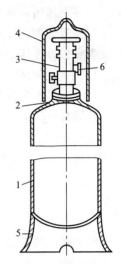

图 1-2 钢瓶剖视图
1—瓶体；2—钢瓶口；
3—启闭阀门；4—钢瓶帽；
5—钢瓶底座；6—接头

2. 减压阀

由于高压钢瓶内气体的压力一般很高，而使用压力往往比较低，单靠钢瓶启闭阀门不能稳定调节气体的放出量。为了降低压力并保持压力稳定，必须装置减压阀即减压器（压力较低的 CO_2、NH_3 可例外）。减压阀一般为弹簧式减压阀，它又分为正作用和反作用两种。以反作用减压阀（见图 1-3）为例，这是一种比较常用的减压阀。其高压部分通过进口与钢瓶连接，低压部分为气体出口，通往使用系统。高压表 6 测量的是钢瓶内储存气体的压力，低压表 10 显示的是气体出口的压力，其压力可通过调节螺杆的手柄 1 来控制。

表 1-2　高压气体钢瓶及字样颜色

气体名称（及字样）	钢瓶外表颜色	字样颜色	气体名称（及字样）	钢瓶外表颜色	字样颜色
氧	天蓝色	黑色	氯气	草绿色	白色
氢	绿色	红色	二氧化碳	黑色	黄色
氮	黑色	黄色	纯氩	灰色	绿色
压缩空气	黑色	白色	乙炔	白色	红色
氨	黄色	黑色	石油气体	灰色	红色

使用时先打开钢瓶阀门，进入的高压气体作用在减压活门 9 上，有使活门关闭的趋向。顺时针转动调节螺杆的手柄 1，它压缩弹簧垫块 3、薄膜 4，打开减压活门 9，进口的高压气体由高压气室经活门减压后进入低压室，再经出口通往工作系统。停止使用时，先关闭钢瓶阀门让余气排净，当高压表、低压表均指"0"时，再逆时针转动手柄，使主弹簧恢复自由状态，减压阀被关闭。各种气体的减压阀不能混用。安装时应特别注意减压阀与钢瓶螺纹的方向，不要搞反。

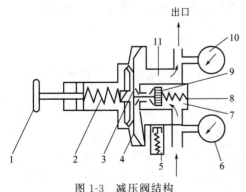

出口

图 1-3 减压阀结构
1—手柄（调节螺杆）；2,8—压缩弹簧；
3—弹簧垫块；4—薄膜；5—安全阀；
6—高压表；7—高压气室；9—减压
活门；10—低压表；11—低压气室

3. 钢瓶安全使用注意事项

（1）钢瓶应存放在阴凉、干燥、远离热源的地方。钢瓶受热后，瓶内压力增大。易造成漏气甚至爆炸事故。钢瓶直立放置时要加以固定，搬运时要避免撞击及强烈震动。

（2）氧气钢瓶要与可燃性气体钢瓶分开存放，与明火距离不得小于 10m。氢气钢瓶最好放置在楼外专用小屋内，以确保安全。

（3）氧气钢瓶及其专用工具严禁与油类接触，要使用专门的氧气减压阀。

（4）钢瓶上的减压阀要专用，安装时螺扣要上紧。开启减压阀时，要站在钢瓶接口的侧面，以防被气流射伤。

（5）钢瓶内的气体绝对不要全部用完，一定要保持 0.05MPa 以上的残余压力。可燃性气体应保留 0.2～0.3MPa，氢气应保留更高的压力，以防重新充气或以后使用时发生危险。

第四节　有机化学实验常用仪器和设备

实验室的玻璃仪器一般是由软质或硬质玻璃制作而成的。软质玻璃耐温、耐腐蚀性较差，但是价格便宜，因此，一般用它制作的仪器均不耐温，如普通漏斗、量筒、吸滤瓶、干燥器等。硬质玻璃具有较好的耐温和耐腐蚀性，制成的仪器可在温度变化较大的情况下使用，如烧瓶、烧杯、冷凝器等。玻璃仪器可分为普通玻璃仪器及标准磨口玻璃仪器。

使用玻璃仪器时应注意以下几点：

1. 使用时，应轻拿轻放。

2. 不能用明火直接加热玻璃仪器，加热时应垫石棉垫。

3. 不能用高温加热不耐温的玻璃仪器，如吸滤瓶、普通漏斗、量筒等。

4. 玻璃仪器使用完后，应及时清洗干净。玻璃仪器最好自然晾干。

5. 带旋塞或具塞的仪器清洗后，应在塞子和磨口接触处夹放纸片或涂抹凡士林，以防黏结。

6. 安装仪器时，应做到横平竖直，磨口连接处不应受歪斜的应力，以免仪器破裂。

7. 使用温度计时，应注意不要用冷水冲洗热的温度计，以免炸裂，尤其是水银球部位，应冷却至室温后再冲洗。不能用温度计搅拌液体或固体物质，以免损坏后，因有汞或其他有机液体泄漏而不好处理。

一、普通玻璃仪器

实验室常用的普通玻璃仪器有非磨口锥形瓶、烧杯、布氏漏斗、吸滤瓶、普通漏斗、分液漏斗等，见图 1-4。

二、标准磨口玻璃仪器

标准磨口玻璃仪器（简称标准口玻璃仪器）见图 1-5，通常应用在有机化学实验中。标准磨口是根据国际通用技术标准制造的，国内已经普遍生产和使用。由于口塞尺寸的标准化、系列化、磨砂密合，凡属于同类型规格的接口，均可任意互换，各部件能组装成各种配套仪器。当不同类型规格的部件无法直接组装时，可使用变径接头使之连起来。使用标准接口玻璃仪器既可免去配塞子的麻烦手续，又能避免反应物或产物被塞子沾污的危险；口塞磨砂性能良好，使密合性可达较高真空度，对蒸馏尤其减压蒸馏有利，对于毒物或挥发性液体的实验较为安全。

现在常用的是锥形标准磨口，其锥度为 1∶10，即锥体大端直径与锥体小端直径之差与磨面的锥体轴向长度之比为 1∶10。根据需要，标准磨口制作成不同的大小，通常以整数数字表示标准磨口的系列编号，这个数字是锥体大端直径（以 mm 表示）的最接近的整数，见表 1-3。

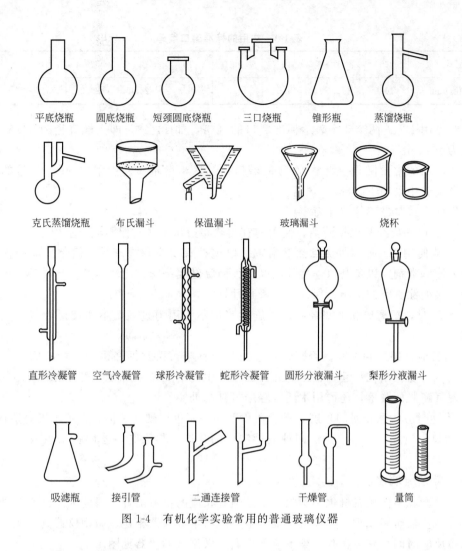

平底烧瓶	圆底烧瓶	短颈圆底烧瓶	三口烧瓶	锥形瓶	蒸馏烧瓶
克氏蒸馏烧瓶	布氏漏斗	保温漏斗	玻璃漏斗	烧杯	
直形冷凝管	空气冷凝管	球形冷凝管	蛇形冷凝管	圆形分液漏斗	梨形分液漏斗
吸滤瓶	接引管	二通连接管	干燥管	量筒	

图 1-4 有机化学实验常用的普通玻璃仪器

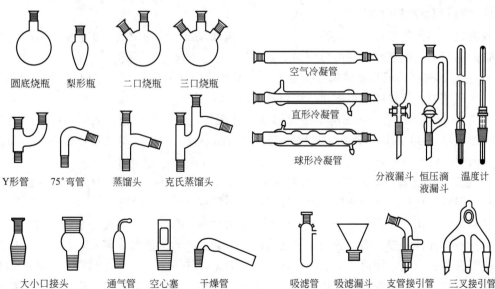

圆底烧瓶	梨形瓶	二口烧瓶	三口烧瓶	空气冷凝管	
Y形管	75°弯管	蒸馏头	克氏蒸馏头	直形冷凝管	
				球形冷凝管	分液漏斗 恒压滴 温度计 液漏斗
大小口接头	通气管	空心塞	干燥管	吸滤管 吸滤漏斗 支管接引管	三叉接引管

图 1-5 有机化学实验常用的标准磨口玻璃仪器

表 1-3　常用的标准磨口编号

编号	10	12	14	16	19	24	29	34	40
大端直径/mm	10.0	12.5	14.5	16.0	18.8	24.0	29.2	34.5	40.0

有时也用 D/H 两个数字表示标准磨口的规格，如 14/23，即大端直径为 14.5mm，锥体长度为 23mm。

学生使用的常量仪器一般是 19 号的磨口仪器，半微量实验中采用的是 14 号的磨口仪器，微量实验中采用 10 号磨口仪器。

使用标准接口玻璃仪器注意事项：

1. 标准口塞应经常保持清洁，使用前宜用软布擦拭干净，但不能附上棉絮。

2. 一般使用时，磨口处无须涂润滑剂，以免粘有反应物或产物。但是反应中使用强碱时，则要涂润滑剂，以免磨口连接处因碱腐蚀而黏结在一起，无法拆开。当减压蒸馏时，应在磨口连接处涂真空润滑脂，保证装置密封性好。

3. 装配时，把磨口和磨塞轻微地对旋连接，不宜用力过猛，不能装得太紧，只要润滑密闭即可。

4. 用后应立即拆卸洗净，否则，对接处常会粘牢，以致拆卸困难。标准磨口仪器放置时间太久，容易黏结在一起，很难拆开。如果发生此情况，可用热水煮黏结处或用热风吹磨口处，使其膨胀而脱落，还可用木槌轻轻敲打黏结处。

5. 装拆时应注意相对的角度，不能在角度偏差时进行硬性装拆，否则，极易造成破损。

6. 磨口套管和磨塞应该是由同种玻璃制成的，迫不得已时，才用膨胀系数较大的磨口套管。

三、微型玻璃仪器

进行微型、半微型有机化学实验，就必须有相应的仪器配置。目前国内已有几种成套的微型化实验仪器研制成功，并投入了批量生产。与常规仪器相比，微型仪器具有减少试剂用量，缩短反应时间，减少实验污染等显著特点。微型玻璃仪器见图 1-6。

四、有机化学实验常用装置

有机化学实验的各种反应装置都是由一件件玻璃仪器组装而成的，实验中应根据要求选择合适的仪器。一般选择仪器的原则如下：

• 烧瓶的选择　根据液体的体积而定，一般液体的体积应占容器体积的 1/3～2/3，进行水蒸气蒸馏时，液体体积不应超过烧瓶容积的 1/3。

• 冷凝管的选择　一般情况下回流用球形冷凝管，蒸馏用直形冷凝管。但是当蒸馏或回流温度超过 140℃时，应改用空气冷凝管，以防温差较大时，由于仪器受热不均匀而造成冷凝管断裂。

• 温度计的选择　实验室一般备有 100℃、200℃ 和 300℃ 三种温度计，根据所测温度可选用不同的温度计。一船选用的温度计要高于被测温度 10～20℃。

仪器装配得正确与否，对于实验的成败有很大关系。首先，在装配一套装置时，所选用的玻璃仪器和配件都要干净。否则，往往会影响产物的产量和质量。其次，装配时，应首先选好主要仪器的位置，按照一定的顺序逐个装配起来，先下后上，从左到右（或从右到左）。第三，在拆卸时，一般先停止加热，移走加热源，待稍微冷却后，先取下产物，然后按与安装时相反的顺序，逐个拆除。拆冷凝管时注意不要将水洒到电热套上。

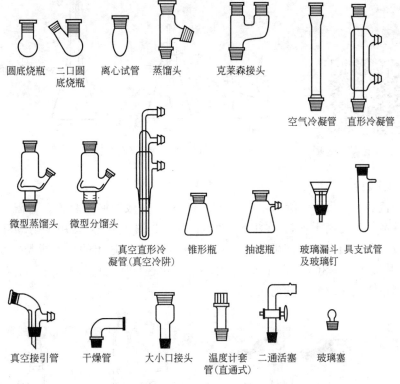

圆底烧瓶　二口圆　离心试管　蒸馏头　克莱森接头
　　　　　底烧瓶

空气冷凝管　直形冷凝管

微型蒸馏头　微型分馏头

真空直形冷　锥形瓶　抽滤瓶　玻璃漏斗　具支试管
凝管(真空冷阱)　　　　　　　　及玻璃钉

真空接引管　干燥管　大小口接头　温度计套　二通活塞　玻璃塞
　　　　　　　　　　　　　　　　管(直通式)

图 1-6　微型有机化学实验玻璃仪器

　　仪器装配要求做到严密、正确、整齐和稳妥。在常压下进行反应的装置，必须与大气相通，不能密闭。

　　铁夹的双钳应贴有橡皮或绒布，或缠上石棉绳、布条等。否则，容易将仪器夹坏。

　　总之，使用玻璃仪器时，最基本的原则是切忌对玻璃仪器的任何部分施加过度的压力或扭歪。实验装置的装配不规范，不仅会影响美观，而且有潜在的危险。因为扭歪的玻璃仪器在加热时会破裂，有时甚至在放置时也会崩裂。

　　气体吸收、回流、搅拌、加热和冷却是有机化学实验中常常碰到的基本操作，为了查阅和比较，本节集中讨论这些操作的装置。

　　1. 气体吸收装置

　　在某些有机化学实验中会产生和逸出有刺激性的、水溶性的气体（例如，在制对甲苯乙酮时会产生大量氯化氢，在制正溴丁烷时会逸出溴化氢），这时，必须使用气体吸收装置来吸收这些气体，以免污染实验室空气。常见的气体吸收装置见图 1-7，其中图 1-7(a) 和图 1-7(b) 是用于吸收少量气体的装置。图 1-7(a) 中的漏斗口应略为倾斜，使一半在水中，一半露出水面，这样既能防止气体逸出，又可防止水被倒吸至反应瓶中。图 1-7(b) 的玻璃管应略微离开水面，以防倒吸。有时为了使卤化氢、二氧化硫等气体能较完全地被吸收，可在水中加少些氢氧化钠。若反应过程中会生成或逸出大量有害气体，特别当气体逸出速度很快时，应使用图 1-7(c) 的装置。在图 1-7(c) 中，水自上端流下（可利用冷凝管流出的水），并在恒定的平面上从吸滤瓶支管溢出，引入水槽。粗玻璃管应恰好伸入水面，被水封住，吸收效果较好。

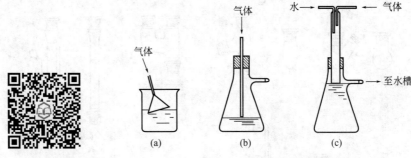

图 1-7 常见的气体吸收装置

2. 加热回流装置

常用的回流装置如图 1-8 所示,其中图 1-8(a) 是一般的回流装置。若需要防潮,则可在冷凝管顶端装一氯化钙干燥管,如图 1-8(b) 所示。图 1-8(c) 是用于防潮并吸收有氯化氢、溴化氢或二氧化硫等气体产生和逸出的反应。根据气体逸出的具体情况,可适当选用图 1-7 中的吸收装置。图 1-8(d) 是用于一边加料、一边进行回流的装置。图 1-8(e) 是用于滴加、回流过程中测定反应液温度的装置。

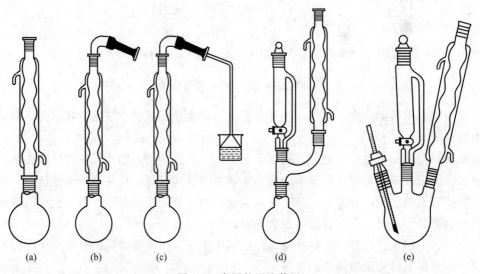

图 1-8 常用的回流装置

进行回流前,应选择合适的烧瓶,液体体积占烧瓶容积的 1/2 左右为宜。加热前,先在烧瓶中放入沸石,以防暴沸。回流停止后若要再进行加热,必须重新放入沸石。根据瓶内液体的沸腾温度,在 140℃ 以下采用球形冷凝管,高于 140℃ 时应采用空气冷凝管。冷凝水不能开得太大,以免把橡皮管弹掉。加热的方式可根据具体情况选用水浴、油浴、电热套和石棉网直接加热等。回流的速度应控制在每秒 1~2 滴,不宜过快,否则因来不及冷凝,会在冷凝管中造成液泛,而导致液体冲出冷凝管。

3. 机械搅拌装置

当进行非均相反应,或反应物之一要逐渐滴加时,为避免反应瓶内局部过浓、过热而导致其他副反应或有机化合物分解,必须进行搅拌。搅拌常常能使反应温度均匀,缩短反应时间和提高产率。常用的机械搅拌装置见图 1-9。

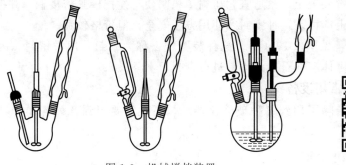

图 1-9　机械搅拌装置

机械搅拌

为避免有机化合物蒸气或反应中生成的有害气体污染实验室，在搅拌装置中可采用图 1-10 中所示的几种简易密封装置。其中图 1-10（a）是一般常用的装置，由搅拌棒、玻璃管、橡皮管及塞子（软木塞或橡皮塞）组成。塞子打的孔径应与玻璃管匹配，并且垂直位于塞子的中心。玻璃管的内径应略大于搅拌棒直径，它露出在塞子上端的长度为 2cm 左右，两端应用火烧光滑，以免割伤手。橡皮管内径应能与搅拌棒紧密接触。装置时，在橡皮管内涂些甘油，小心套在塞子上端的玻璃管上，上面露出玻璃管约 0.5cm，再将搅拌棒自玻璃管下端插入，这样，玻璃管上端的橡皮管与搅拌棒紧密接触能达到密封的效果。为了使搅拌顺畅，可再在搅拌棒与玻璃管之间滴少许甘油（不要多滴，以免沾污反应物），将搅拌棒上端通过橡皮管固定在搅拌器电动机转动轴上，搅拌棒下端应避免与烧瓶底部相碰。这种搅拌装置在一般减压情况下（10mmHg❶ 左右）也可使用。

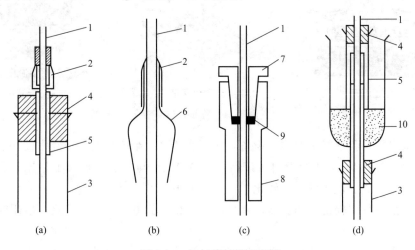

图 1-10　机械搅拌密封装置

1—搅拌棒；2—橡皮管；3—烧瓶颈；4—软木塞或橡皮塞；5—玻璃套管；6—磨口套管；
7—有外螺纹的聚四氟乙烯螺丝盖；8—有内螺纹的聚四氟乙烯标准口塞；9—硅橡胶密封垫圈；10—液封

在使用磨口仪器时，可采用图 1-10（b）的装置，比较简便，但有时不及前者稳妥。

现在实验室大多采用图 1-10（c）的聚四氟乙烯制成的搅拌密封塞。它由上面的螺旋盖、中间的硅橡胶密封垫圈和下面的标准口塞组成。标准口塞有不同型号，可与各种标准口玻璃仪器匹配。使用时只需选用适当直径的搅拌棒插入标准口塞与垫圈孔中，在垫圈与搅拌棒间

---

❶ 1mmHg＝133.322Pa。

可涂些甘油润滑，旋上螺旋盖至松紧适宜，压扁了垫圈便与搅拌棒紧密接触，并把标准口塞塞紧在标准口玻璃烧瓶上即可。这种密封塞使用方便安全，但价格较贵。

另一种是液封装置，见图1-10（d）。这种装置过去称为汞封，用汞密封。因汞毒性较大，现已改用其他惰性液体（如石蜡油等）进行密封。

五、有机化学实验常用设备

在有机化学实验中，除了用到各种玻璃仪器外，还经常要用到各种各样的辅助仪器和设备。

1. 托盘天平和电子天平

托盘天平（见图1-11）是最常用的称量仪器，用于精度不高的称量。一般托盘天平的最大称量为1000g（也有500g的），能称准到1g。药物天平最大称量为100g，可称准到0.1g。称量前若发现两边不平衡，应调节两端的平衡螺丝使之平衡。称量时，被称量物质放在左边秤盘上，在右边秤盘上加砝码，最后移动游码，至两边平衡为止。被称量的化学药品必须放在称量纸上或烧杯、烧瓶内，切不可直接放在秤盘上，以保持天平的清洁。称量后应将砝码放回盒中。

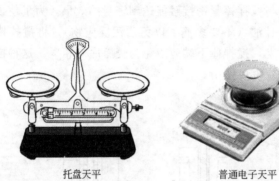

托盘天平　　　　　　普通电子天平　　　　　　电子分析天平

图1-11　称量仪器

电子天平也是实验室常用的称量设备，尤其在微量、半微量实验中经常使用。普通电子天平的最小分度为0.01g，即称量时可以精确到0.01g。与普通托盘天平相比，它具有称量简单、方便快捷的优点，能满足一般化学实验的要求。

分析天平是一种比较精密的仪器，称量时可以精确到0.0001g。因此，使用时应注意维护和保养。

天平应放在清洁、稳定的环境中，以保证测量的准确性。勿放在通风、有磁场或产生磁场的设备附近，勿在温度变化大、有震动或存在腐蚀性气体的环境中使用。

将校准砝码存放在安全干燥的场所，天平在不使用时应拔掉交流适配器，长时间不用时要取出电池。使用时，不要超过天平的最大量程。

保持机壳和称量台的清洁，以保证天平的准确性，可用蘸有柔性洗涤剂的湿布擦洗。

2. 烘箱

烘箱如图1-12所示。实验室一般使用的是恒温鼓风干燥箱，主要用于干燥玻璃仪器或无腐蚀性、热稳定好的药品。使用时应先调好温度（烘玻璃仪器一般控制在100～110℃）。刚洗好的仪器应将水滴干后再放入烘箱中。烘仪器时，将烘热干燥的仪器放在上边，湿仪器

图 1-12 烘箱

放在下边，以防湿仪器上的水滴到热仪器上造成仪器炸裂。热仪器取出后，不要马上碰冷的物体如冷水、金属用具等。带旋塞或具塞的仪器，应取下塞子后再放入烘箱中烘干。

实验室还经常使用真空干燥箱，主要用来干燥实验药品。由于在真空下加热，对一些熔点较低或在高温下容易分解的药品比较适合，干燥的速度也大大加快。

3. 气流烘干器和电热套

气流烘干器是一种用于快速烘干仪器的设备，如图 1-13 所示。使用时，将仪器洗干净，沥干水分后，将仪器套在烘干器的多孔金属管上，注意随时调节热空气的温度。气流烘干器不宜长时间加热，以免烧杯电机和电热丝。

电热套是用玻璃纤维丝与电热丝编织成半圆形的内套，外边加上金属或塑料外壳，中间填上保温材料，如图 1-14 所示。根据内套直径的大小分为 50mL、100mL、150mL、200mL、250mL 等规格，最大可到 3000mL。此设备不用明火加热，使用较安全。由于它的结构是半圆形的，在加热时，烧瓶处于热气流中，因此，加热效率较高。使用电热套时应注意，不要将药品洒在电热套中，以免加热时药品挥发污染环境，同时避免电热丝被腐蚀而断开，加热时烧瓶不要贴在内套壁上。用完后放在干燥处，否则内部吸潮后会降低绝缘性能。

图 1-13　气流烘干器 　　　　　　　　　　图 1-14　电热套

4. 搅拌器

搅拌器一般用于反应时搅拌液体反应物，搅拌器分为电动搅拌器（见图 1-15）和磁力搅拌器（见图 1-16）。

使用电动搅拌器时，应先将搅拌棒与电动搅拌器连接，再将搅拌棒用套管或塞子与反应瓶连接固定好。搅拌棒与套管的固定一般用橡皮管。橡皮管的长度不要太长也不要太短，以免由于摩擦而使搅拌棒转动不灵活或密封不严。仪器安装好后，从正面看，搅拌棒与电动机的支杆应在一个平面内；从侧面看，两者应平行。在开动搅拌器前，应用手先空试搅拌器转

图 1-15　电动搅拌器

图 1-16　磁力搅拌器

动是否灵活，如不灵活应找出摩擦点，进行调整，直至转动灵活。如是电机问题，应向电机的加油孔中加一些机油，以保证电机转动灵活或更换新电机。

　　磁力搅拌器能在完全密封的装置中进行搅拌。它由电机带动磁体旋转，磁体又带动反应器中的磁子旋转，从而达到搅拌的目的。磁力搅拌器一般都带有温度和速度控制旋钮，使用后应将旋钮回零，使用时应注意防潮防腐。

　　5. 旋转蒸发仪

　　旋转蒸发仪可用来回收、蒸发有机溶剂。由于它使用方便，近年来在有机实验室中被广泛使用。它由一台电机带动可旋转的蒸发瓶（一般用茄形瓶或圆底烧瓶）、冷凝管、接收瓶等组成，如图 1-17 所示。此装置可在常压或减压下使用，可一次进料，也可分批进料。由于蒸发瓶在不断旋转，可免加沸石而不会暴沸，同时，液体附于壁上形成了一层液膜，加大了蒸发面积，使蒸发速度加快。使用时应注意：

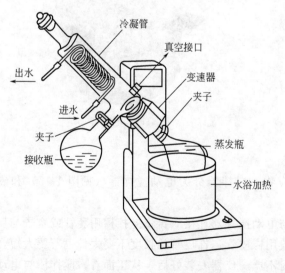

图 1-17　旋转蒸发仪

（1）减压蒸发时，如果温度高、真空度高，瓶内液体可能会暴沸，此时，及时转动插管二通活塞，通入空气降低真空度即可。对于不同的物料，应找出合适的温度与真空度，以平稳地进行蒸发。

（2）蒸发结束时，先停止加热，停止旋转，调高主机，放空，左手扶住转动轴，右手轻轻旋转蒸发瓶取下。若烧瓶取不下来，可趁热用木槌轻轻敲打，以便取下。

6. 真空泵

实验室常用水泵或油泵来获得真空。水泵常因其结构、水压和水温等因素，不易得到较高的真空度，一般用于对真空度要求不高的减压体系中。循环水多用真空泵（图1-18）是以循环水作为流体，利用射流产生负压的原理而设计的一种新型多用真空泵，广泛用于蒸发、蒸馏、结晶、过滤、减压、升华等操作中。由于水可以循环使用，避免了直排水的现象，节水效果明显。因此，是实验室理想的减压设备。

图1-18　SHB-Ⅲ型循环水多用真空泵　　　　图1-19　2XZ-2型机械油泵

使用真空泵时应注意：

（1）真空泵抽气口应接有一个缓冲瓶，以免停泵时，水被倒吸入反应瓶中，使反应失败。

（2）开泵前，应检查是否与体系接好，然后，打开缓冲瓶上的旋塞。开泵后，用旋塞调至所需要的真空度。关泵时，先打开缓冲瓶上的旋塞，拆掉与体系的接口，再关泵。切忌相反操作。

（3）应经常补充和更换水泵中的水，以保持水泵的清洁和真空度。水温较高时，可在水箱中加入一些冰块，降低水的饱和蒸气压，以提高泵的抽气效果。

机械油泵（见图1-19）也是实验室常用的减压设备。油泵常在对真空度要求较高的场合下使用。油泵的效能取决于泵的结构及油的好坏（油的蒸气压越低越好），好的真空油泵能抽到 $10\sim100Pa$ 以上的真空度。油泵的结构越精密，对工作条件要求就越高。

在用油泵进行减压蒸馏时，溶剂、水和酸性气体会造成对油的污染。使油的蒸气压增加，降低真空度，同时这些气体可以引起泵体的腐蚀。为了保护泵和油，使用时应注意做到：

（1）定期检查，定期换油，防潮防腐蚀。

（2）在泵的进口处安装气体吸收塔，放置保护材料，如石蜡片（吸收有机物）、硅胶（吸收微量的水）、氢氧化钠（吸收酸性气体）、氯化钙（吸收水蒸气）和冷阱（冷凝杂质）。

第五节 有机化学实验预习、记录和实验报告

有机化学实验是一门综合性较强的理论联系实际的课程，及时、正确、完整地完成一份实验报告，是培养学生独立工作能力和实事求是科学精神的重要环节。

实验报告主要分三部分：实验前预习、实验过程记录及实验后总结。

一、实验预习

在做每一个实验前，学生必须认真仔细阅读有关的实验教材和参考文献，查阅相关手册，了解实验的原理、操作步骤、实验技术等，弄清楚本次实验要做什么，怎样做，为什么要这样做，还有没有其他方法。熟悉所用的玻璃仪器名称、用途，了解仪器设备的原理、构造及正确的使用方法。

通过预习，写出预习报告，其内容大致如下：

1. 实验目的

通常包括以下三个方面：（1）了解实验的基本原理；（2）掌握哪些基本操作；（3）进一步熟悉和巩固已学过的哪些知识点、基本操作。

2. 基本原理

（1）用方程式写出主反应及主要的副反应，并写出反应机理；（2）简单叙述操作原理，要求简单明了、准确无误、切中要害。

3. 主要试剂、产物及主要副产物的物理常数

按实验要求列出试剂的用量，包括质量或体积及它们的物质的量。

查出本实验所用原料、主要辅助试剂、产物及主要副产物的物理常数，包括化合物的性状、分子量、熔点、沸点、相对密度、折射率、溶解度等，了解它们的毒性，使用这些药品时要注意的安全事项等。

查物理常数的目的不仅是学会物理常数手册的查阅方法，更重要的是知道了物理常数，在某种程度上可以指导实验操作。例如，沸点可以指导我们接收产品馏分的温度范围；相对密度通常可以告诉我们在洗涤操作中哪个组分在上层，哪个组分在下层；溶解度可以帮助我们正确地选择溶剂。

4. 实验方案

实验方案是通过预习、查阅资料而设计出来的，是实验操作的指南。

实验方案可采用示意流程或框图形式来表示反应及产品纯化过程，其基本要求是简单明了、操作次序准确、突出操作要点。

5. 实验装置图

画出主反应装置图及主要的产品后处理图，并标明仪器名称，其主要目的是了解实验所需仪器的名称、各部件之间的连接次序，即在纸面上进行一次仪器安装。

画实验装置图的基本要求是横平竖直、圆整，比例适当。

6. 理论产量计算

在进行有机合成实验时，通常并不是完全按照反应方程式所要求的比例投入各原料，为了加快反应进度，或使反应更完全，往往采用某一种原料过量的办法。究竟过量使用哪一种

物质，则要根据其价格是否低廉，反应完成后是否容易去除或回收，是否引起副反应等情况来决定。

在计算时，首先要根据反应方程式找出哪一种原料的用量相对最少，以它为基准计算其它原料的过量百分数。产物的理论产量是根据主反应方程式，假定作为基准的原料全部转变为目标产物时所得到的产量。

二、实验记录

实验记录是科学研究的第一手资料，实验记录的好坏直接影响对实验结果的分析，因此，必须对实验的全过程进行仔细观察。从这方面讲，认真做好实验记录是培养学生严谨的研究作风及实事求是科学精神的一个重要环节。

首先，要如实地记录原料的颜色和加入的量，反应开始前反应物的状态。反应开始后，反应液颜色的变化，有无沉淀及气体出现，固体的溶解情况，加热温度和加热后反应的变化，溶剂的使用量，产品的色泽、晶形等，都应认真记录。实验中正确测量各种数据，如沸程、熔点、相对密度、折射率、称量数据（质量或体积）等。特别要注意实验现象与理论上或预期的不一致时，要及时地根据实际情况记录下来。其他各项，如实验过程中的一些准备工作，现象解释，以及其他备忘事项，可以记在备注栏内。记录时，要与预习时的实验步骤一一对应，内容要简明扼要，条理清楚。记录直接写在报告上，不要养成随便记在一张纸上，课后再抄在实验报告上的习惯。

三、实验结果与总结

实验结束后，要做好以下工作。

1. 及时整理实验报告，写出产物的产量、状态和实际测得的物性数据，如沸程、熔程等，并注明测试条件（温度、压力等）。

2. 计算产率：由于有机反应常常不能进行完全，有副反应，以及操作中的损失，产物的实际产量总比理论产量低。通常将实际产量与理论产量的百分比称为产率。产率的高低是评价一个实验方法以及考核实验的一个指标。

3. 对实验现象逐一作出正确的解释，能用反应式表示的尽量用反应式表示。

4. 对实验进行讨论与总结：①对实验结果和产品进行分析；②写出本次实验的体会，写出下次实验应注意的问题；③分析实验中出现的问题和解决的办法；④对实验提出建设性的建议。通过讨论来总结、提高和巩固实验中所学到的理论知识和实验技术。

一份完整的实验报告可以充分体现学生对实验理解的深度、综合解决问题的能力及文字表达的能力，也是把直接的感性认识提高到理性思维的必要步骤，是科学实验中不可缺少的一环。

离开实验室时，交给指导教师审阅签字，及时上交实验报告。

四、实验报告示例

实验名称　1-溴丁烷的制备

一、实验前的准备工作

1. 实验目的

(1) 了解从醇制备溴代烷的原理与方法。

（2）初步掌握带有气体吸收装置的加热回流操作和分液漏斗的使用。

2. 实验原理

主反应

$$NaBr + H_2SO_4 \xrightarrow{H_2SO_4} HBr + NaHSO_4$$

$$n\text{-}C_4H_9OH + HBr \longrightarrow n\text{-}C_4H_9Br + H_2O$$

副反应

$$CH_3CH_2CH_2CH_2OH \xrightarrow{H_2SO_4} CH_3CH_2CH = CH_2 + H_2O$$

$$2n\text{-}C_4H_9OH \xrightarrow{H_2SO_4} (n\text{-}C_4H_9)_2O + H_2O$$

$$2NaBr + 3H_2SO_4 \longrightarrow Br_2 + SO_2 + 2H_2O + 2NaHSO_4$$

3. 主要试剂、产物及主要副产物的物理常数

药品名称	分子量	药品用量		沸点 /℃	熔点 /℃	密度 /(g/mL)或 (g/cm³)	溶解度/(g/100mL 溶剂)		
		质量或体积	物质的量 /mol				水	醇	醚
正丁醇	74.12	6.2mL	0.068	117.25	−89.53	0.8098	9^{15}	∞	∞
溴化钠	102.93	8.3g	0.08	1390	747	3.203	116.0^{50}	微溶	
10% Na₂CO₃						1.1029			
浓 H₂SO₄	98.08	10mL	0.18			1.838			
1-溴丁烷	137.03			101.6	−112.4	1.2758	0.06^{16}	∞	∞

4. 实验步骤：略

5. 仪器装置图：略

6. 理论产量计算：$0.068 \times 137.03 \approx 9.32g$

二、实际操作过程及现象记录

时间	操作步骤	现象	备注
8:30	一、安装反应装置。		
8:35	二、投料：在100mL圆底烧瓶中加入8.3g NaBr、6.2mL n-C₄H₉OH，摇匀。		
	在锥形瓶中配制好稀硫酸(10mL H₂O＋10mL H₂SO₄)，冷却后，分3～4次加入到反应瓶中，并摇匀。	放热，锥形瓶烫手。 不分层，有许多NaBr未溶，瓶中已出现少量白雾状HBr。	
9:00	三、回流：在反应瓶中加入2粒沸石后，开始慢慢加热。		
9:04		沸腾回流，瓶中白雾状HBr增多，并从冷凝管上升，为气体吸收装置吸收。	检验气体吸收装置烧杯中的水，呈酸性。
9:05		反应瓶中液体由一层变成三层，上层开始极薄，中层为橙黄色，下层为乳白色。随着反应的进行，上层越来越厚，中层越来越薄，最后消失。上层颜色逐渐加深，最后为橙黄色。	
9:34	四、后处理：停止加热。稍冷后，拆除回流装置，改成简易蒸馏装置，蒸出 n-C₄H₉Br。	馏出液浑浊，在接收瓶中静置后，分层，下层为油状物。	趁热倒掉蒸馏瓶中的残液。

时间	操作步骤	现象	备注
9:40	用少量清水检验馏出液。 停止蒸馏。	蒸馏瓶中上层越来越少,最后消失。 无油珠下沉。	
9:50	将馏出液转移到分液漏斗中,静置分层。 分出下层,用 3mL 浓 H_2SO_4 洗涤。 取上层,用 10mL H_2O 洗涤。 取下层,用 5mL 10% Na_2CO_3 洗涤。 取下层,用 10mLH H_2O 洗涤。 分去水层,粗产物置于 50mL 干燥锥形瓶中,加无水 $CaCl_2$ 干燥。	下层产物乳白色。 加一滴浓 H_2SO_4 沉至下层,证明产物在上层。 产物在下层。 产物在下层,两层交界处有少量絮状物。 粗产物浑浊,稍摇并放置片刻后透明澄清。	事先干燥好 50mL 锥形瓶。 事先干燥好整套蒸馏装置。 接收瓶的质量 45.0g。 总质量 50.2g
11:00	五、提纯:将干燥好的产物转移到 50mL 圆底烧瓶中,加入 2 粒沸石,安装蒸馏装置,收集 99~103℃ 的馏分。	99℃以前馏出液很少,长时间稳定于 101~102℃ 之间。后升至 103℃,温度下降,蒸馏瓶中液体很少,停止蒸馏。	
11:30	蒸馏结束。	得到无色透明液体,产量 5.2g。	

三、实验结果

1. 产品外观:无色透明液体。
2. 实际产量: __5.2__ 克。收集产品的熔(沸)点范围: __沸点 99~103℃__ 。
3. 产率计算:

产率(%)=(实际产量/理论产量)×100%=(5.2/9.32)×100%≈55.8%

四、讨论

1. 醇能与硫酸生成𨦬盐,而卤代烷不溶于硫酸,故随着正丁醇转化为 1-溴丁烷,烧瓶中分成三层。上层为 1-溴丁烷,中层可能为硫酸氢正丁酯,中层消失即表示大部分正丁醇已转化为 1-溴丁烷。上、下两层液体呈橙黄色是由于副反应产生的溴所致。从实验可知,溴在 1-溴丁烷中的溶解度比在硫酸中的溶解度大。

2. 通常馏出液分为两层,下层为粗 1-溴丁烷(油层),上层为水层。但若未反应的正丁醇较多,或蒸馏过久,可能蒸出部分氢溴酸恒沸物,这时,由于密度发生变化,油层可能悬浮或变为上层,可以加入少量清水稀释,使油层下沉。

3. 蒸去 1-溴丁烷,圆底烧瓶冷却后析出硫酸氢钠结晶,结成一块,所以需趁热倒掉残液。

4. 醚的氧原子上有未共用电子对,它是一个路易斯碱。在常温下能溶于强酸(如 H_2SO_4、HCl 等),形成𨦬盐,所以可用浓 H_2SO_4 洗涤粗产物中的醚。

$$C_4H_9\overset{..}{\underset{..}{O}}C_4H_9 + H_2SO_4 \longrightarrow [C_4H_9\overset{H}{\underset{..}{\overset{|}{O}}}C_4H_9]^+ HSO_4^-$$

5. 本实验用无水 $CaCl_2$ 作干燥剂,它的吸水能力较大,价格便宜,但吸水速度不大,所以干燥时,不能急躁。另外,它能与醇形成络合物,能够除去洗涤过程中没有除掉的正丁醇。

第六节 有机化学实验常用文献

有机化学文献是有机化学学科的科学研究和生产实践的记录与总结,如何从现有的文献中找到研究所需的信息，这是一个科学工作者面临的实际问题。在新知识不断增长的过程中，每个科学工作者在从事新课题研究、研制新产品、开展创新实践时，都要首先查阅与课题相关的文献资料，了解本课题的历史概况、国内外研究水平以及科学研究的发展动态，以便提供借鉴、丰富思维，避免重复性劳动。

有机化学实验的学习者，也应该在查阅文献的能力上进行适当的培养训练，要了解有机化学实验的工具书和常用文献，初步掌握查阅方法。在实验之前，必须要了解反应物和产物的物理常数，了解在实验过程中用到的溶剂、干燥剂等物质的化学、物理性质，预测可能发生的主要副反应和副产物。只有这样，才能更好地设计实验的合成方案、确定分离提纯的方法、检验鉴别合成的产物。

一、有机化学实验常用手册、辞典

1. 化工辞典（第 4 版）. 王箴主编. 北京：化学工业出版社，2005 年。

这是一本综合性的化工工具书。收集辞目包括化学矿物、无机化学品、有机化学品及常见的名词和无机、有机、分析、物化、高分子等化学有关基本名词。有机化合物的条目内列有分子式、结构式、物理常数、溶解度、应用及来源与制备的介绍。

2. 化学化工药学大辞典（Encyclopedia of Chemicals & Drugs）. 黄天守编译. 台湾大学图书公司出版，1982 年。

本书精选近万个化合物、医药及化工等常用名词，按名词的英文字母顺序排列，每个名词为一独立单元，其内容包括组成、结构、制法、性质、用途（含药效）及参考文献等。

3. The Merck Index of Chemicals and Drugs. 10th edition. Rahway N J. Merck and Co Inc，1983（默克索引）。

本索引原为 Merck 公司的药品目录，经反复修改，现已成为一本化学药品、药物和生理活性物质的百科全书，条目中包括化合物的名称、商品代号、结构式、来源、物理常数、性质、用途、毒性及参考书等。

4. The Dictionary of Organic Compounds（Heilbron），New York：Chapman and Hall，（有机化合物辞典）。

本书有中译本，名为《汉译海氏有机化合物辞典》，收集常见 28000 个有机化合物的有关资料，各化合物均按其名称的英文字母顺序排列。条目内有结构式、分子量、来源、物理及化学性质、衍生物及物理常数等，并附有制法的参考文献。

5. The Handbook of Chemistry and Physics，81th edition. R. C. Weast editor，CRC Press（化学及物理手册）。

该手册内容丰富，除了许多其他信息外，含有约 14000 个有机化合物的物理性质。全书共分六大部分，各部分内容为：

A 部（Section A）：数学表及数学公式。

B 部（Section B）：元素及无机化合物。

C 部（Section C）：有机化合物。是全书内容最多的一部，几乎占全书总页数的三分之一。

D 部（Section D）：普通化学部分。包括二元和三元体系的恒沸点，元素和氧化物的热力学性质、燃烧热、缓冲溶液的 pH 值等。

E 部（Section E）：一般物理常数。包括导热性、热力学性质、介电常数、元素的线性光谱及折射率等。

F 部（Section F）：其他杂项。包括表面张力，液体元素，无机物、有机物的黏度，无机物及有机物的临界温度和临界压力等。

6. Beilstein's Handbuch der Organishen Chemie（贝耳斯坦有机化学大全）。

简称"贝耳斯坦"（Beilstein），它是一种多卷本手册，表列了大量的已知的有机化合物，连同它们的物理性质、制备方法、化学性质和任何其他可以采用的信息，是目前有机化学方面资料收集最齐全的有机化学丛书。

Beilstein 手册的优点是全面、方便，主要缺点是内容较旧。

7. Lange's Handbook of Chemistry, 13th edition, J. A. Dean editor, New York：McGraw-Hill, 1985 年。

该手册除了许多其他信息外，含有约 6500 个有机化合物的物理性质。在 Lange 手册中确定一个化合物的条目比在 The Handbook of Chemistry and Physics 中容易得多。

本书已翻译成中文，名为《兰氏化学手册》，尚久芳等译，科学出版社，1991 年 3 月。

8. Aldrich Catalog Handbook of Fine Chemicals. Milwaukee，Wisconsin：Aldrich Chemical Co. Inc.，1987。

除了分子量和一部分物理性质外，它提供了化合物的处理方法、在 Beilstein 和 The Merck Index 中的卷页以及在 The Aldrich Library of Infrared Spectra 和 The Aldrich Library of NMR Spectra 上发表的红外和核磁共振光谱。

二、化学期刊

各国出版的与化学相关的期刊数目众多，仅科学引文索引（SCI）中所收录的与化学有关的期刊就有 1000 多种；在化学引文索引（CCI）中收录化学领域出版物有 1140 种。这些入选的期刊都是化学领域的核心刊物，这里仅介绍与有机化学相关的重要中外文期刊。

1. 中文主要期刊

（1）中国科学，月刊，期刊的英文名称是 Scientia Sinica。1951 年创刊（1951～1966；1973～）。原为英文版本，自 1972 年开始分成中、英文两种版本，英文版名为 Science in China。主要刊登我国各自然科学领域中有水平的研究成果。起初分为 A、B 两辑。B 辑包括化学、生命科学等方面的学术论文。从 1996 年起进行调整，B 辑专门报道化学方面的学术论文。

（2）科学通报，半月刊，1950 年创刊，是自然科学综合性学术刊物，分中文和英文两种版本。

（3）化学学报，月刊，1933 年创刊。原名中国化学会会志，主要刊登化学方面的学术论文。

（4）高等学校化学学报，月刊，1980 年创刊。是化学学科综合性学术刊物，主要报道我国高等学校的创造性科研成果和化学学科的最新研究成果。

（5）有机化学，双月刊，1981 年创刊，登载有机化学方面的重要研究成果。

（6）化学通报，月刊（1952～1966；1973～），以知识介绍、专论、教学经验交流等为主，也有研究报道。

（7）Chinese Chemical Letter（中国化学快报），月刊，1990 年创刊。刊登化学学科各领域重要研究成果的快报。

2. 国外有关主要刊物

（1）Journal of the American Chemical Society，简称 J. Am. Chem. Soc.（美国化学会

志），1879 年创刊，周刊，刊载包括无机化学、有机化学、物理化学、生物化学、高分子化学等领域的研究论文和快报。

（2）Journal of Organic Chemistry，简称 J. Org. Chem.（有机化学杂志），1936 年创刊，双周刊。主要登载有机化学方面的研究论文。

（3）Journal of the Chemical Society，简称 J. Chem. Soc.（英国化学会志），1849 年创刊，双周刊。1966 年以后分成 A、B、C 三部分发表。1970 年起分成 6 辑出版。

（4）Tetrahedron（四面体杂志），始于 1957 年，主要发表有机化学方面的研究和综述评论文章。

（5）Tetrahedron Letter（四面体通讯），主要刊载有机化学方面的初步研究工作或快报。本杂志具有发表速度快的特点，以英文为主，也有德文或法文论文。

（6）Organometallics（有机金属），主要刊载金属有机化学方面的研究论文、快报和简报。

（7）Journal of Organometallic Chemistry，简称 J. Organomet. Chem.（有机金属化学杂志），主要刊载金属有机化学方面的文章。

（8）Angewandte Chemie，简称 Angew. Chem.，Int. Ed.（德国应用化学），1888 年创刊，1962 年起出版英文版，综合报道化学学科各领域的综述评论和研究快报。

（9）Chemistry，A European Journal，简称 Chem. Eur. J.（欧洲杂志化学），1995 年创刊，综合报道化学方面的研究论文。

三、化学文摘

世界上每年发表的化学、化工论文达几十万篇，面对如此大量、分散的文章，必须收集、整理、摘录并给予科学分类，才能便于查阅。化学文摘就是处理这方面工作的杂志。美国、德国、俄罗斯、日本都出版有关化学文摘方面的刊物，其中以美国的《化学文摘》（Chemical Abstracts，简称 CA）最为重要。简单介绍如下：

美国《化学文摘》（CA）于 1907 年创刊，由美国化学会化学文摘社（Chemical Abstracts Service of the American Chemical Society，简称 CAS）编辑出版。创刊初期为半月刊，每年一卷。1961 年（51 卷）起改为双月刊。1962 年（56 卷）后又改为每半年出一卷，每卷 13 期。从 1967 年（67 卷）起，每逢单期号刊载生物化学和有机化学两部分内容；双期号刊载高分子化学、应用化学、化工、物理化学与分析化学的内容。单期号包括 1~34 类目，双期号包括 35~80 类目。

CA 包括两大部分内容：（1）从资料来源刊物上将一篇文章按一定格式缩减为一篇文摘。再按索引词字母顺序编排，或给出该文摘所在的页码或给出它在第一卷栏数及段落。现在发展成一篇文摘占有一条顺序编号。（2）索引部分，其目的是用最简便、最科学的方法既全面又快速地找到所需资料的摘要，若有必要再从摘要列出的来源刊物寻找原始文献。CA 的优点在于从各方面编制各种索引，使读者省时、全面地找到所需要的资料。因此，掌握各种索引的检索方法是查阅 CA 的关键。

第二章　有机化学实验基本技术

第一节　玻璃仪器的洗涤和干燥

一、玻璃仪器的洗涤

玻璃仪器是有机化学实验最常使用的普通仪器，干燥洁净的玻璃仪器是做好有机化学实验的基本条件。根据玻璃仪器上黏附物质的不同性质，常常可以采用一般水洗涤、普通洗涤剂洗涤、药剂洗涤和振荡洗涤等不同方法。

1. 一般水洗涤法

如果玻璃仪器的内壁或外壁黏附有灰尘或水溶性物质，可边用少量自来水冲洗，边用大小适宜的毛刷刷洗。对于多口烧瓶，洗涤时可将毛刷弯曲并旋转刷洗。用毛刷洗涤玻璃仪器时，不能用力太猛以免使器壁破裂。判断玻璃仪器洁净的标准是：倒置仪器，不挂水珠。

2. 普通洗涤剂洗涤法

如果用一般水洗涤法不能将玻璃仪器洗净，说明器壁可能黏附有水溶性较差的物质，可采用洗涤剂洗涤法。一般选择的洗涤剂有去污粉、肥皂粉或洗涤灵等。洗涤时，可先用少量洗涤剂刷洗，再用水冲刷。

3. 药剂洗涤法

如果用普通洗涤法无法将玻璃仪器洗净，可采用药剂洗涤法。在有机化学实验室里经常使用的是碱缸浸泡法或铬酸浸泡法。碱缸浸泡法是指用工业酒精加入氢氧化钠固体或小心加入废钠丝（钠皮）制成的碱性有机溶液浸泡玻璃仪器的方法。酒精碱溶液具有较强的有机溶解性，能洗掉大多数的有机残留物，制备时常常用大塑料桶或搪瓷桶为容器，这样便于浸泡较多的玻璃仪器。使用时常常先将玻璃仪器浸泡数小时，然后带好橡胶手套小心刷洗，再用一般水洗涤法即可。当酒精碱溶液发红甚至发黑，就应更换洗液了。废碱液不能随意倒入下水道，而应倒入统一处理池。铬酸浸泡法是指用重铬酸钾的饱和溶液和浓硫酸配制而成的溶液浸泡玻璃仪器的方法。铬酸洗液具有极强的氧化性和酸性，能洗掉绝大多数的油污和其他有机残留物。但使用时千万注意安全，以免灼伤皮肤和烧坏衣服。与碱缸浸泡法不同，铬酸浸泡法通常是将洗液倒入到所要洗涤的仪器中进行浸泡，浸泡完毕应将洗液重新倒回到铬酸缸以便重复使用。当铬酸洗液发绿时，就应重新配制了。浸泡过的玻璃仪器用一般水洗涤法洗涤即可。

如果用上述方法还是无法洗净玻璃仪器，则应该通过化学反应将黏附在器壁上的物质转化为水溶性物质。例如，装过高锰酸钾的容器可用草酸溶液洗涤。

4. 振荡洗涤法

振荡洗涤法是指用超声振荡仪洗涤仪器的方法。其最大的优点是可以将在实验中咬死的活塞或盖子打开，并能达到去污的效果。但一般在进行超声振荡法洗涤仪器前应将仪器粗洗一下，切不可将留有大量有机残留物的仪器放入到振荡仪中洗涤。

二、玻璃仪器的干燥

经过洗涤的玻璃仪器通常需要干燥才能使用，对于无水有机实验，玻璃仪器的干燥更为重要。根据实验的具体要求，通常可以采用自然晾干法、加热烘干法和电吹风吹干法等不同的方法。

1. 自然晾干法

洗涤以后的玻璃仪器一般先采用自然晾干法进行干燥。通常采用的方法是将洗净的仪器倒置在仪器架上或仪器柜中自然晾干。此方法的优点是简单方便，缺点是耗时。

2. 加热烘干法

在有机化学实验中通常使用的是加热烘干法。将洗净晾干的玻璃仪器，放入到温度设定在105℃左右的烘箱中，加热烘干一段时间即可。如果是刚洗净尚未晾干的玻璃仪器，放入烘箱前应尽量将仪器中的水倒掉，并擦去仪器外壁的水；放入烘箱时仪器口略向下；烘干时应同时开启通风，使得水分不至于长时间留在烘箱中，以免烘箱内壁生锈。注意：在烘干玻璃仪器时，应将活塞与磨口仪器分离，否则活塞与磨口容易黏结，不易打开。此外，橡皮塞或胶头等是不能放入烘箱干燥的，如需干燥可采用自然晾干加红外灯烘干的方法。

如果对于无水要求高的有机实验，玻璃仪器烘干出箱时就应密闭连接或加塞密封，以免空气中的水分进入仪器，从而影响实验结果。

3. 电吹风吹干法

当在有机实验中急需某件干燥玻璃仪器时，可以采用电吹风吹干法干燥。具体的方法是：先用少量低沸点与水互溶的有机溶剂如酒精、丙酮等荡洗玻璃仪器，倒去溶剂后，用电吹风（先用热风再用冷风）吹干即可。

第二节 加热与冷却

在有机化学实验中，常常需要对体系加热或冷却，这里介绍几种常见的加热和冷却的方法。

一、加热

在有机化学实验室里，目前较为普遍采用的加热方法是电热套加热法和油浴加热法。用明火如酒精灯或煤气灯直接加热的方法因为安全原因已不被采用，但在进行玻璃加工实验中，煤气或酒精喷灯仍是获得高温的有效途径。

1. 电热套加热法

所谓电热套是指已经商品化了的可控温电热丝加半球形玻璃纤维织物夹套。电热套直径的大小和加热功率的大小可根据实验的需要进行自由选择。电热套加热的优点是：仪器简单，操作方便，加热迅速，明火被基本消除。缺点是：控温不够严格，加热不够均匀。在使用的过程中还要注意防止将水漏入电热套中，以免引起短路或漏电。此外，如将有机溶剂如乙醚、石油醚或酒精等漏在加热的电热套中时，仍可引起燃烧，一定要小心操作。电热套加热法常常被用来进行蒸馏或回流以及对温度要求不是十分严格的反应。

2. 油浴加热法

所谓油浴加热法是指通过严格控温的加热丝对油浴进行加热的方法。油浴的大小和加热功率以及控温程度都可以选择。在有机化学实验室里，较为常见的加热油有液体石蜡和硅油，液体石蜡可加热到220℃，硅油可加热到250℃。加热丝通常是用圆形金属铜管或玻璃管包裹的。油锅可以用结晶皿或金属锅等。控温装置可以采用调压器直接控温或采用接触温度计和转换继电器方式。油浴加热法的优点是：加热均匀，控温严格，没有明火。其缺点是：操作相对复杂。在使用油浴加热的过程中，同样要注意防止水或有机溶剂漏入油锅。此外，在反应进行完毕后，玻璃仪器外壁的油要擦干。

此外，当所需的加热温度在80℃以下时，可使用水浴。当加热温度必须达到数百摄氏度时，可以使用沙浴。

3. 微波辐射加热

微波是指频率为300MHz～300GHz的电磁波，是无线电波中一个有限频带的简称，即波长在1～1000mm之间的电磁波。

一般的加热方法凭借加热周围的环境，以热辐射或热对流的方式，使物体的表面先得到加热，然后通过热传导传导到物体的内部。这种方法效率低，加热时间长。

微波辐射加热（microwave heating）是利用微波的能量特征，对物体进行加热的过程。它的最大特点是，微波通过被加热体内部偶极分子高频往复运动，产生"内摩擦热"而使被加热物料温度升高，不须任何热传导过程，加热均匀，不会造成"外焦里不熟"的夹生现象，有利于提高产品质量，同时由于"里外同时加热"大大缩短了加热时间，加热效率高。微波加热的惯性很小，可以实现温度升降的快速控制。

二、冷却

在有机化学实验中，常常需要对体系进行冷却。冷却剂的选择以所欲维持体系的温度和有待去除的热量而定。在有机化学实验室里，除了最常用的水冷却外，还有以下几种较为常见的冷却方法。

1. 冰水冷却法

由于水的价格较为便宜以及热容量大，因此冰水冷却法较为常用，冰水浴大致可将体系温度控制在0～5℃。注意：冰在使用前应予粉碎（可用碎冰机），如果没有碎冰机，可用布包裹冰块，再用锤子击碎。

2. 冰盐浴冷却法

如果要使体系达到更低的温度，可以采用冰盐浴冷却法。冰盐浴的制法通常是将粉碎的冰和相当于其三分之一质量的粗食盐混合，混合物的最低温度可达到−21.3℃。但实际操作中温度约降至−5～−18℃。如果将143g六水氯化钙结晶与100g的碎冰混匀，最低温度可以达到−54.9℃。实际操作中可达到−20～−40℃。由于温度较低，所以盛装冰盐浴的器皿应用隔热材料包裹，以降低其与环境的热量交换。但应当注意，温度若低于−38℃时，则不能使用水银温度计。因为水银在低于−38.87℃时会凝固。这时必须使用装有如甲苯（−90℃）或正戊烷（−130℃）的低温温度计。

3. 干冰溶剂冷却法

如果想获得更低的体系温度，可以采用干冰溶剂冷却法。由于干冰（固体二氧化碳）的升华温度为−78.5℃，所以将粉碎的干冰加入丙酮、甲醇或其他适当的有机溶剂中（加入时必须小心，因为会产生大量泡沫），可使温度降至−78℃。由于这种制冷混合物的冷却容量并不很大，为使其储有足够大的制冷量，最好向冷却剂中加入过量的干冰。为降低其与外界环境的热量交换，可以采用杜瓦瓶或保温瓶隔热。干冰在操作时应注意安全，应戴好护目镜和手套。

4. 液氮冷却法

如果上述冷却法还是达不到实验的要求，则可以采用液氮冷却法。液氮的冷却温度可以为−195.8℃，但在注入液氮前，杜瓦瓶必须彻底干燥。另外，在操作时务必谨慎小心。

有机化学实验中除了可以采用上述冷却剂冷却法外，有条件的还可以采用循环冷却仪冷却法，有些高档的国外仪器具有操作方便、降温迅速等优点。

第三节 物质的干燥方法

在有机化学实验中，常常需要对原料、产物或溶剂进行干燥。对物质进行干燥经常会用到干燥剂，作为一种有效的干燥剂，不仅应具有良好的干燥强度，同时还应具有较大的干燥容量。下面分别对气体、液体和固体物质的干燥方法进行介绍。

一、气体物质的干燥

在实验室里可以通过使用干燥塔、洗气瓶和冷阱等方法对气体进行干燥。干燥塔法是将气体通过装有干燥剂的干燥塔进行的，通常在干燥剂的两端用载体如玻璃纤维、浮石或石棉绒等隔离，以防止干燥剂在干燥过程中结块。化学惰性的气体可以通过装有浓硫酸的洗气瓶进行干燥，但通常在洗气瓶前必须配有安全瓶。低沸点的气体还可以通过冷阱将其中的水分或其他可凝性杂质冷冻而除去，从而得到干燥。冷阱中的冷冻剂可以采用干冰溶剂或液氮。

为防止大气中的湿气侵入体系，凡是开口的装置都应加接干燥管，干燥管中可以填装氯化钙或其他适当的干燥剂。

二、液体物质的干燥

液体物质的干燥通常是通过向带有少量水的液体中加入干燥剂，振荡并密封放置而干燥的。就每一类被干燥物选择干燥剂时，可参考表 2-1。

表 2-1 最常见干燥剂的适用范围

干燥剂	适用(举例)	不适用(举例)	干燥效能	注意事项
P_4O_{10}	中性及酸性气体、乙炔、烃、卤代烃、酸性溶液(可用于干燥器)	碱性物质、醇、醚、HCl、HF	强	吸湿性强
H_2SO_4	中性及酸性气体(可用于干燥器或洗气瓶中)	不饱和化合物、醇、酮、碱性物质、H_2S、HI	较强	不适用于高温下的真空干燥
KOH、NaOH	氨、胺、醚、烃(可用于干燥器)	醛、酮、酸性物质	中等	吸湿性强
K_2CO_3	丙酮、胺	酸性物质	较弱	有吸湿性
Na	醚、烃、叔胺	卤代烃、醇及其他能与钠反应的物质	强	限用于干燥液体物质中痕量的水分
$CaCl_2$	烃、丙酮、醚	醇、胺	中等	
Na_2SO_4、$MgSO_4$	酯、醛、酮等		较弱	一般用于有机液体的初步干燥
硅胶	用于干燥器中	HF	中等	
分子筛	适用于各类有机液体的干燥		强	

当干燥未知物质的溶液时，一定要使用化学惰性的干燥剂，譬如硫酸镁或硫酸钠。金属钠在使用时，可用压钠机将金属钠压成丝状直接加到被干燥的液体物质中。金属钠块在放入到压钠机前，其氧化表皮应予除去。压钠机使用后，必须用乙醇处理，再用水洗净干燥待用。

在干燥液体物质或溶液的过程中，并不是干燥剂加得越多越好。实际上，干燥效能的高低取决于干燥剂吸水后结晶水合物的蒸气压的大小，蒸气压越小干燥效能越高。所以，当已经达到化学平衡，加入多余的干燥剂只能造成液体物质的损失。

在实际操作中，应当将被干燥的液体中的水分尽可能分离干净，不应有任何可见的水层。将该液体置于干燥的锥形瓶中，用药勺取适量的干燥剂放入液体中，加塞振摇片刻。如发现干燥剂附着瓶壁互相黏结，表明干燥剂不够，应予添加。一般每10mL液体约需0.5～1g干燥剂。经干燥后，液体若由浑浊变澄清，表明液体中的水分已基本除去。

三、固体物质的干燥

为了进行理化性质鉴定，固体物质中的水分和有机溶剂必须除尽。在有机化学实验室通常有晾干、烘干和干燥器干燥等几种不同的方法来达到固体物质的干燥目的。

为了从非吸湿性固体物质中除去易挥发组分，可以采用将该物质铺放在陶瓷板或滤纸上晾干的方法。该方法虽然简单，但比较耗时，而且还有玷污和损失样品的可能。

对于热稳定的固体物质，可以采用将该物质置于烘箱或红外灯下烘干的方法。目前在实验室里，常常采用的还有真空恒温干燥箱，效果比较好，但温度必须控制在熔点以下。

干燥器一般有普通干燥器和真空干燥器两种。普通干燥器的盖与缸身之间的平面经过磨砂，在磨砂处涂上润滑油脂使之密封。缸中有多孔瓷板，瓷板下面放置干燥剂，上面可放置盛有待干燥样品的表面皿或培养皿等。真空干燥器的干燥效率比普通干燥器好。真空干燥器上配有玻璃活塞，用以抽真空。但如果是用试剂瓶盛装样品，必须敞口放入真空干燥器中，以防止瓶子爆裂。

第四节　物质分离技术

一、固-固分离——重结晶

从有机反应中分离出的固体有机化合物往往是不纯的，其中常夹杂一些反应副产物、未作用的原料。纯化这类物质的有效方法通常是用合适的溶剂进行重结晶。固-固分离的另一种方法是固体物质的萃取，详见本节液-固萃取操作。

固体有机物在溶剂中的溶解度随着温度的变化而改变，一般温度升高溶解度也增大，反之则溶解度降低。如果把固体有机物溶解在热的溶剂中制成饱和溶液，然后冷却到室温或室温以下，随着温度下降，原溶液会变成过饱和溶液，从而析出晶体。利用溶剂对被提纯物质和杂质的溶解度的不同，使杂质通过热过滤除去或冷却后被留在母液中，从而达到提纯和分离的目的。重结晶提纯的方法一般用于提纯杂质含量小于5％的固体有机物。

重结晶提纯的一般过程分为五步：

（1）粗品溶解，制备饱和（近饱和）溶液。将不纯的固体有机物在溶剂的沸点或接近沸点的温度下溶解在溶剂中，制成饱和或近饱和的浓溶液。若固体有机物的熔点较溶剂沸点低，则应制成在熔点温度以下的饱和溶液。

（2）脱色。加入粉末状活性炭煮沸脱色。

（3）热过滤。过滤此热溶液以除去其中的不溶性物质及活性炭。

（4）冷却结晶。将滤液在室温下静置冷却，使结晶自过饱和溶液中析出，待大部分晶体析出后，可以用冷水或冰水冷却，使结晶完全，而杂质留在母液中。

（5）抽滤洗涤。从母液中将晶体分出，洗涤晶体以除去吸附在晶体表面的杂质。所得的晶体经干燥后测定其熔点，如发现其纯度不符合要求，则可重复上述重结晶操作，直至熔点达标。

重结晶的关键是选择适宜的溶剂。合适的溶剂必须具备以下条件。

（1）不与被提纯物质发生化学反应。

（2）在较高温度时能溶解多量的被提纯物质，而在室温或更低温度时只能溶解少量。

（3）对杂质的溶解度非常大或非常小，前一种情况可让杂质留在母液中不随提纯物质一同析出，后一种情况是使杂质在热过滤时被滤去。

（4）溶剂易挥发，易与结晶分离除去，但沸点不宜过低。

（5）能给出较好的结晶。

（6）价格低、毒性小、易回收、操作安全。

常用的重结晶溶剂见表 2-2。

表 2-2　常用的重结晶溶剂

溶剂	沸点/℃	冰点/℃	相对密度	与水的互溶性	易燃性
水	100	0	1.0	+	o
甲醇	64.96	<0	0.7914	+	+
95%乙醇	78.1	<0	0.804	+	+ +
冰醋酸	117.9	16.7	1.05	+	+
丙酮	56.2	<0	0.79	+	+ + +
乙醚	34.51	<0	0.71	-	+ + + +
石油醚	30~60	<0	0.64	-	+ + + +
乙酸乙酯	77.06	<0	0.90	-	+ + +
苯	80.1	5	0.88	-	+ + + +
氯仿	61.7	<0	1.48	-	o
四氯化碳	76.54	<0	1.59	-	o

注："+"表示容易；"-"表示不易；"o"表示不燃。

在重结晶时需要知道哪一种溶剂最适合被提纯物质在该溶剂中的溶解情况。一般化合物可以通过查阅手册或辞典中的溶解度而决定，也可以通过试验来决定选择什么溶剂。

选择溶剂时，必须考虑到被提纯物质的成分和结构。根据"相似相溶"原理，极性物质较易溶于极性溶剂，而难溶于非极性溶剂中。而溶剂的最后选择，只能通过实验方法决定。其方法如下：

取 0.1g 待提纯的固体于一小试管中，用滴管逐滴加入溶剂，并不断振荡。若加入的溶剂量达到 1mL 仍未见全溶，可小心加热混合物至沸腾。若此物质在 1mL 冷的或温热的溶剂中已全部溶解，则表明此溶剂不适用。若此物质不溶于 1mL 的沸腾溶剂中，则继续加热，并分批加入溶剂，每次加入 0.5mL 并加热使之沸腾。若加入的溶剂量达到 4mL，仍未见此物质溶解，则表明此溶剂也不适用。若该物质能溶解在 1~4mL 的沸腾溶剂中，则将试管进行冷却以观察结晶情况。如果结晶不能自行析出，则可用玻璃棒摩擦溶液下的试管内壁，或再辅以冰水冷却，以使之析出晶体。若仍不能析出，则该溶剂仍不适用。如果结晶能正常析出，还要注意观察析出的量，在几个溶剂用同样的方法比较后，可以选择结晶收率最好的溶剂进行重结晶。

当一种物质在一些溶剂中的溶解度太大，而在另一些溶剂中的溶解度又太小，同时又不能找到一种合适的溶剂时，常可使用混合溶剂而得到满意的结果。所谓混合溶剂就是将对被提纯物质溶解度很大的和溶解度很小的而又能互溶的两种溶剂（例如水和乙醇）混合而得到的溶剂。常用的混合溶剂有乙醇/水、醋酸/水、乙醇/乙醚、乙醇/丙酮、乙醚/石油醚、苯/石油醚等。

用混合溶剂进行重结晶时，可先将待提纯物质在接近良溶剂的沸点时溶解于良溶剂之中。若有不溶物，可趁热滤去，若有色，则可使用活性炭煮沸脱色后，趁热过滤。向此热溶液中小心加入热的不良溶剂，直至所呈现的浑浊不再消失为止。再加入少量良溶剂或加热使之恰好透明。然后将其冷却至室温，使结晶自行析出。具体的实验操作，可参见"实验七　重结晶"。

二、固-液分离——过滤与离心

过滤和离心是实现固体物质与液体物质分离的常用实验方法。过滤一般可以有常压过滤、减压过滤和离心三种。

1. 常压过滤

常压过滤是最简便的固-液分离方法。在有机化学实验中，常常会被用于干燥操作的干燥剂和被干燥溶液的分离。有时，也可用于固体物质与液体的分离。其具体操作如下：

过滤前先将圆形滤纸对折两次，然后展开成圆锥形（一边单层，另一边三层），放入玻璃漏斗中。适当改变滤纸折叠的角度，使其与漏斗角度相吻合。用手按住滤纸，用少量水或适当的有机溶剂湿润滤纸，轻压滤纸四周，赶去气泡，使之紧贴在漏斗上。

把带滤纸的漏斗放在漏斗架上，下面用容器以接收滤液，调节漏斗架的高低，使漏斗的尖端靠在容器的内壁。

将要过滤的液体沿玻棒缓缓倾入漏斗中（玻棒抵在滤纸层较厚的一面），倾入量应控制在使液面低于滤纸上缘 $2\sim3\mathrm{mm}$。

在过滤被干燥的有机溶液时，常常会用棉花来替代滤纸。用少量棉花撮成小团，用玻棒或刮刀将棉花团塞入漏斗的颈部，直接向漏斗中倾倒液体即可。此法简单实用，无须溶剂预先湿润，且损失较少。

2. 减压过滤

减压过滤又可称为抽滤或真空过滤。在有机化学实验中，减压过滤是最为常见的实现固-液分离的有效方法。通过减压过滤，不仅可以加快过滤的速度，还可以对固体进行洗涤和初步干燥。比较常见的过滤装置有吸滤瓶、布氏漏斗以及砂芯漏斗。

普通的减压过滤通常是先选择一张比布氏漏斗内径稍小的圆形滤纸，平整地放在漏斗中，用少量水或有机溶剂湿润滤纸，然后通过橡皮塞将其安装在抽滤瓶上（注意漏斗下端的斜口要对着抽滤瓶侧面的支管），用真空橡皮管将抽滤瓶与水流抽气泵或循环水泵相连接，抽滤时慢慢打开水阀门或关闭安全瓶阀门。

抽滤时，先将上部澄清液沿玻棒倒入漏斗中，加入的量不要超过漏斗的 $2/3$，然后把固体物质均匀地分布在滤纸上，继续减压，直至固体物较干为止。

若需对固体物质进行洗涤，则可以先将连接抽滤瓶的橡皮管拔下或开启安全瓶阀门（否则可能会造成水流倒吸），再用少量溶剂淋洗布氏漏斗中固体物，等布氏漏斗下端有液体滴下时，再接上橡皮管或关闭安全瓶阀门，抽干即可。

如果晶体的熔点很低，或在室温下溶解度过大，则要求进行低温过滤，这时可以将漏斗和滤液在冰箱中冷却，操作过程尽量迅速即可。若须趁热过滤，则需将布氏漏斗和抽滤瓶在热水浴中预热，操作也需迅速熟练。

砂芯漏斗使抽滤操作变得简单方便，有些砂芯漏斗连有磨口，可以与许多磨口玻璃容器如梨形瓶、锥形瓶或圆底烧瓶相连接，抽气通过砂芯漏斗上的支管口进行，使用十分方便。

但当过滤颗粒很细的沉淀时，可以通过预先在砂漏中铺垫一层硅藻土或硅胶的方法，以免沉淀堵塞砂漏。

3. 离心

当所需分离的固体物质量较少，且颗粒较小，容易堵塞滤纸或砂漏时，可以采用离心分离法。在实验室里，通常使用的是沉降式离心机。在使用时，将悬浮液转入离心试管，调节管中的液体量，使装有液体的各支离心管重量大致相等，离心沉降后，当沉淀足够坚实地沉在试管的底部时，将上层的清液倾出。再向管中加入少量洗液，与沉淀搅拌后再次离心，沉降完毕后，可用滤纸吸去少量液体，取出固体干燥即可。

三、液-液分离——萃取与洗涤、蒸馏（简单蒸馏、分馏、减压蒸馏、水蒸气蒸馏）

液-液分离是从两种或两种以上的液相混合物中分离出所需组分的分离方法，常用的方法有萃取与洗涤、蒸馏（包括简单蒸馏、分馏、减压蒸馏、水蒸气蒸馏等）。

1. 萃取与洗涤

萃取与洗涤是利用某一物质在两种不相溶的溶剂中溶解度或分配比的不同，使该物质从一种溶剂转移到另一种溶剂中，从而达到分离或提纯目的的一种操作。从原来的溶剂中提取出所需要的组分称为萃取，从混合物中除去所不需要的少量杂质称为洗涤。

萃取与洗涤

（1）液-液萃取

萃取是以分配定律为基础的。在一定温度、一定压力下一种物质在两种互不相溶的溶剂 A、B 中的分配浓度之比是一个常数 K，即分配系数。

$$\frac{c_A}{c_B}=K$$

c_A 和 c_B 分别为每毫升溶剂中所含溶质的质量（g）。应用分配定律可以计算出每次萃取后被萃取物质在原溶液中的残余量。

假设：V 为原溶液的体积（mL）；m_0 为萃取前溶质的总量（g）；m_1、$m_2 \cdots m_n$ 分别为萃取一次、二次……n 次后溶质的剩余量（g）；S 为每次萃取溶剂的体积（mL）。

第一次萃取后：$\dfrac{m_1/V}{(m_0-m_1)/S}=K$，所以 $m_1=m_0\left(\dfrac{KV}{KV+S}\right)$

第二次萃取后：$\dfrac{m_2/V}{(m_1-m_2)/S}=K$，所以 $m_2=m_1\left(\dfrac{KV}{KV+S}\right)=m_0\left(\dfrac{KV}{KV+S}\right)^2$

经过 n 次萃取后：$m_n=m_0\left(\dfrac{KV}{KV+S}\right)^n$

由此可见，用相同用量的溶剂分 n 次萃取比一次萃取好，即少量多次萃取效率较高。但并非萃取次数越多越好，结合时间、成本等诸方面因素考虑，一般以萃取三次为宜。

此外，萃取（洗涤）效率还与溶剂（萃取剂或洗涤剂）的性质有关。选择溶剂的一般要求为：与原溶剂不相混溶，与原溶剂的密度差相对较大，对被萃取（被洗涤）物质的溶解度比在原溶剂中大，易与被萃取物分离，化学稳定性好，毒性小，价格低等。萃取方法用得最多的是从水溶液中提取有机物，因此，在实际操作中用得比较多的溶剂有乙醚、乙酸乙酯等。

洗涤常用于在有机物中除去少量酸、碱等杂质。这时一般可以用稀碱或稀酸水溶液来反洗有机溶液，通过中和反应以达到除去杂质的目的。在洗涤或萃取时，当溶液呈碱性时，常常会产生乳化现象。这时可以通过静置、加入少量食盐、加入少量稀硫酸等方法来破坏乳化。

萃取的具体操作如下。

首先选择容积较被萃取溶液体积大一倍以上的分液漏斗，将漏斗活塞取出擦干后薄薄地涂上一层凡士林，塞好活塞后旋转数圈，然后放置在铁圈中（铁圈固定在铁架上）；再关闭活塞，将被萃取溶液和萃取剂（一般为被萃取溶液体积的1/3）依次自上口倒入到分液漏斗中，塞好上端玻塞或橡皮塞；取下分液漏斗以右手手掌顶住漏斗磨口玻璃塞，手指握住漏斗的颈部，左手握住漏斗的活塞部分，大拇指和食指按住活塞柄，中指垫在塞座下边，然后振摇；振摇时将漏斗略倾斜，漏斗的活塞部分向上，便于通过活塞放气（见图2-1）；开始时振摇要慢，每摇几次以后，就要将活塞打开放气，如此反复放气到漏斗中的压力较小时，再剧烈振摇数次，然后将漏斗放回到铁圈中静置；待两层液体完全分开后，打开上面的玻塞，再将活塞缓缓旋开，下层液体自活塞放出；上层液体从分液漏斗的上口倒出；水层再倒入分液漏斗，重复上述萃取操作即可。

（2）液-固萃取

萃取不仅可以从液体物质中提取所需组分，还可以从固体物质中提取，这就是液-固萃取（固体物质的萃取）。固体物质的萃取是利用溶剂对样品中被提取组分和其他杂质之间溶解度不同而达到分离提取的目的。通常是借助于索氏（Soxhlet）提取器（见图2-2）来实现液-固萃取。索氏提取器是利用溶剂的不断回流和虹吸作用，使固体中的可溶性物质富集到烧瓶中。操作时，常常将固体样品研细用滤纸袋盛装后放入提取器中，以增加液体浸溶面积，从而提高萃取效率。

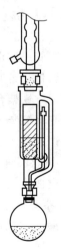

图 2-1　分液漏斗使用　　　　图 2-2　索氏提取器

2. 蒸馏

蒸馏是将液体混合物加热至沸腾，使液体汽化，然后蒸汽又冷凝为液体的过程。根据不同的需要和操作，蒸馏可以分为简单蒸馏、分馏、减压蒸馏和水蒸气蒸馏等。

（1）简单蒸馏

简单蒸馏可以将易挥发的物质和不易挥发的物质分开，也可以将两种或两种以上沸点相差较大（至少30℃以上）的液体混合物分离开来。通过简单蒸馏还可以测出液态化合物的沸点，对鉴定纯粹的液体有机物也具有一定的实用意义。

液体的蒸气压随着温度的升高而显著增加，当蒸气压等于外压（即大气压）时，液体即发生沸腾。当液体受热沸腾时，液面上的蒸气组成与液体混合物的组成是不同的。蒸气中富集的是易挥发组分即低沸点物质，不易挥发的组分则富集在液相中。蒸气经冷凝后，其冷凝液的组成与蒸气组成相同。随着蒸馏的进行，蒸馏瓶中的液体混合物总体积变小，不易挥发组分的浓度相对增大。如果沸腾温度稳定在一个数值上，则几乎只有一个组分馏出，接收瓶中得到的就主要是低沸点组分，从而达到分离和提纯的目的。

在蒸馏过程中，要保证液体平稳地沸腾，应在加热前加入助沸物（沸石）。否则，当液体的温度上升到超过沸点很多而不沸腾，会产生过热现象，一旦有一个气泡形成，便会产生"暴沸"。此外，在任何情况下切忌将沸石加到已受热接近沸腾的液体中，否则因忽然放出大量蒸气而将大部分液体从蒸馏瓶口喷出造成危险。如果加热前忘了加入沸石，补加时必须先移去热源，待液体冷却至沸点以下后方可加入。如果沸腾中途停止过，则在重新加热前也应补加沸石。

简单蒸馏装置一般由蒸馏烧瓶、蒸馏头、温度计、冷凝管、接引管和接收瓶等组成。仪器的选择和安装必须符合以下规范。

① 蒸馏烧瓶选择：视待蒸馏液体的体积而定，通常为蒸馏液体的体积占蒸馏烧瓶容量的 1/3～2/3，瓶子太小容易冲料，瓶子太大产品损失太多。

② 冷凝管选择：蒸（分）馏用的冷凝管主要有直形冷凝管及空气冷凝管，若被蒸馏物质的沸点低于 140℃，使用直形冷凝管，在夹套内通冷却水。若被蒸馏物质的沸点高于140℃，直形冷凝管的内管及外管接合处易发生爆裂，应改用空气冷凝管。

③ 安装方法：以热源为基准，根据由下到上，由左到右（或由右到左）的原则，顺着一个方向安装仪器。首先将装有待蒸馏物质的圆底烧瓶固定在铁架台上，然后插入蒸馏头，顺次连接冷凝管、接引管、锥形瓶，在冷凝管的中部用铁夹固定，最后插入温度计。仪器安装完成后，检查各个磨口是否紧密相连，防止泄漏。无论从正面或侧面来观察，全套仪器的轴线都应在同一平面内，铁架台都应整齐地放在仪器的背部，做到美观端正、横平竖直。在同一桌面上，安装两套蒸馏装置时，必须是蒸馏瓶对蒸馏瓶（头对头），或锥形瓶对锥形瓶（尾对尾），避免着火。

④ 温度计位置：调整温度计位置，使水银球的上端与蒸馏头支管口的下侧在同一水平线上，使水银球能完全被蒸气所包围。

⑤ 加料方法：仪器安装好后，加料时不能直接从蒸馏头上口倒入，应用下端低于蒸馏头支管口下侧的长颈漏斗，或卸下圆底烧瓶加料，否则，料液会沿着蒸馏头支管流到接收瓶中。

⑥ 冷却水方向：冷凝管中必须通冷却水，冷却水的方向应从冷凝管的下端进水，上端出水，并且出水口在冷凝管上方，以保证冷凝管的夹层中充满水。

⑦ 沸石的使用：加热前在蒸馏烧瓶中加入 2 粒沸石，一方面防止液体由于过热而暴沸，另一方面沸腾时形成沸腾中心，保持沸腾平稳。如果蒸馏前忘记加入沸石，必须等液体冷却后补加，绝不能在液体加热到接近沸腾时补加，否则会产生暴沸。如果中途停止沸腾，再次加热前要重新加入沸石。

⑧ 常压蒸馏必须与大气相通，不能把整个体系密闭起来，所以接引管的支管口不能堵塞。用不带支管的接引管时，接引管与接收瓶之间不能用塞子塞住。

⑨ 接收瓶可以用锥形瓶或梨形瓶、圆底烧瓶，但不能用烧杯等敞口的器皿来接收。

简单蒸馏操作步骤如下：

① 将被蒸馏物质加入蒸馏烧瓶中，并加入 2 颗沸石。

② 打开直形冷凝管的冷却水，水流量不必过大，以防止漏水和浪费水。

③ 接通加热源，调节加热电压以及热源与蒸馏烧瓶之间的距离（对沸点较高的物料，可先适当提高加热温度，待接近沸点时降低温度并保持恒温），使瓶内液体平稳沸腾，此时可以看到蒸气慢慢上升，同时液体回流。当蒸气到达水银球时，温度计读数急剧上升，此时更应控制好加热温度，使温度计水银球上总附有液滴，以保持气液两相平衡，此时的温度即是馏出液的沸点。

④ 通过调节电压控制蒸馏速度，以从冷凝管流出液滴的速度为 1～2 滴/秒为宜。

⑤ 在进行蒸馏时，至少要准备两个接收瓶。因为在达到产品的沸点前，如果干燥不彻底形成共沸物或含有其他杂质等，就有沸点较低的液体（前馏分）蒸出，必须先接收。前馏分蒸出后，温度趋于稳定，这时应更换一个干净的接收瓶收集产品馏分。

⑥ 记录这部分液体开始馏出时和最后一滴时的温度读数，即是该馏分的沸程（沸点范围）。沸程常常可以表示液体的纯度，纯净液体的沸程一般不超过 1～2℃。如再继续升温，温度计读数显著升高，说明可能有另一组分被蒸出，若维持原来的加热温度，而无馏出液，即可停止蒸馏。即使杂质含量极少，也不要蒸干蒸馏液，以免蒸馏瓶破裂或发生其他意外事故。

⑦ 蒸馏完毕后，先停止加热，再关闭冷却水，放掉冷凝管夹层中的水，最后以与安装方向相反的方向小心地拆除仪器。

⑧ 蒸馏瓶中的残液一般需回收后集中处理，玻璃仪器稍冷后，按要求进行洗涤和干燥，主要馏出物量出体积或称重，计算回收率，或立即加塞密闭，干燥保存待用。

（2）分馏

分馏是用于分离沸点比较接近的液体化合物的蒸馏方法，它利用分馏柱来实现"多次重复"的蒸馏过程。普通有机化学实验中常用刺形分馏柱（Vigreux 分馏柱），它是一根中间一段每隔一定距离向内伸入向下倾斜的刺状物的分馏管。根据实验的不同需要，也可使用其他填装不同填料的分馏柱。

当混合物受热沸腾时，其蒸气首先进入分馏柱。由于柱内外存在温差，柱内蒸气中高沸点组分受柱外空气的冷却而被冷凝，并流回至烧瓶，从而导致继续上升的蒸气中低沸点组分的含量相对增加。这一个过程可以看作是一次简单的蒸馏。当高沸点冷凝液在回流途中遇到新上来的蒸气时，两者之间发生热量交换，上升的蒸气中，同样是高沸点组分被冷凝，低沸点组分继续上升。这又可以看作是一次简单蒸馏。蒸气就是这样在分馏柱内反复地进行着汽化、冷凝和回流的过程。或者说，重复地进行着多次简单蒸馏。因此，只要分馏柱的效率足够高，从分馏柱上端蒸出的蒸气组分就能接近低沸点单组分的纯度，而高沸点组分仍回流到蒸馏烧瓶中。需要指出的是，由于共沸混合物具有恒定的沸点，与蒸馏一样，分馏操作也不可用来分离共沸混合物。

分馏操作和简单蒸馏操作大致相同。稍有不同的是应该先向蒸馏烧瓶中加入被分馏液体，再加入沸石，然后装上分馏柱。液体沸腾后要注意调节加热温度，使蒸气缓缓升入分馏柱，在有馏出液滴出后，要调节温度使蒸出液体的速度控制在每二三秒钟一滴为宜。待低沸点组分蒸完后，再继续升温蒸出下一个组分。

（3）减压蒸馏

液体的沸点是指其蒸气压等于外界大气压时的温度。所以液体沸腾的温度是随外界压力的降低而降低的，如果使被蒸馏液体表面上的压力降低，即可降低其沸点。这种在较低压力下进行的蒸馏操作，就称为减压蒸馏。

减压蒸馏是分离和提纯液态有机物的一种重要方法。它特别适用于对那些在常压下简单蒸馏时未达到沸点时已受热分解、氧化或聚合物质的提纯和分离。对于大多数物质而言，当体系压力降低到 20mmHg 时，沸点比常压下的沸点约降低 100～120℃；当减压蒸馏在 10～25mmHg 之间进行时，大体上压力每相差 1mmHg，沸点约相差 1℃。因此当对某有机物进行减压蒸馏时，可以事先初步估算出在相应压力下该物质的沸点。这对具体操作中选择热源、温度计以及冷凝管等都有一定的参考价值。

减压蒸馏装置一般由蒸馏、抽气、保护和测压四部分组成。蒸馏部分由圆底烧瓶、克氏蒸馏头、冷凝管、接引管和接收器组成。在克氏蒸馏头带有支管一侧的上口插温度计，另一口可插一根末端拉成毛细管的厚壁玻璃管，毛细管的下端离瓶底约 1～2mm，玻璃管的上端连有一段带螺旋夹的橡皮管，管内插一断细铁丝，螺旋夹用以调节进入体系的空气，使毛细管在减压过程中可起到汽化中心的作用。蒸馏时若要收集不同组分的馏分，则可使用两尾或多尾接引管。接收器可采用圆底烧瓶、梨形瓶或抽滤瓶（但不能使用锥形瓶或平底烧瓶）。

抽气部分常可使用水泵或油泵。水泵能达到的最低压力为当时室温下水的蒸气压。例如在水温为 6～8℃时，其蒸气压为 7～8mmHg；若水温为 30℃，则水的蒸气压为 31.5mmHg。油泵的效能取决于油泵的机械结构和油的品质。用电动机驱动的真空泵一般可将系统内的压力降至 5～10mmHg，好的真空泵能降至 0.1mmHg。

油泵的结构较为精密，如有挥发性有机溶剂、水或酸性蒸气进入会损坏其结构和降低真空效能，所以必须在蒸馏接引管和油泵之间安装冷阱和几种吸收塔以保护油泵。保护装置的构造如图 2-3 所示，冷阱置于盛有冷却剂的广口保温瓶中，冷却剂的选择随需要而定，如冰-水、冰-盐、干冰等。三个吸收塔从冷阱开始依次装有无水氯化钙（或变色硅胶）、块状氢氧化钠和条状活性炭（或石蜡片），用以分别吸收水分、酸性物质和烃类物质。除此之外，在接引管与冷阱之间还必须接上一个安全瓶，瓶上的两通活塞可以起到调节系统压力和放气的作用。

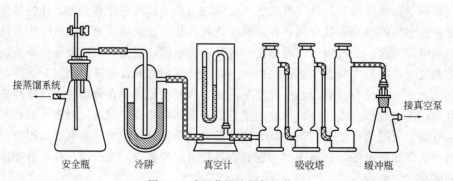

图 2-3　减压蒸馏油泵保护装置

真空系统的压力通常是通过水银压力计来测定的。常见的水银压力计有开口式和封闭式两种。开口式水银压力计两臂汞柱高度之差即为大气压力与系统中压力之差，因此蒸馏系统内的实际压力（真空度）应是当时当地的大气压（以 mmHg 表示，可从气压计读得）减去这一汞柱差。封闭式水银压力计两臂液面高度之差即为蒸馏系统中的真空度。

减压蒸馏的具体操作步骤如下：

① 当被蒸馏物中含有低沸点物质时，应先通过简单蒸馏和水泵减压蒸馏除去，最后再用油泵进行减压蒸馏；

② 按图 2-4 安装减压蒸馏装置，先检查系统的气密性：旋紧毛细管上的螺旋夹，打开安全瓶上的两通活塞，然后开泵抽气，逐渐关闭两通活塞，当系统压力能达到所需真空度且保持不变时，说明系统密封，可进行

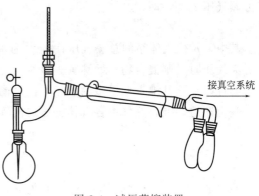

接真空系统

图 2-4　减压蒸馏装置

减压蒸馏操作。若真空度下降，则说明有漏气，再分别检查各连接处，必要时可在磨口处涂少量真空油脂密封；

③ 向蒸馏烧瓶中倒入待蒸馏液体，其量控制在烧瓶容积的 1/3～1/2，旋紧毛细管上的螺旋夹，打开安全瓶上的两通活塞，开动油泵，逐渐关闭安全瓶上的两通活塞使系统达到所需的真空度，调节毛细管上的螺旋夹，使被蒸馏液体中有连续平稳的小气泡通过；

④ 通冷却水，开始加热，如热源为油浴则应保持烧瓶的圆球部分至少有 2/3 浸入油浴中，在油浴中放入一支温度计，控制油浴温度比待蒸馏液体的沸点约高 20～30℃，使每秒馏出 1～2 滴液体；

⑤ 在蒸馏过程中，密切注意克氏蒸馏头上的温度计读数和压力读数，通过旋转多尾接引管，可以方便地收集不同沸点的组分或去掉前馏分；

⑥ 蒸馏结束时，应先移去热源，待稍冷后，渐渐打开安全瓶上的两通活塞，同时慢慢打开毛细管上的螺旋夹，使系统内外压力平衡，然后关闭油泵，关闭冷却水，蒸馏过程完毕。

在有机化学实验室里，有时还可以采用搅拌减压蒸馏的方法，与上述的毛细管减压蒸馏法相比，操作更为简便。它是通过向蒸馏瓶中加入搅拌磁子，利用磁子搅拌达到被蒸馏液体受热均匀以避免暴沸。操作时，在蒸馏前先开动搅拌，在蒸馏结束后再关闭搅拌即可。有条件的实验室里，经常可以看到真空旋转蒸发仪。真空旋转蒸发仪实际上就是减压蒸馏器，实验室经常利用它进行液体浓缩和低沸点溶剂的回收等操作。

（4）水蒸气蒸馏

水蒸气蒸馏是分离和纯化有机物质的常用方法，通过水蒸气蒸馏可以实现液-液分离或液-固分离。但被提纯或分离的物质必须具备以下条件：

① 不溶于水或难溶于水；

② 与水一起沸腾时不发生化学变化或反应；

③ 在 100℃ 左右该物质蒸气压至少在 10mmHg 以上。

水蒸气蒸馏

水蒸气蒸馏常用于下列几种情况：

① 在常压下进行简单蒸馏易发生分解的高沸点有机物；

② 含有较多固体混合物，而用简单蒸馏、萃取或过滤等方法又难以分离；

③ 混合物中含有大量树脂状物质或不挥发性杂质，采用蒸馏、萃取等方法难以分离。

当有机物与水一起共热时，整个体系的蒸气压根据道尔顿（Dalton）分压定律，应为各

组分蒸气压之和，即

$$p = p_{H_2O} + p_A$$

其中，p 代表体系的总蒸气压；p_{H_2O} 为水的蒸气压；p_A 为有机物的蒸气压。当 p 等于外界大气压时，则混合物开始沸腾。显然，混合物的沸点低于任何一个单独组分的沸点，即有机物可以在比其沸点低得多的温度下被蒸馏出来。

我们知道，混合蒸气中各气体分压之比等于它们的摩尔比，所以有：

$$\frac{n_{H_2O}}{n_A} = \frac{p_{H_2O}}{p_A}$$

而 $n_{H_2O} = \dfrac{m_{H_2O}}{18}$，$n_A = \dfrac{m_A}{M_A}$，其中 m_{H_2O}、m_A 为水和有机物在一定容积中蒸气的质量，M_A 为有机物的分子量。因此有：

$$\frac{m_{H_2O}}{m_A} = \frac{18 p_{H_2O}}{M_A p_A}$$

以溴苯为例，当和水一起加热至 95.5℃ 时，水的蒸气压为 646mmHg，溴苯的蒸气压为 114mmHg，它们的总压力等于 1 大气压时开始沸腾。水和溴苯的分子量分别为 18 和 157，代入上式得

$$\frac{m_{H_2O}}{m_A} = \frac{18 \times 646}{157 \times 114} = \frac{6.5}{10}$$

即每蒸出 6.5g 水就能带出 10g 溴苯，溴苯在馏出液组分中约占 61%。

水蒸气蒸馏装置是由水蒸气发生器和简单蒸馏装置两部分组成。水蒸气发生器可以用金属制成，也可用圆底烧瓶代替，发生器的上口通过塞子插入一根长玻璃管，管子的下端接近烧瓶底部，当烧瓶内气压太大时，水可沿着玻管上升，以调节内压，所以此管可以起到安全管的作用。蒸汽发生器的蒸汽导出口通过 T 形管与蒸馏部分的三口烧瓶上的蒸汽导入管相连接。T 形管的支管上套一段短橡皮管，用螺旋夹夹住。水蒸气导入管通过温度计磨口套管与三口烧瓶的中间口相连接，导入管下端要尽量靠近烧瓶的底部，三口烧瓶的另一口可用空心磨口塞塞住，另外一口则用 75° 磨口蒸馏弯头与冷凝管相连，后面依次与接引管和接收器相连接即可。

水蒸气蒸馏的具体操作步骤如下：

① 向水蒸气发生器（大圆底烧瓶）中加入总容积 1/2～2/3 的水，向蒸馏三口烧瓶中加入被蒸馏物（被蒸馏物的体积不得超过容积的 1/3）；

② 通冷凝水，打开 T 形管上的螺旋夹，使之与大气相通，开始加热水蒸气发生器，至沸腾后关闭 T 形管上的螺旋夹，使水蒸气均匀地进入三口烧瓶中；

③ 混合物受热翻腾不久便会有有机物和水的混合物蒸气经过冷凝管冷凝成乳浊液进入接收器，调节温度使馏出速度为每秒 2～3 滴为宜；

④ 当馏出液澄清透明不再含有油滴时，即可停止蒸馏；

⑤ 停止蒸馏时，必须先打开 T 形管上的螺旋夹（否则会产生倒吸），再移去热源，关闭冷却水，拆除装置。

四、色谱分离法

色谱法是分离、提纯和鉴定有机化合物的重要方法之一，在化学、生物和医药等领域中已得到广泛的应用。色谱法的基本原理是利用混合物各组分在某一物质中吸附或溶解性能（即分配）的不同，或利用其他亲和作用性能的差异，使混合物的溶液流经该物质时，发生

反复的吸附或分配作用，从而将各组分分开。流动的混合物溶液称为流动相；固定的物质称为固定相。根据作用原理和操作条件的不同，可分为薄层色谱、纸色谱、柱色谱、气相色谱和高效液相色谱等。

1. 薄层色谱

薄层色谱又称为薄层层析（thin layer chromatography，TLC），薄层色谱是一种微量、快速、简便的分离分析方法。薄层色谱在有机实验中常用于反应进程的跟踪、化合物的鉴定、少量样品的精制以及柱色谱的先导等方面。

薄层色谱是将吸附剂均匀地涂铺在玻璃薄板（或其他高分子薄膜）上作为固定相，经干燥活化后点上待分离样品，用适当极性的有机溶剂作为展开剂（即流动相）。当展开剂在吸附剂上展开时，由于样品中各组分对吸附剂的吸附能力不同，吸附能力弱的组分（即极性较弱者）随流动相迅速向前移动，吸附能力强的组分（即极性较强者）移动缓慢。经过无数次的吸附和解吸附过程，最终将各组分彼此分开。如果各组分有颜色，则薄板干燥后会出现一系列高低不同的斑点，如果组分不显色，则可以通过各种显色方法使之显色。

在薄板上每个组分上升的高度与展开剂上升的前沿之比称为该化合物的 R_f 值，又称比移值。对于一个化合物当实验条件相同时，其 R_f 值是一样的。

薄层色谱中最常用的吸附剂是硅胶和氧化铝。硅胶是无定形多孔性物质，略有酸性，适用于中性或酸性物质的分离和提纯，硅胶可分为：

硅胶 H——不含黏合剂和其他添加剂；

硅胶 G——含有黏合剂煅石膏 $\left(CaSO_4 \cdot \dfrac{1}{2}H_2O\right)$；

硅胶 HF_{254}——含荧光物质，可在波长为 254nm 紫外灯下观察荧光；

硅胶 GF_{254}——既含有荧光物质，又含有黏合剂煅石膏。

与硅胶相似，氧化铝也因含有黏合剂或荧光剂而分为氧化铝 G、氧化铝 HF_{254}、氧化铝 GF_{254}。黏合剂除了上述的煅石膏外，还可用羧甲基纤维素钠（CMC）。

薄层色谱法的具体操作方法如下：

（1）薄层板的铺制

薄层板制备的好坏直接影响到色谱的结果，薄层应尽量均匀而且厚度（0.25～1mm）要固定。这样有利于提高结果的重复性。称取 3g 硅胶 GF_{254}，边搅拌边慢慢加入盛有 6mL 0.5% CMC 溶液的烧杯中调成糊状物（3g 硅胶约可铺 7.5cm×2.5cm 的载玻片 5～6 块）。将调好的糊状物倒到玻璃片上，用手轻轻振摇或放在桌上轻轻敲振动，使表面均匀光滑。

（2）薄层板的活化

将铺好的薄层板放于室温晾干后，放入烘箱内加热活化，活化条件根据需要而定。硅胶板一般在烘箱中渐渐升温，维持 105～110℃活化 30min，氧化铝板在 150～160℃烘 4h。薄层板的活性与含水量有关，其活性随含水量的增加而降低。所以，经活化后暂时不用的薄层板应放入干燥器内备用。

（3）点样

在距薄层板一端约 1cm 处用铅笔轻轻画一横线作为起始线。将样品溶于低沸点溶剂（丙酮、乙醇、乙醚等）配成 1% 左右的溶液，用点样毛细管吸取样品溶液，垂直轻轻地点在起始线上，点样斑点的直径不要超过 2mm，斑点过大往往会造成拖尾。一块板可以点多个样品，但样品点之间的距离以 1～1.5cm 为宜。

（4）展开剂的选择和展开

展开剂的选择主要是根据样品的极性、溶解度和吸附剂的活性等因素而决定的。溶剂的极性越大，则对化合物的解吸附能力越强，也就是说 R_f 值也越大。如果出现样品各组分的 R_f 值都较小时，则可以加入适量极性较大的溶剂。常用展开剂极性大小次序如下：

己烷和石油醚＜环己烷＜四氯化碳＜三氯乙烯＜二硫化碳＜甲苯＜苯＜二氯甲烷＜氯仿＜乙醚＜乙酸乙酯＜丙酮＜丙醇＜乙醇＜甲醇＜水＜吡啶＜乙酸。

薄层色谱的展开需要在密闭的容器中进行。将所选择的展开剂倒入白色广口瓶或层析缸中（液层高度约为 0.5cm），待容器中溶剂的蒸气达到饱和后，在将点好样的薄层板以 45°～60°夹角放入展开容器中，注意点样点必须在展开剂液面以上。当展开剂前沿上升到离板顶端 5～10mm 时，取出薄板，用铅笔划出前沿的位置晾干。

（5）显色

薄层板晾干后，若分离的化合物本身有颜色，在薄层板上可看到分开的各组分斑点。如果化合物本身无色，若薄层板中含有荧光剂，则可在紫外灯下观察，大多数具有共轭不饱和键的有机化合物都会显示出暗色斑点。此外，还可用碘缸法进行显色。

（6）计算比移值（R_f）

用各种显色方法使斑点出现以后，应立即用铅笔或小针画出斑点位置，然后计算比移值 R_f。

在色谱法中，展开剂移动速率与溶质移动速率的比值，称为比移值，即

$$R_f = \frac{溶质移动速率}{展开剂移动速率}$$

显然，如果展开剂与溶质同时出发，那么这个比值也可用一定时间内两者移动的距离来表示（如图所示），即：

$$R_f = \frac{溶质移动距离}{展开剂移动距离} = \frac{a}{b}$$

式中，a 为溶质由点样中心到展开后溶质最高浓度中心的距离；b 为由点样中心到展开剂前沿的距离，R_f 值测量示意图见图 2-5。

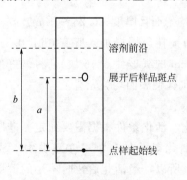

图 2-5　R_f 值测量示意

薄层色谱法在有机合成中的主要用途如下。

（1）鉴定化合物

R_f 值是表示薄层板上斑点位置的一个数值，在给定的实验条件下，对于某一溶质来说是一个特征值（特性常数），可利用小板（载玻片）通过测定 R_f 值来定性鉴定物质。由于影响 R_f 值的因素很多，如吸附剂的性质、颗粒的大小、铺板的厚薄均匀程度、展开剂的性质、样点的大小以及温度等，实验条件稍有改变，R_f 值就会不同，不易重复。因此，当两个化合物具有相同的 R_f 值时，在未做进一步的分析之前不能确定它们是不是同一个化合物。在这种情况下，简单的方法是使用不同的溶剂或混合溶剂来做进一步的检验，或采用已知标准试样在同样条件下作对比试验。

（2）监测跟踪反应进行的程度

在有机合成过程中，可以利用薄层色谱观察原料斑点的逐步消失（变浅）和产物斑点的

逐步增大（变浓）情况，来判断反应完成的程度。

（3）分离、精制化合物

一些结构类似、理化性质相近的化合物混在一起，且样品的量又很少，用常规方法较难分离，损失又大，可应用薄层色谱法，采用大板（大玻璃板）进行分离和提纯。大板和小板的制法相同，大板和小板的点样稍有不同，通常是用毛细吸管吸取样品均匀地分布在离大板一端约两厘米的一条直线上，展开、显色、标记后，用刀片将吸附有产品组分的吸附剂刮下，然后用溶剂浸泡，过滤后抽去溶剂即得所要组分。

（4）检测其他方法的分离纯化效果

在柱色谱、结晶、萃取（洗涤）等分离纯化过程中，将分离出来的组分或纯化所得的产物溶样点板，展开后如果只有一个斑点，则说明分离纯化的效果比较好，如展开后仍有两个或多个斑点，则说明分离纯化尚未达到预期的效果。

（5）作为柱色谱的先导

一般来说，可以在柱色谱中分离某种混合物的固定相和流动相，也可以用此固定相和流动相在薄层板上分离该混合物，因此，在进行柱色谱分离前，常利用薄层色谱为柱色谱选择合适的吸附剂和洗脱剂。

（6）粗略判断混合物中各组分的相对浓度

根据展开以后薄层板上各斑点的大小或颜色深浅，可粗略地判断混合物中各组分的相对浓度。

2. 纸色谱

纸色谱（纸层析）属于分配色谱的一种。通常是用特制的滤纸作为固定相，用一定比例水的有机溶剂为流动相（展开剂）。其分离原理及操作方法与薄层色谱基本相同，纸色谱一般适用于微量有机物（5～500μg）的定性分析，主要应用于多官能团或高极性化合物（如糖或氨基酸）的分析。

3. 柱色谱

柱色谱（柱层析）是分离、提纯复杂有机化合物的重要方法，也可用于分离和提纯量较大的有机物。常用的柱色谱有吸附柱色谱和分配柱色谱两类，有机化学实验室里常见的是吸附色谱柱。吸附色谱柱内装有表面积很大的、经过活化的吸附剂（固定相），如氧化铝、硅胶等。当混合物溶液流过吸附柱时，各种组分同时被吸附在柱的上端，当洗脱剂下流时，由于不同组分对吸附剂吸附能力的不同，在柱中自上而下形成了若干个层次（色带），再用溶剂洗脱时，吸附能力最弱的组分，首先随着溶剂流出，极性强的后流出，分别收集含有各个组分的洗脱剂，蒸掉洗脱剂即可分别得到各组分。对于柱上不显色的化合物分离时，可通过紫外光照射来检查，也可通过薄层色谱检测的方法逐个加以确定。

常用的吸附剂有氧化铝、硅胶、氧化镁、碳酸钙和活性炭等。选择的吸附剂绝不能与被分离物质以及展开剂发生化学反应，一般要经过纯化和活化处理，并要求吸附剂颗粒大小均匀。颗粒太小，表面积大，吸附能力高，但溶剂流速太慢。若颗粒太粗，流速虽然快，但吸附能力低，分离效果差。柱色谱中应用最为广泛的是氧化铝，其颗粒大小以 100～150 目筛空为宜。色谱柱的氧化铝分为酸性、中性和碱性三种。酸性氧化铝 pH 值为 4～4.5，适用于分离如有机酸等酸性物质；中性氧化铝 pH 值约为 7.5，适用于分离醛、酮、醌和酯等类化合物；碱性氧化铝的 pH 值为 9～10，适用于分离碳氢化合物、生物碱和胺类化合物。吸附剂的活性与其含水量有关，一般含水量低的吸附剂活性高。

化合物对吸附剂的吸附性与分子的极性有关，分子的极性越强，吸附能力越强。氧化铝对各类有机物的吸附性大小顺序如下：

酸、碱＞醇、胺、硫醇＞酯、醛、酮＞芳香族化合物＞卤代物、醚＞烯≫饱和烃

洗脱剂的选择通常要考虑到被分离化合物中各组分的极性、溶解度和吸附剂的活性等因素来，洗脱剂选择是否合适将直接影响到柱色谱的分离效果。先将待分离的样品溶解于一定量的溶剂中，选用的溶剂极性应当尽可能低、体积要小。如样品在低极性溶剂中的溶解度很小，则可加入少量极性较大的溶剂，使体积不至于太大。色层的展开首先使用极性稍小的溶剂，使各组分在色谱柱中形成若干谱带，再用与薄层色谱展开剂极性大小一致的洗脱剂洗脱。常用洗脱剂的极性大小顺序与薄层色谱展开剂极性大小相一致。所用洗脱剂必须纯粹和干燥，否则会影响分离效果。

柱色谱法具体操作如下：

（1）装柱

色谱柱大小的选择要根据样品的处理量和吸附剂的性质而定，一般色谱柱的长度与直径比为 7.5∶1。吸附剂的用量为被分离样品的 30～40 倍。在装柱之前，先将空柱洗净干燥，垂直固定在铁架之上，在柱底铺一层脱脂棉，再在上面覆盖一层厚 0.5～1cm 的石英砂。装柱的方法有湿法和干法两种。

湿法：先将溶剂倒入柱内至约 3/4 柱高处，然后打开柱底活塞，控制流出速度为 1 滴/秒，通过一干燥的玻璃漏斗慢慢加入吸附剂，用木棒或带橡皮塞的玻棒轻轻敲打柱身下部，使吸附剂慢慢而均匀地下沉，当装柱至 3/4 时，再在上面加一层 0.5cm 的石英砂。在整个操作过程中，柱内的液面始终要高出吸附剂。

干法：在色谱柱上端放一个干燥的漏斗，使吸附剂均匀连续地通过漏斗加入柱内，同时轻轻敲击柱身，使装填均匀。加完后，再加入溶剂，使吸附剂全部湿润，再在吸附剂上面盖一层 0.5cm 的石英砂。

（2）加样

当溶剂降至吸附剂表面时，把配成适当浓度的样品，用滴管沿着柱内壁加入色谱柱，然后用少量溶剂分几次洗涤柱上所沾的样品。

（3）洗脱

开启柱下端的活塞，使液体缓慢流出，当柱内液面与吸附剂表面相齐平时，即可打开安置在柱上端装有洗脱剂的滴液漏斗进行洗脱，控制洗脱液流出速度。洗脱速度如果太慢，可通过加压的方法加速，但一般速度不宜过快。

4. 气相色谱

气相色谱（gas chromatography，GC）是以气体作为流动相的一种色谱，根据固定相的不同，气相色谱又可分为气固色谱和气液色谱两种，其中气液色谱应用更为广泛。

气液色谱的固定相是涂浸在一定粒度的多孔惰性固体表面上的一层很薄的高沸点液体有机物，通常将这种固体称为载体，固体表面的液膜称为固定液。样品被气体流动相（载气）带入色谱柱后，由于样品中各组分在固定液中的溶解度不同，随着载气的不断流动，各组分在两相间反复地溶解、挥发、再溶解、再挥发，最终在固定液中溶解度小的组分移动的速度较快，而溶解度大的移动较慢，从而达到将各组分分离的目的。

虽然气相色谱仪的型号很多，但基本上都是由气流控制系统、进样系统、色谱柱、温度控制系统、检测系统和记录系统六大部分组成。气相色谱的操作程序大致如下：

（1）固定相的制备

选取一支色谱柱，按柱长和内径计算其容积，用量筒量取比容积稍多一些的载体，称取载体质量5%～25%的固定液，并将固定液溶解于比载体体积稍多的低沸点溶剂（如氯仿、乙醚或苯等），将载体和固定液溶液混合使涂浸均匀，在红外灯加热下不断搅拌，使低沸点溶剂完全挥发，然后将其在120℃恒温下加热活化2h。

（2）色谱柱的填充

将已选取的色谱柱的一端用玻璃棉塞住，并与真空泵相连接，柱的另一端套上玻璃漏斗，通过玻璃漏斗向色谱柱内加入已涂浸好并活化了的固定相填料，在加料的同时要减压并不断敲击振动色谱柱，使装填紧密均匀，待装满后再用玻璃棉塞好开口端。

（3）仪器的调节

将装好的色谱柱连入色谱仪中，调节载气流速到所需速度，调节温度控制系统使气化室、色谱柱和检测器达到操作温度，使仪器稳定。

（4）进样、分离、检测和记录

当仪器稳定后，用色谱仪专用的微量注射器进样，样品汽化后被载气带入色谱柱进行分离。分离后的各组分依次进入检测器，检测器将每个组分按其浓度大小转换成电信号，再经放大后被记录仪记录下来。

（5）色谱图

色谱图的纵坐标表示信号的大小，横坐标表示流出的时间。从进样到出现各组分的色谱峰最高点称为保留时间（第一个小峰常常是空气峰）。在同样的操作条件下，由于每一组分从进样到出峰时间都应该大致保持不变，所以可对化合物进行定性分析。同时，样品中每一组分的含量与峰的面积成正比，所以根据峰面积的大小也可进行定量测定。

5. 高效液相色谱

高效液相色谱法（high performance liquid chromatography，HPLC）是以液体作为流动相，并采用颗粒极细的高效固定相的柱色谱分离技术。高效液相色谱对样品的适用性广，不受分析对象挥发性和热稳定性的限制，因而弥补了气相色谱法的不足。在目前已知的有机化合物中，可用气相色谱分析的约占20%，而80%则需用高效液相色谱来分析，可见其应用广泛。高效液相色谱仪见图2-6。

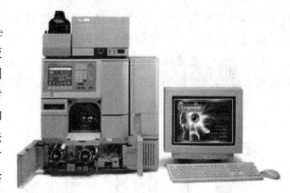

图2-6　高效液相色谱仪

高效液相色谱和气相色谱在基本理论方面没有显著不同，它们之间的重大差别在于作为流动相的液体与气体之间的性质的差别。液相色谱根据固定相性质可分为吸附色谱、键合相色谱、离子交换色谱和大小排阻色谱等。

第五节　无水无氧实验操作技术简介

随着科学技术的不断发展，为了探索新的研究领域，化学家们更多地着眼于对空气和水敏感的化合物。为了研究这类化合物，必须采用无水无氧操作技术。

无水无氧实验操作技术在有机化学中已得到广泛应用。目前采用的无水无氧操作主要分三种：高真空线操作（vacuum-line）；Schlenk 操作；手套箱操作（glove-box）。由于高真空线操作对真空和仪器的要求极高，所以在普通有机化学实验中极少采用。因此，这里仅对 Schlenk 操作和手套箱操作做一些简单的介绍（图 2-7）。

Schlenk 操作是在惰性气体气氛下，使用特殊的 Schlenk 型玻璃仪器（具有通惰性气体和抽真空的侧管和活塞）进行的实验操作。它比手套箱操作更为安全可靠，可适用于一般化学反应（回流、搅拌、滴加液体以及固体投料等）和分离纯化（蒸馏、过滤、重结晶以及提取等）以及特殊样品的储存和转移。

Schlenk 操作通常是通过使用双排管系统完成的。一般在双排管上装有四至八个双斜三通活塞，活塞的一端与反应体系相连，双排管的一路与经纯化的惰性气体（氮气和氩气）相通，双排管的另一路则与真空体系相通。操作者只要通过三通活塞对反应体系进行反复抽真空和充惰性气体，即可完成体系干燥惰性气体气氛的营造，从而达到无水无氧操作的要求。

手套箱操作是指先用惰性气体将连有操作手套的实验箱中的空气置换，再通过使用手套进行各种实验操作。其优点是可进行较为复杂的固体样品的操作（如 X 射线衍射单晶结构分析中挑选晶体等），其缺点是不易将微量的空气除尽，容易产生死角。手套箱可以由有机玻璃或金属制成，市售的美国金属手套箱一般由循环净化惰性气体恒压的操作室与前室两部分组成，两部分之间有承压闸门，前室在放入所需物品后即关闭抽真空并充入惰性气体。当前室达到与操作室等压时，可打开内部闸门，将所需样品送入操作室。操作室内有电源、低温冰箱和抽气口等，可以进行紧密称量、物料转移等。

由于无水无氧实验操作的对象是对空气和水敏感的物质，所以除了事先仪器和试剂的准备十分重要外，实验操作技术更是实验成败的关键。因此，实验前必须对每一步实验的具体操作、所用仪器和试剂、加料次序以及后处理等进行周密的计划；实验过程中的操作必须严格、迅速和准确；实验必须进行到取得较稳定的产物或将不稳定的产物储存好为止。

具体说来，实验所用到的所有玻璃仪器包括搅拌磁子都必须完全干燥，一般是将完全干燥的玻璃仪器从烘箱中取出后，立即按实验要求相互连接并保持密封待用。与双排管系统相连接，进行惰性气体的填充，使体系达到无水无氧实验要求。无水溶剂和液体样品通过注射

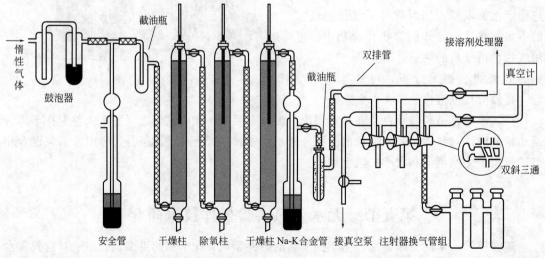

图 2-7　无水无氧实验操作系统示意

器注入体系，固体样品的加入可先将惰性气体阀开大再通过瓶口加入的方法。无水无氧反应一般在磁力搅拌下进行，如要使用机械搅拌则可通过汞封完成。

第六节　有机化合物物理常数测定

一、熔点的测定及温度计校正

1. 基本原理

熔点是在一个大气压下固体化合物固相与液相平衡时的温度。这时固相和液相的蒸气压相等。每种纯固体有机化合物，一般都有一个固定的熔点，即在一定压力下，从初熔到全熔（这一熔点范围称为熔程），温度不超过 0.5～1℃。熔点是鉴定固体有机化合物的重要物理常数，也是化合物纯度的判断标准。当化合物中混有可熔性杂质时，熔程较长，熔点降低。当测得一未知物的熔点同已知某物质熔点相同或相近时，可将该已知物与未知物混合。测量混合物的熔点，至少要按 1:9、1:1、9:1 这三种比例混合。若它们是相同化合物，则熔点值不降低；若是不同的化合物，则熔程变长，熔点值下降（少数情况下熔点值上升）。

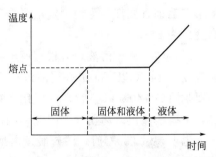

图 2-8　相随着时间和温度的变化

纯物质的熔点和凝固点是一致的。从图 2-8 可以看到，当加热纯固体化合物时，在一段时间内温度上升，固体不熔。当固体开始熔化时，温度不会上升，直至所有固体都转变为液体，温度才上升。反过来，当冷却一种纯液体化合物时，在一段时间内温度下降，液体未固化。当开始有固体出现时，温度不会下降，直至液体全部固化后，温度才会再下降。

在一定温度和压力下，将某纯物质的固液两相放于同一容器中，这时可能发生三种情况：固体熔化；液体固化；固液两相并存。可以从该物质的蒸气压与温度关系图来理解在某一温度时，哪种情况占优势。图 2-9(a) 是固体的蒸气压随温度升高而增大的情况，图 2-9(b) 是液体蒸气压随温度变化的曲线，若将图 2-9(a) 和 图 2-9(b) 两曲线加合，可得图 2-9(c)。可以看到，固相蒸气压随温度的变化速率比相应的液相大，最后两曲线相交于 M 点。在这特定的温度和压力下，固液两相并存，这时的温度 T_m 即为该物质的熔点。不同的化合物有不同的 T_m 值。当温度高于 T_m 时，固相全部转变为液相；低于 T_m 时，液相全转变为固相。只有固液相并存时，固相和液相的蒸气压是一致的。这就是纯物质有固定而又敏锐熔点的原因。一旦温度超过 T_m 时（甚至只有几分之一摄氏度时），若有足够的时间，

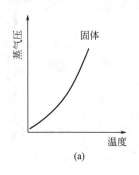

(a)

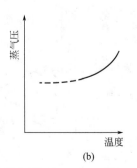

(b)

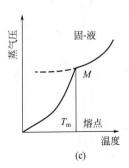

(c)

图 2-9　物质的温度与蒸气压关系

固体就可以全部转变为液体。所以要想精确测定熔点，则在接近熔点时，加热速度一定要慢。一般每分钟温度升高不能超过 $1 \sim 2 ℃$。只有这样，才能使熔化过程近似接近于相平衡条件。

2. 测定熔点的方法

(1) 毛细管法

① 准备工作

首先把试样装入熔点管中。将干燥的粉末状试样在表面皿上堆成小堆，将熔点管的开口端插入试样中，装取少量粉末。然后把熔点管竖立起来，在桌面上蹾几下（熔点管的下落方向必须与桌面垂直，否则熔点管极易折断），使样品掉入管底。这样重复取样品几次。最后使熔点管从一根长约 $40 \sim 50 cm$ 高的玻璃管中掉到表面皿上，多重复几次，使样品粉末紧密堆集在毛细管底部。为使测定结果准确，样品一定要研得极细，填充要均匀且紧密。试样的高度约为 $2 \sim 3 mm$。

载热体又称为浴液，可根据所测物质的熔点选择。一般用液体石蜡、硫酸、硅油等。如果温度在 $140 ℃$ 以下，最好用液体石蜡或甘油。药用液体石蜡可加热到 $220 ℃$ 仍不变色。在需要加热到 $140 ℃$ 以上时，也可用浓硫酸，但热的浓硫酸具有极强的腐蚀性，如果加热不当，浓硫酸溅出时易伤人。因此，测定熔点时一定要戴护目镜。

温度超过 $250 ℃$ 时，浓硫酸发白烟，妨碍温度计的读数。在这种情况下，可在浓硫酸中加入硫酸钾，加热使成饱和溶液，然后进行测定。

在热浴中使用的浓硫酸，有时由于有机物质掉入酸内而变黑，妨碍对试样熔融过程的观察。在这种情况下，可以加入一些硝酸钾晶体，以除去有机物质。

毛细管中的试样应位于温度计水银球的中部，可用乳胶圈捆好贴实（胶圈不要浸入浴液中），用有缺口的木塞作支撑套在温度计上。

用图 2-10 所示的提勒（Thiele）管（又称 b 形管）测定熔点时，加入浴液的量应是液面与提勒管上侧管的上端齐平。温度计水银球处在提勒管的两侧管中间，在两侧管的交叉口位置加热。浴液被加热后在管内呈对流循环，使温度变化比较均匀。

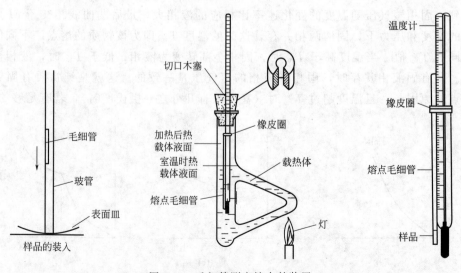

图 2-10 毛细管测定熔点的装置

用图 2-11 所示的双浴式熔点测定器来测定熔点，可提高测定的准确性。它由 250mL 长颈圆底烧瓶、有棱缘的试管（试管的外径稍小于瓶颈的内径）和温度计组成。烧瓶内所盛浴液的量约占烧瓶容量的 1/2。热浴隔着空气（空气浴）把温度计和试样加热，使它们受热均匀。试管内也可装浴液。

② 测定方法

为了准确地测定熔点，加热的时候，特别是在加热到接近试样的熔点时，必须使温度上升的速度缓慢而均匀。对于每一种试样，至少要测定两次。第一次升温可较快，每分钟可上升 5℃ 左右，这样可得到一个近似的熔点。然后把热浴冷却下来，换一根装试样的熔点管（每一根装试样的熔点管只能用一次）做第二次测定。

进行第二次熔点测定时，浴温需降至低于样品熔点 20~25℃ 以下再测。开始时升温可稍快（开始时每分钟上升 10℃，以后减为 5℃），待温度到达比近似熔点低约 10℃ 时，再调小火焰，使温度缓慢而均匀地上升（每分钟上升 1℃），注意观察熔点管中试样的变化，记录下熔点管中刚有小液滴出现和试样恰好完全熔融时这两个温度读数。物质越纯，这两个温度的差距就越小。如果升温太快，测得的熔点范围不正确的程度就加大。

记录熔点时，要记录开始熔融和完全熔融时的温度，例如 123~125℃，绝不能仅记录这两个温度的平均值，例如 124℃。熔点测定至少要有两次重复数据。

有的样品较长时间加热易分解，可先将熔点管热至低于样品熔点 20℃ 时，再放入样品测定。而有的化合物测不到熔点而只能测得分解点，即到一定温度时样品完全分解而不熔化，这时应记录为：123℃（分解）。

在测定过程中，还要注意观察和记录加热过程中是否有萎缩、变色、发泡、升华及炭化等现象，以供分析参考。

图 2-11　双浴式熔点测定器　　　　图 2-12　X-6 型显微熔点测定仪

（2）显微熔点仪测定熔点（微量熔点测定法）

显微熔点测定仪型号较多，图 2-12 为 X-6 型显微熔点测定仪。其共同特点是使用样品量少（2~3 颗小结晶），可观察晶体在加热过程中的变化情况，能测量室温至 300℃ 样品的熔点，具体操作如下：

在干净且干燥的载玻片上放微量晶粒并盖一片载玻片，放在加热台上。调节反光镜、物镜和目镜，使显微镜焦点对准样品，开启加热器，先快速后慢速加热，温度快升至熔点时，控制温度上升的速度为每分钟 1~2℃。当样品结晶棱角开始变圆时，表示熔化已开始，结晶形状完全消失表示熔化已完成。可以看到样品变化的全过程，如结晶的失水、多晶的变化及分解。测毕停止加热，稍冷，用镊子拿走载玻片，将铝板盖放在加热台上，可快速冷却，以便再次测试或收存仪器。在使用这种仪器前必须仔细阅读使用指南，严格按操作规程进行。

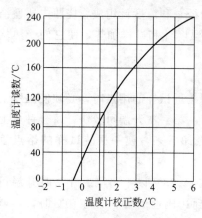

图 2-13　定点法温度计
刻度校正示意图

3. 温度计校正

为了进行准确测量，一般从市场购来的温度计，在使用前需对其进行校正。校正温度计的方法有如下几种：

（1）比较法　选一支标准温度计与要进行校正的温度计在同一条件下测定温度。比较其所指示的温度值。

（2）定点法　选择数种已知准确熔点的标准样品（见表 2-3），测定它们的熔点，以观察到的熔点（T_2）为纵坐标，以此熔点（T_2）与准确熔点（T_1）之差（ΔT）作横坐标，如图 2-13 所示，从图中求得校正后的正确温度误差值，例如测得的温度为 100℃，则校正后应为 101.3℃。

表 2-3　一些有机化合物的熔点

样品名称	熔点/℃	样品名称	熔点/℃
水-冰	0	D-甘露醇	168
对二氯苯	53.1	对苯二酚	173～174
对二硝基苯	174	马尿酸	188～189
邻苯二酚	105	对羟基苯甲酸	214.5～215.5
苯甲酸	122.4	蒽	216.2～216.4
水杨酸	159		

二、沸点的测定

1. 基本原理

由于分子运动，液体分子有从表面逸出的倾向。这种倾向常随温度的升高而增大，即液体在一定温度下具有一定的蒸气压，液体的蒸气压随温度升高而增大，而与体系中存在的液体及蒸气的绝对量无关。

从图 2-14 中可以看出，将液体加热时，其蒸气压随温度升高而不断增大。当液体的蒸气压增大至与外界施加给液面的总压力（通常是大气压力）相等时，就有大量气泡不断地从液体内部逸出，即液体沸腾，这时的温度称为该液体的沸点。显然液体的沸点与外界压力有关，外界压力不同，同一液体的沸点会发生变化。不过通常所说的沸点是指外界压力为一个大气压时的液体沸腾温度。

在一定压力下，纯的液体有机物具有固定的沸点。但当液体不纯时，则沸点有一个温度稳定范围，常称为沸程。因此一般可以利用测定化合物的沸点来鉴别某一化合物是否纯净，但必须指出，凡具有固定沸点的液体不一定均为纯净的化合物，如下述共沸混合物都有固定的沸点：95.6%乙醇与 4.4%水，沸点为 78.2℃；83.2%乙酸乙酯、9.0%乙醇与 7.8%水，沸点为 70.3℃。共沸混合物在气相中的组成与液相一样，不能用蒸馏或分馏的方法将它们分离。

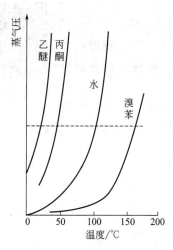

图 2-14 温度与蒸气压关系

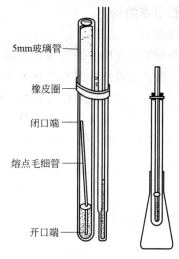

图 2-15 微量法测定沸点装置

2. 沸点的测定

一般用于测定沸点的方法有两种：

（1）常量法：用蒸馏法来测定液体的沸点。

（2）微量法：利用沸点测定管来测定液体的沸点。沸点测定管由内管（长 4～5cm，内径 1mm）和外管（长 7～8cm，内径 4～5mm）两部分组成。内外管均为一端封闭的耐热玻璃管，如图 2-15 所示。

测定方法：

装试料时，把外管略微温热，迅速地把开口一端插入试料中，这样，就有少量液体吸入管内。将管直立，使液体流到管底，试料高度应为 6～8mm。也可以用细吸管把试料装入外管，然后把内管口朝下插入液体中。将外管用橡皮圈或细铜丝固定在温度计上，置于热浴中慢慢加热（热浴与 b 型管测熔点的相似）。随着温度升高，管内的气体分子动能增大，表现出蒸气压的增大。随着不断加热，液体分子的汽化增快，可以看到内管中有小气泡冒出。当温度达到比沸点稍高时就有一连串的气泡快速逸出，此时停止加热，使热浴温度自行下降。随着温度的下降，气泡逸出的速度渐渐减慢。在气泡不再冒出而液体刚刚要进入内管的瞬间（毛细管内蒸气压与外界相等时），此时的温度即为该液体的沸点。测定时加热要慢，外管中的液体量要足够多。重复操作几次，误差应小于 1℃。

3. 沸点的校正

同一物质在不同地区（不同外界大气压下）测得的沸点不同。一般情况下外压每偏离标准大气压 10mmHg，测得沸点比标准沸点（760mmHg 下的沸点）低 0.35℃。可用图 2-16 估计不同地区测定的沸点与标准沸点的差值。也可以通过测定的沸点估计测定误差。

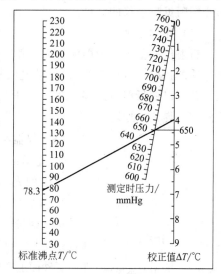

图 2-16 沸点换算

47

三、折射率的测定

1. 基本原理

折射率的测定

光在两种不同介质中的传播速度是不相同的。光线从一种介质进入另一种介质，当它的传播方向与两种介质的界面不垂直时，则在界面处的传播方向发生改变。这种现象称为光的折射。

根据折射定律，波长一定的单色光在确定的外界条件下（温度、压力等），从一种介质 A 进入另一种介质 B 时，入射角 α 和折射角 β 的正弦之比与两种介质的折射率 N 与 n 成反比：

$$\frac{\sin\alpha}{\sin\beta}=\frac{n}{N}$$

当介质 A 为真空时，$N=1$，n 为介质 B 的绝对折射率，则有

$$n=\frac{\sin\alpha}{\sin\beta}$$

如果介质 A 为空气，$N_{空气}=1.00027$（空气的绝对折射率），则

$$\frac{\sin\alpha}{\sin\beta}=\frac{n}{N_{空气}}=\frac{n}{1.00027}=n'$$

n' 为介质 B 的相对折射率。n 与 n' 数值相差很小，常以 n 代替 n'。但进行精密测定时，应加以校正。

n 与物质结构、光线的波长、温度及压力等因素有关。通常大气压的变化影响不明显，只是在精密工作时才考虑。使用单色光要比使用白光时测得的值更为精确，因此，常用钠光（D）（$\lambda=28.9nm$）作光源。温度可用仪器维持恒定值，如可在恒温水浴槽与折光仪间循环恒温水来维持恒定温度。一般温度升高（或降低）1℃时，液体有机化合物的折射率就减少（或增加）$3.5\times10^{-4}\sim5.5\times10^{-4}$。为了简化计算，常采用 4×10^{-4} 为温度变化常数。折射率表示为 n_D^{20}，即以钠光为光源，20℃时所测定的 n 值。

2. 阿贝（Abbe）折射仪的结构

这是一种操作简便、实验室用来测定折射率的仪器。它是根据临界折射现象设计的。下面介绍阿贝折射仪的结构。

（1）光学原理

折射仪的基本原理即为折射定律：$n_1\sin\alpha_1=n_2\sin\alpha_2$。式中，$n_1$、$n_2$ 为交界面两侧的两种介质的折射率（见图 2-17）。若光线从光密介质进入光疏介质，入射角小于折射角，改变入射角可以使折射角达到 90℃，此时的入射角称为临界角。阿贝折射仪测定折射率就是基于测定临界角的原理。

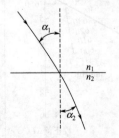

图 2-17　折射基本原理
α_1 为入射角；α_2 为折射角

（2）仪器结构

① 光学部分

仪器的光学部分由望远系统（a）与读数系统（b）两个部分组成，见图 2-18。

进光棱镜（1）与折射棱镜（2）之间有一微小均匀的间隙，被测液体就放在此空隙内。当光线（自然光或白炽光）射入进光棱镜（1）时便在其磨砂面上产生漫反射，使被测液层内有各种不同角度的入射光，经过折射棱镜（2）产生一束折射角均大于临界角的光线。由摆动反射镜

48

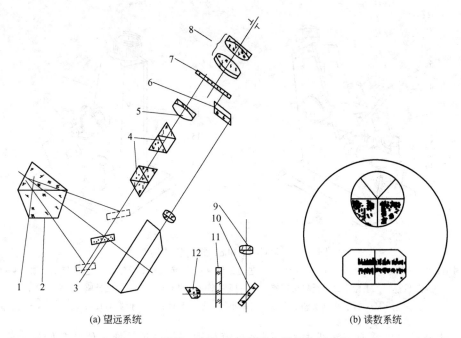

(a) 望远系统   (b) 读数系统

图 2-18　阿贝（Abbe）折射仪光学部分示意图

1—进光棱镜；2—折射棱镜；3—摆动反射镜；4—消色散棱镜组；5—望远物镜；6—平行棱镜；7—分划板；
8—目镜；9—读数物镜；10—反射镜；11—刻度板；12—聚光镜

（3）将此束光线射入消色散棱镜组（4），此消色散棱镜组由一对等色散阿米西棱镜组成，其作用是获得一可变色散来抵消由折射棱镜所产生的对不同被测物体的色散。再由望远物镜（5）将此明暗分界线成像于分划板（7）上，分划板上有十字分划线，通过目镜（8）能看到如图 2-18(b)上半部所示的像。

光线经聚光镜（12），照明刻度板（11），刻度板与摆动反射镜（3）连成一体，同时绕刻度中心做回转运动。通过反射镜（10）、读数物镜（9）、平行棱镜（6）将刻度板上不同部位折射率示值成像于分划板（7）上［见图 2-18(b) 所示的像］。

② 结构部分

图 2-19 为阿贝折射仪的结构图。底座（14）为仪器的支承座，壳体（17）固定在其上。除棱镜和目镜外，全部光学组件及主要结构均封闭于壳体内部。棱镜组固定于壳体上，由进光棱镜、折射棱镜以及棱镜座等结构组成，两只棱镜分别用特种黏合剂固定在棱镜座内。（5）为进光棱镜座，（11）为折射棱镜座，两棱镜座由转轴（2）连接。进光棱镜能打开和关闭，当两棱镜座密合并用手轮（10）锁紧时，两棱镜面之间保持一均匀的间隙，被测液体应充满此间隙。（3）为遮光板，（18）为四只恒温器接头，（4）为温度计，（13）为温度计座，可用乳胶管与恒温器连接使用。（1）为反射镜，（8）为目镜，（9）为盖板，（15）为折射率刻度调节手轮，（6）为色散调节手轮，（7）为色散值刻度圈，（12）为照明刻度盘聚光镜。

3. 使用与操作方法

（1）准备工作

① 在开始测定前，必须先用标准试样校对读数。对折射棱镜的抛光面加 1～2 滴溴化萘，再贴上标准试样的抛光面，当读数视场指示于标准试样值时，观察望远镜内明暗分界线是否在十字线中间，若有偏差则用螺丝刀微量旋转图 2-19 上小孔（16）内的螺钉，带动物

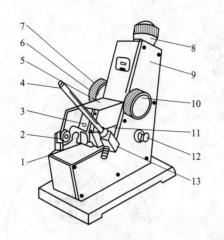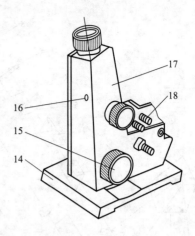

图 2-19 阿贝（Abbe）折射仪结构图

1—反射镜；2—转轴；3—遮光板；4—温度计；5—进光棱镜座；6—色散调节手轮；7—色散值刻度圈；8—目镜；
9—盖板；10—手轮；11—折射棱镜座；12—照明刻度盘聚光镜；13—温度计座；14—底座；
15—折射率刻度调节手轮；16—小孔；17—壳体；18—恒温器接头

镜偏摆，使分界线位移至十字线中心。通过反复地观察与校正，使示值的起始误差降至最小（包括操作者的瞄准误差）。校正完毕后，在以后的测定过程中不允许随意再动此部位。

②每次测定工作之前及进行示值校准时必须将进光棱镜的毛面、折射棱镜的抛光面及标准试样的抛光面用无水酒精与乙醚（体积比1∶1）的混合液和脱脂棉轻擦干净，以免留有其他物质，影响成像清晰度和测量精度。

（2）测定工作

将被测液体用干净滴管加在折射棱镜表面，并将进光棱镜盖上，用手轮（10）锁紧，要求液层均匀，充满视场，无气泡。打开遮光板（3），合上反射镜（1），调节目镜视度，使十字线成像清晰，此时旋转手轮（15）并在目镜视场中找到明暗分界线的位置，再旋转手轮（6），使分界线不带任何彩色，微调手轮（15），使分界线位于十字线的中心，再适当转动聚光镜（12），此时目镜视场下方显示的示值即为被测液体的折射率。

若需测量在不同温度时的折射率，将温度计旋入温度计座（13）中，接上恒温器的通水管，把恒温器的温度调节到所需测量温度，接通循环水，待温度稳定 10min 后，即可测量。

（3）维护与保养

为确保仪器的精度，防止损坏，应注意维护与保养，并做到以下几点：

①仪器应置于干燥和空气流通的室内，以免光学零件受潮后生霉。

②当测试腐蚀性液体时应及时做好清洗工作，防止侵蚀损坏。仪器使用完毕后必须做好清洁工作，放入箱内，箱内应存有干燥剂（变色硅胶）以吸收潮气。

③经常保持仪器清洁，严禁油手或汗手触及光学零件。若光学零件表面有灰尘，可用高级鹿皮或长纤维的脱脂棉轻擦后用电吹风机吹去。如光学零件表面粘上了油垢，应及时用酒精-乙醚混合液擦干净。

④仪器应避免强烈振动或撞击，以防止光学零件损伤及影响精度。

折射率同熔点、沸点等物理常数一样，是有机化合物的重要数据。把测定所合成有机化

50

合物的折射率与文献值对照，可以判别有机物纯度。将合成出来的化合物，经过结构及化学分析论证后，测得的折射率可作为一个物理常数记载。

四、旋光度的测定

1. 基本原理

旋光仪的使用

手征性化合物能使偏振光的振动平面旋转一定角度，这个角度称为旋光度。由此，手征性化合物又称旋光性物质或光学活性物质。大多数生物碱和生物体内的有机分子都是光学活性物质。光活性物质使偏振光振动平面向右旋转（顺时针方向）的叫右旋光物质，向左旋转（逆时针方向）的叫左旋光物质。在给定的实验条件下测得的旋光度可以换算成比旋光度，进而计算出旋光性化合物的光学纯度。这些对鉴定、合成、研究旋光性化合物都是重要的。

测定溶液或液体物质旋光度的仪器是旋光仪。在旋光仪中（参见图 2-20）起偏镜产生偏振光，检偏镜测定光活性物质使偏振光旋转的角度和方向。测得的旋光度 α 的大小与测定时所用样品的浓度、盛样管的长度、测定的温度、所用光波的波长及样品溶剂的性质有关。通常用比旋光度 $[\alpha]$ 表示物质的旋光度。比旋光度是一常数：

$$[\alpha]_\lambda^t = \frac{\alpha}{\rho l}$$

式中　α——旋光仪测得的旋光度；

$\quad\quad l$——样品管的长度，dm；

$\quad\quad \lambda$——光源的波长，通常是钠光源中的 D 线，以 D 表示；

$\quad\quad t$——测定时温度，℃；

$\quad\quad \rho$——溶液质量浓度，以每毫升溶液中所含溶质的质量表示。如果测定的旋光性物质为纯液体，ρ 为密度（g/mL）。

表示旋光度时还要注明测定时使用的溶剂。

旋光方向用＋、－表示，右旋光用（＋）表示，左旋光用（－）表示，外消旋体用（±）或（d、l）表示。

由比旋光度可以计算光活性物质的光学纯度（op），其定义是：旋光性物质的比旋光度除以光学纯样品在相同条件下的比旋光度：

$$op = \frac{[\alpha]_{D观察值}^t}{[\alpha]_{D理论值}^t} \times 100\%$$

2. 旋光仪

旋光仪的种类很多，所测旋光的范围、读数的形式差别很大，在使用旋光仪前要先阅读说明书，掌握操作方法，了解注意事项。现在的旋光仪都是自动调节、自动显示读数，测定精确，使用很方便。图 2-20 和图 2-21 是 WZZ-1 型自动指示旋光仪的原理与结构图。

3. 测定方法

（1）配制溶液，准确称量 0.1～0.5g 样品，放到 25mL 容量瓶中配成溶液。一般溶剂可选用水、乙醇、氯仿等。

（2）仪器接入 220V 交流电源上，打开电源开关，预热 5min，钠光灯点亮。

（3）打开示数开关，调节零位手轮，使旋光示值为零。

（4）将样品管装蒸馏水或空白溶剂，放入样品室，盖上箱盖。样品管中若有气泡，让气

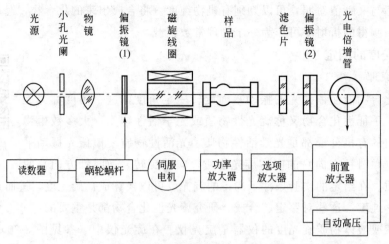

图 2-20 WZZ-1 型旋光仪原理

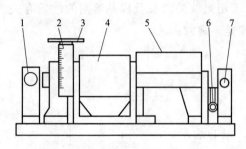

图 2-21 WZZ-1 型旋光仪结构

1—光源；2—整数盘；3—小数盘；4—磁旋线圈；
5—样品室；6—调零手轮；7—光电倍增管

泡浮在凸处，用软布揩干通光面两端的雾状水滴。样品管螺帽不宜旋得过紧，以免产生应力，影响读数。检查零点是否变化。

（5）取出样品管，装入样品，按相同位置和方向放入样品室内，盖好箱盖，示数盘将转出该样品的旋光度，红色示值为左旋（－），黑色示值为右旋（＋）。

（6）按复测按钮，重复读几次数，取平均值为样品的测定结果。

（7）测定温度要求在（20±2）℃。温度升高1℃，大多数旋光物质的旋光度减少 0.3%。

五、相对密度的测定

1. 基本原理

相对密度是鉴定液体化合物的重要常数，可用来区别密度不同而组成相似的化合物，特别是当这些样品不能制备成适宜的固体衍生物时。例如液态烷烃，就是以沸点、密度、折射率等的测定结果来鉴定的。在微量制备实验中常用密度计算试剂的体积。

单位体积内所含物质的质量称为该物质的密度。密度的数值常以 d_4^{20} 形式记载（又称为相对密度），指的是 20℃时的物质质量与 4℃时同体积水的质量之比。因为水在 4℃时的密度为 1.00000g/mL，所以当采用 g/mL 为单位时，d_4^{20} 即该物质的密度。物质密度的大小与它所处的条件（温度、压力）有关；对于固体或液体物质来说，压力对密度的影响可以忽略不计。

2. 测定方法

在实验室中测定液体准确的密度常用比重瓶。比重瓶的容量通常为 1~5mL。测定时先用洗液和蒸馏水将比重瓶洗干净，干燥后在分析天平上准确称重。然后用蒸馏水把它充满，置于 20℃的恒温槽中 15min，取出后将瓶中的液面调到比重瓶的刻度处。擦干，称重，这样可求得瓶中蒸馏水 20℃时的质量。倾去水，用少量乙醇润洗两次，再用乙醚润洗一次，吹干。干燥后，装入样品，在 20℃ 恒温槽中恒温后，调节瓶中液面到同一刻度。擦干，称重，这样就可求得与水同体积的液体样品在 20℃ 时的质量。在测定时我们没有测定比重瓶中蒸馏水在 4℃ 时质量，因为此温度通常低于室温很多，比较难以维持。但只要用 20℃ 时水的质量除以 20℃ 时水的相对密度（0.99823），就得到同体积水在 4℃ 时的质量。因此

$$d_4^{20} = \frac{20℃时样品的质量}{20℃时同体积水的质量} \times 0.99823$$

在测定密度时，样品的纯度很重要。液体样品一般需要再进行一次蒸馏，蒸馏时收集沸点稳定的中间馏分供测定密度用。

第三章　有机化学基本操作实验

实验一　玻璃管的加工

一、实验目的
1. 初步了解玻璃管的一般性质及火焰的掌握。
2. 学会玻璃管的切割、弯曲、拉制。

二、实验操作
1. 玻璃管的截断

切割时把玻璃管平放在桌子边缘，将扁锉的锋棱压在玻璃管要截断处（如图 3-1），然后用力把锉刀向前推或向后拉，同时把玻璃管略微朝相反的方向转动，在玻璃上刻画出一条清晰、细直的深痕。不要来回拉锉，因为这样会损伤锉的锋棱，而且会使锉痕加粗。要折断玻璃管时，只要用两手的拇指抵住锉痕的背面，再稍用拉力和弯折的合力，就可使玻璃管断开（图 3-2）。

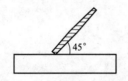

图 3-1　锉刀锋棱压在玻璃管上　　　　图 3-2　玻璃管的折断

2. 玻璃管的弯曲

调节火焰至蓝色，将玻璃管在蓝色火焰之上大约 2mm 处加热。同时两手等速缓慢地旋转玻璃管，以使受热均匀（图 3-3）。当玻璃管受热部分发出黄红光而且变软时，立即将玻璃管移离火焰，轻轻地顺势弯至一定的角度（图 3-4）。如果玻璃管要弯至较小的角度，可分几次完成，以免一次弯得过多使弯曲部分发生瘪陷或纠结（图 3-5）。

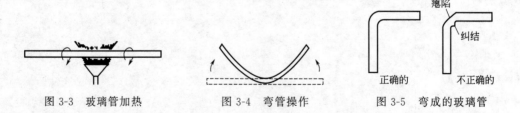

图 3-3　玻璃管加热　　　　图 3-4　弯管操作　　　　图 3-5　弯成的玻璃管

在弯管操作时，要注意以下几点：如果两手旋转玻璃管的速度不一致，则玻璃管会发生歪扭，即两臂不在同一平面上。玻璃管如果受热不够，则不易弯曲，并易出现纠结或瘪陷。玻璃管在火焰中加热时，双手不要向外拉或向内推，否则会使管径变得不均匀。

3. 玻璃管的拉制

将玻璃管截成 200mm 长度，手执两端在蓝色火焰之上大约 2mm 处加热管子的中部。

同时两手等速缓慢地旋转玻璃管，以使受热均匀（图 3-3）。当玻璃管烧成暗红色时，移离火焰，两手边拉边转动玻璃管。拉伸开始时要慢，拉到一定长度后再加速拉伸。要注意拉成的细管与原来的管子处于同一轴线上。冷却后再进行切割加工，此方法可拉制滴管与毛细管等。

实验二 蒸 馏

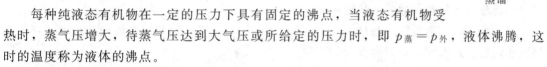

蒸馏

一、实验目的

1. 掌握蒸馏的原理，了解其意义。

2. 掌握蒸馏的操作方法。

3. 学会用常量法测定液态物质的沸点。

二、基本原理

每种纯液态有机物在一定的压力下具有固定的沸点，当液态有机物受热时，蒸气压增大，待蒸气压达到大气压或所给定的压力时，即 $p_蒸 = p_外$，液体沸腾，这时的温度称为液体的沸点。

蒸馏就是将液态物质加热到沸腾变为蒸气，又将蒸气冷凝为液体这两个过程的联合操作。如果将某液体混合物（内含两种以上的物质，这几种物质沸点相差较大）进行蒸馏，那么沸点较低者先蒸出，沸点较高者后蒸出，不挥发的组分留在蒸馏瓶内，这样就可以达到分离和提纯的目的。

纯液态有机物在蒸馏过程中沸点变化范围很小（一般 $0.5 \sim 1.0℃$）。根据蒸馏所测定的沸程，可以判断该液体物质的纯度。

归纳起来，蒸馏的意义有以下三个方面：

1. 分离和提纯液态有机物。

2. 测出某纯液态物质的沸程，如果该物质为未知物，那么根据所测得的沸程数据，查物理常数手册，可以知道该未知物可能是什么物质。

3. 根据所测定的沸程可以判断该液态有机物的纯度。

三、主要试剂与仪器

1. 试剂 丙酮-水（体积比 25∶1）溶液 20mL。

2. 仪器 50mL 圆底烧瓶，蒸馏头，直形冷凝管，温度计套管，温度计（100℃），接引管，锥形瓶，量筒。

四、实验装置

蒸馏的实验装置如图 3-6 所示。

五、实验步骤

1. 在 50mL 圆底烧瓶中加入 20mL 丙酮-水溶液，2粒沸石，按图 3-6 装好蒸馏装置，注意温度计水银球的上端与蒸馏头支管口的下端在同一水平面上。开通冷却水，从冷凝管的下端进水，上端出水，并且进水口在冷凝管的下方，使冷凝管夹套充满水。

2. 缓缓加热，当蒸气到达水银球周围时，温度计读数迅速上升。记录第一滴馏出液滴入接收器时的温度

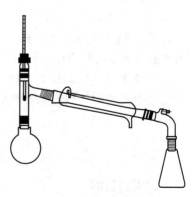

图 3-6 普通蒸馏装置

（T_1），调整温度，控制馏出速度为1～2滴/秒。

3. 观察分馏温度变化，当温度从恒定值发生波动，并且下降后不再上升即可停止蒸馏，记录该馏分的最高温度（T_2），沸点范围 $T_1 \sim T_2$ 即为沸程。沸点范围越窄则馏分越纯。

4. 量取所接收丙酮的体积，回收，计算蒸馏收率。

六、注意事项

1. 冷凝管的选择

蒸（分）馏用的冷凝管主要有直形冷凝管及空气冷凝管，若被蒸馏物质的沸点低于140℃，使用直形冷凝管，在夹套内通冷却水。若被蒸馏物质的沸点高于140℃，直形冷凝管的内管及外管接合处易发生爆裂，故应改用空气冷凝管。

2. 加热

玻璃仪器和烧瓶、烧杯一般应放在石棉网上加热。直接加热的话，仪器容易因受热不均匀而破裂。如果要控制好加热的温度，应增大受热面积，使反应物质受热均匀，以避免因局部过热而分解，最好用适当的热浴加热。

(1) 水浴：加热温度不超过100℃时最好用水浴。可将盛物料的容器浸在水中，调节火焰大小，控制好温度，达到所要求的范围。

(2) 油浴：加热温度在100～250℃时可用油浴。容器内物料的温度一般要比油浴温度低20℃左右。

3. 沸石

通常以敲碎的小粒素烧磁片或毛细管、小瓷圈等作为沸石。当液体加热到沸腾时，沸石内产生小气泡成为液体的汽化中心，使液体平稳地沸腾，防止液体因过热而产生暴沸。如果事先忘记加入沸石，必须等液体冷却后补加，绝不能在液体被加热到接近沸点时补加，否则会产生剧烈的暴沸。如果间断蒸馏，每次蒸馏前都要重新加入沸石。

4. 馏出液

蒸（分）馏过程中，在达到收集物沸点之前常有沸点较低的液体先蒸出，这部分馏液称为前馏分或馏头。等前馏分蒸馏完，温度上升到所需的温度范围，而且温度趋向稳定，这时馏出的就是较纯的物质。操作中对于不同的馏分应更换接收器，以便将各馏分分开。

七、思考题

1. 在进行蒸馏操作时，应注意什么问题（从安全及效果两方面来考虑）？

2. 在进行蒸馏操作时，若把温度计水银球插到液面下，或者温度计水银球与蒸馏头支管的上限在同一水平面上是否正确？为什么？

3. 蒸馏时为什么要加沸石，如果加热后才发现未加入沸石，应怎样处理？

4. 当加热后有馏出液出来时才发现冷凝管未通水，请问能否马上通水？为什么？冷凝管通水的方向如何？为什么？

5. 什么是沸点？测沸点有何意义？如果液体具有恒定的沸点，能否认为它是纯物质？

6. 普通蒸馏时，所收集产品的纯度主要由哪些因素决定？

实验三　分　　馏

一、实验目的

1. 掌握分馏的原理，了解其意义。

2. 掌握分馏的操作方法。

二、基本原理

普通蒸馏只能分离和提纯沸点相差较大的物质，一般至少相差 30℃以上才能得到较好的分离效果。对沸点较接近的混合物用普通蒸馏法就难以分开。虽经多次的蒸馏可达到较好的分离效果，但操作比较麻烦，损失量也很大。在这种情况下，应采取分馏法来提纯该混合物。

分馏的基本原理与蒸馏相类似，所不同的是在装置上多一个分馏柱，使汽化、冷凝的过程由一次变为多次。简单地说，分馏就是多次蒸馏。

分馏就是利用分馏柱来实现这"多次重复"的蒸馏过程。当混合物的蒸气进入分馏柱时，由于柱外空气的冷却，蒸气中高沸点的组分易被冷凝，所以冷凝液中就含有较多高沸点物质，而蒸气中低沸点的成分就相对地增多。冷凝液向下流动时又与上升的蒸气接触，二者之间进行热量交换，使上升蒸气中高沸点的物质被冷凝下来，低沸点的物质仍呈蒸气上升；而在冷凝液中低沸点的物质则受热汽化，高沸点的物质仍呈液态。如此经多次的液相与气相的热交换，使得低沸点的物质不断上升最后被蒸馏出来，高沸点的物质则不断流回烧瓶中，从而将沸点不同的物质分离。分馏是分离提纯沸点接近的液体混合物的一种重要的方法。

三、主要试剂与仪器

1. 试剂 丙酮-水（体积比 1∶1）溶液 20mL。

2. 仪器 50mL 圆底烧瓶，分馏柱，蒸馏头，直形冷凝管，温度计套管，温度计（100℃），接引管，锥形瓶，量筒。

四、实验装置

分馏的实验装置如图 3-7 所示。

五、实验步骤

1. 在 50mL 圆底烧瓶中加入 20mL 丙酮-水（体积比 1∶1）溶液，2 粒沸石，按图 3-7 装好分馏装置。开通冷却水。

2. 加热。当液体沸腾时，由于蒸气不会立即到达顶部，温度计读数变化较小，不要着急。加热一段时间后，当蒸气到达水银球周围时，温度计读数迅速上升。记录第一滴馏出液滴入接收器时的温度（T_1），调整温度，控制馏出速度为 1 滴/2～3 秒。

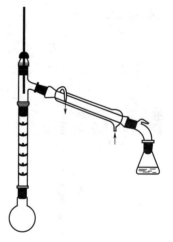

图 3-7 分馏装置

3. 随着分馏的进行，温度会有所上升，最终趋于恒定。当温度从恒定值发生波动，并且下降后不再上升表明分馏结束。记录温度开始下降前的温度（T_2），可以理解为曾达到的最高温度。产品的沸点范围 T_1～T_2 即为沸程。

4. 量取所接收丙酮的体积，回收，计算分馏收率。

六、思考题

1. 分馏和蒸馏在原理及装置上有哪些异同点？

2. 分馏效率的高低取决于哪些因素？

3. 分馏丙酮-水溶液时，分馏一段时间后，加热情况不变，发现温度计读数下降，说明什么问题？为什么？

实验四　减压蒸馏

一、实验目的

1. 掌握减压蒸馏的原理，了解其意义。
2. 掌握减压蒸馏的操作方法。

减压蒸馏

二、基本原理

液体的沸点是指它的蒸气压等于外界大气压时的温度，所以液体的沸点是随外界大气压的降低而降低的。如果用水泵或真空泵连接蒸馏系统，降低系统内的压力（即降低液体表面的压力）即可降低液体的沸点，使其在低于正常沸点的温度下蒸出。这种在较低压力下进行蒸馏的操作称为减压蒸馏。减压蒸馏是分离和提纯有机化合物的一种重要方法，它特别适用于那些在常压下蒸馏时未达沸点即已受热分解、氧化或聚合的有机物。

一般情况下，当系统内压力降低到 20mmHg 时，大多数有机化合物的沸点比常压（760mmHg）下的沸点低 100～120℃；当减压蒸馏在压力为 10～25mmHg 之间进行时，大体上压力每相差 1mmHg，沸点约相差 1℃。图 3-8 是有机液体的沸点压力经验关系图，可以参考该图来估计一个有机物的沸点和压力的关系。即从某一已知压力下的沸点推算出另一压力下的沸点。例如，某液体化合物在常压下的沸点为 200℃，减压蒸馏时，当系统压力为 30mmHg 时，该液体的沸点是多少呢？用直尺连接图中系统压力线上的 30mmHg 与常压沸点线上的 200℃两点，延伸到与减压沸点线相交，其交点就是该液体在 30mmHg 下

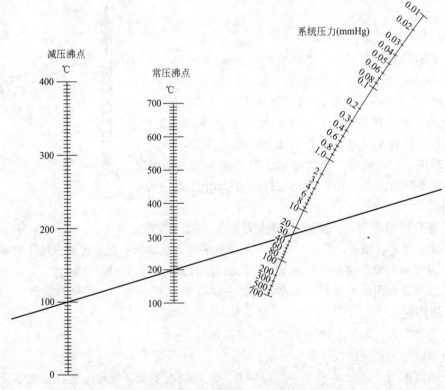

图 3-8　有机液体的沸点压力经验关系图

的沸点，大约是 100℃。因此当对某有机物进行减压蒸馏时，利用此经验关系图可以预先粗略地估算出相应压力下的沸点，这对具体操作中选择热源、温度计、冷凝管等都有一定的指导意义。

三、主要试剂与仪器

1. 试剂　苯甲酸乙酯 20mL。
2. 仪器　50mL 圆底烧瓶，克氏蒸馏头，直形冷凝管，温度计套管，温度计（250℃），支管接引管（或多尾接引管），量筒，毛细管，螺旋夹，真空泵，测压仪。

四、实验装置

减压蒸馏装置如图 3-9 所示。

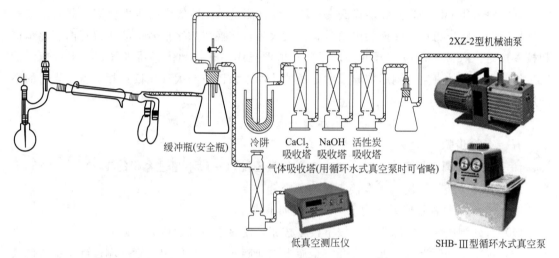

图 3-9　减压蒸馏装置图

减压蒸馏装置由三部分组成。

1. 蒸馏装置

克氏蒸馏头：有两个颈，其目的是为了避免减压蒸馏时瓶内液体由于沸腾而冲入冷凝管中。蒸馏头的一颈中插入一支温度计——与普通蒸馏要求一样，可测出系统内压力下的沸点。另一颈中插入一根用硬质玻管拉制成的毛细管，其下端距瓶底为 1~2mm。毛细管上端有一段带螺旋夹的橡皮管，中间夹一根直径 1mm 的细铁丝。旋转螺旋夹，可控制进入体系内的空气量，既可调节系统内的压力，又可保证有少量空气进入，产生气泡，起气化中心和搅拌作用，保证蒸馏平稳进行。

冷凝管：使用哪种冷凝管由减压下的沸点决定。

接引管：本实验选用带支管的接引管，支管与减压装置连接。若要收集多个馏分而又不中断蒸馏，则可采用多尾接引管，装上多个接收器，转动多尾接引管可使不同的馏分流入指定的接收器中（于冷凝管接头处均匀涂抹凡士林，便于旋转）。

接收器：应采用耐压的圆底烧瓶或抽滤瓶，厚壁试管，不可用不耐压的锥形瓶等。

热源：根据系统内压力下的沸点选用水浴、空气浴或油浴等。

2. 减压装置（附保护装置）

实验室通常用水泵或真空泵（又称为油泵）进行减压。

水泵由玻璃或金属制成，其效能与其构造、水压及水温有关，水泵所能达到的最低压力为当时室温下水的蒸气压。例如当水温为 6～8℃时，水的蒸气压为 7～8mmHg。通常将系统内压力降至 15～16mmHg，对一般减压蒸馏就足够了。

真空泵带有电动机，一般可将系统内压力降至 2～4mmHg，好的真空泵能抽至真空度 0.1mmHg。真空泵的工作效能取决于其机械结构及油的好坏（油的蒸气压必须很低）。

保护装置：无论用水泵还是真空泵减压，在蒸馏装置与泵之间都要装一个由抽滤瓶改装成的安全瓶（又称之为缓冲瓶），旋转瓶上的两通活塞可调节系统内压力和在实验结束后放气恢复常压，同时亦可防止水或泵油倒吸。蒸馏装置与泵之间要安装冷却阱和几种吸收塔以保护油泵。

3. 测压装置

本实验采用 DPC-2B 型数字式低真空测压仪来测量减压装置内的压力。该仪器采用精密差压传感器，将压力信号转换为电信号，经放大后再转换成数字信号。测压仪正面有显示窗和校零按钮，kPa/mmHg 选择开关，后面有电源插座、开关和传感器吸气孔，串行通讯输出口等。由于在抽真空时测压仪显示的是负值，所以该读数与大气压读数相加就是当时的系统压力。

减压装置内压力＝大气压＋测压仪读数

五、实验步骤

1. 在 50mL 圆底烧瓶中，放入 20mL 苯甲酸乙酯（一般不超过容积的 1/2）。

2. 按图 3-9 装好仪器（所有接头处均需密合）。

3. 检查系统气密性及系统内压力，方法如下：

(1) 打开测压仪的电源开关，按下校零按钮，使显示窗显示值为 -000；

(2) 旋紧毛细管上螺旋夹，打开安全瓶上二通旋塞。将耐压橡皮管一端连到接引管的支管上，另一端连到测压仪后面板的传感器吸气孔上；

(3) 开泵抽气（如用水泵，应开至最大流量）；

(4) 关闭安全瓶上二通旋塞；

(5) 观察测压仪读数变化，若系统内压力达不到要求时，检查是否有地方漏气；如果系统内真空度超过所需要求，则可通过小心地旋转安全瓶上二通旋塞和毛细管上螺旋夹，调节系统内压力，并保证毛细管下端连续平稳地产生小气泡（如无小气泡产生则可能是毛细管堵塞，需调换一根毛细管）；

(6) 根据系统内压力选择热源，同时考虑装置中冷凝管是否需要调换。苯甲酸乙酯的沸点-压力关系见表 3-1。

4. 开通冷凝水，加热进行减压蒸馏。按压力对应的各组分沸点，分别收集各组分。控制馏出速度为 1～2 滴/秒。

5. 减压蒸馏结束操作如下。

(1) 撤走热源；

(2) 慢慢打开安全瓶上二通旋塞和毛细管上螺旋夹，使仪器装置与大气相通，恢复系统内呈常压状态；

(3) 关闭水泵；

(4) 断开测压仪传感器上的橡皮管，关闭测压仪电源开关；

(5) 拆卸仪器装置。

六、注意事项

1. 测压仪系精密仪器，不要将仪器放置在有强磁场干扰的区域内，尽量保持仪器附近的气流稳定。压力传感器输入口不能进水或其他杂物。仪器上面勿堆放其他物品。测量前按下前面板的校零按钮校零。测量过程中不可轻易校零。要避免系统中气压有急剧变化。

2. 油泵结构较精密，工作条件要求严格。减压蒸馏时，常常会产生有机物、水和酸性蒸气，它们进入泵中会腐蚀机件或污染泵油，破坏泵的正常工作，降低泵的效率。因此使用时必须十分注意油泵的保护。一般在蒸馏系统与泵之间除安装一个安全瓶外，顺次安装冷却器和三个分别装有无水氯化钙（或硅胶）、粒状氢氧化钠和活性炭的干燥塔，分别冷凝和吸收水汽、酸性气体和有机物蒸气。

3. 实验过程中，打开和关闭安全瓶上的二通旋塞必须做到动作缓慢。防止突然的压力升降。

七、思考题

1. 减压蒸馏的原理是什么？适用于哪些有机物？
2. 减压蒸馏装置与常压蒸馏装置有何不同？
3. 减压蒸馏中是否需要放沸石？为什么？
4. 减压蒸馏开始与结束应如何操作？

附表

表 3-1　苯甲酸乙酯沸点-压力数据

压力/mmHg	1	10	20	30	40	50	60	70	80	90	100	400	760
沸点/℃	44	86	102.5	111.3	118.2	123.7	128.5	132.5	136.2	139.5	143.2	188.4	213.4

实验五　薄层色谱

一、实验目的

1. 学习薄层色谱法的原理，了解其意义和应用。
2. 掌握薄层色谱的操作方法。

二、基本原理

薄层色谱

薄层色谱是一种微量、快速和简单的色谱方法，它不仅是近代有机分析化学中定性、定量分析的一种重要手段，而且还可以作为一种有效的分离提纯方法，从复杂的混合物中分离精制纯化合物，因此在有机化学、生物化学和制备分离领域里得到迅速发展和广泛应用。它具有设备简单，操作方便迅速（只需要十几分或几十分钟），分离效率高，有较高的灵敏度和灵活性，既适合分析分离小量样品（几微克甚至 10^{-11} g），又适用于大型制备色谱，分离制备多达数百毫克的样品等优点。

薄层色谱可以有三种形式：吸附色谱、分配色谱和离子交换色谱，而应用较广泛的是吸附薄层色谱，即固液吸附薄层色谱。其原理是化合物在吸附剂（固定相）和展开剂（流动相）之间进行反复交替的吸附解吸过程中，吸附能力较弱的溶质首先被展开剂解吸下来，随展开剂推向前去；而吸附力强的溶质解吸较慢，被展开剂推移不远，从而达到分离的目的。

三、主要试剂与仪器

1. 试剂 硅胶 GF_{254} 5g，0.5%羧甲基纤维素钠水溶液，正己烷（或石油醚），乙酸乙酯，氯仿（或苯），靛酚蓝，苏丹红，苯甲酸乙酯（以上均为 A.R. 试剂）。

2. 仪器 5cm×20cm 玻璃板，层析缸（或大的广口瓶），研钵（或小烧杯）。

四、实验装置

薄层色谱的直立式展开和 R_f 值测量如图 3-10 和图 3-11 所示。

图 3-10 直立式展开

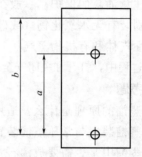

图 3-11 R_f 值测量示意图

五、实验步骤

1. 吸附剂的选择和薄层板的制备

（1）吸附剂的选择

一种合适的吸附剂应该具备的条件是：①它能够可逆地吸附被层析的物质；②它不会引起被吸附物质的化学变化；③它的粒度大小应该能使展开剂以合适的速率展开。此外，吸附剂最好是白色或浅色的。最常用的吸附剂是硅胶和氧化铝，其颗粒的大小对层析速率、分离效果均有明显的影响。颗粒太大，其总表面积则相对小，吸附量降低，展开速率快，层析后组分的斑点较大，不集中，分离效果不好；反之颗粒太小，层析速度太慢，各组分分不开，效果也不好。一般干法铺层所用的硅胶和氧化铝颗粒大小为 150～200 目较合适；湿法铺层则要求 200 目以上。湿法铺层有时需加黏合剂，常用的黏合剂有煅石膏（$CaSO_4 \cdot 1/2H_2O$）、羧甲基纤维素钠（CMC）和淀粉，市售的层析用硅胶 G 即是加 13%煅石膏组成的；硅胶 F 不含黏合剂；硅胶 GF_{254} 含有黏合剂及荧光剂，适用于无色有机物的层析，有机物在 254nm 紫外光下观察呈暗斑。

（2）湿法铺制薄层板

① 选用 5cm×20cm 规格的玻璃板一块，用肥皂水洗净，用蒸馏水淋洗两次后烘干，用时再用酒精棉球擦除手印至对光平放无斑痕。

② 制板：称取 5g 硅胶 GF_{254} 放入小烧杯中，加 10mL 0.5%羧甲基纤维素钠的水溶液（用量必须严格控制，一般为硅胶的两倍），立即用玻璃棒小心、充分地搅成均匀糊状（不要用力过大、过快，以免产生气泡）。迅速倒在备好的玻璃板上，用玻璃棒将其迅速涂满整块玻璃板，用两手拿着玻璃板两端轻轻摇振，使吸附剂尽可能均匀地分布在玻璃板上，并要求表面光滑。将制好的玻璃板放置在水平台上，晾至涂匀的糊状物在玻璃板倾斜时不再流动为止。

层析板吸附剂厚度一般要求 0.25mm，上述手工操作方法涂布的层析板厚度不易控制。层析板的均匀程度直接影响 R_f 值和分离效果，层析板厚度不均，不仅展开剂前沿不齐，样品的斑点会拉长成"斜扭状"。

③ 活化：将制好的湿板放进烘箱，慢慢升温至 105～110℃恒温烘 45min 即活化完毕。将板取出放在干燥器内保存备用（活化好的层析板不要放在敞开的大气中，因为层析板吸收大气中的水分后会降低甚至失去活性，影响分离效果）。

2. 点样

（1）配制样品溶液

配制靛酚蓝和苏丹红溶液：称取靛酚蓝染料 1000mg，在 100mL 容量瓶中用氯仿（或苯）配成靛酚蓝溶液。称取苏丹红染料 1000mg，在 100mL 容量瓶中用氯仿（或苯）配成苏丹红溶液。

配制混合样品溶液：分别取新配好的靛酚兰和苏丹红溶液各 30mL，混合均匀，即成靛酚蓝-苏丹红混合样品溶液。

配制苯甲酸乙酯溶液：称取苯甲酸乙酯 1000mg，在 100mL 容量瓶中用氯仿（或苯）配成苯甲酸乙酯溶液。

（2）点样

在离层析板的一端约 1.5cm 处作为起点线，在该线上均匀地点四个样点，分别为靛酚蓝、苏丹红、混合样品及苯甲酸乙酯。样点务必在同一起点线上，左右相距各约 1cm。用内径小于 1mm 的毛细管吸取少量样品溶液，轻轻地接触层吸板的表面，如果溶液太稀，一次点样不够，可待溶剂挥发后重复点样。样点的直径要求小于 2mm。样点直径的大小及样品用量的多少对混合物组分的分离效果有较大影响。样品太少，展开后斑点不清，难以观察；样点过大或样品量太多，展开后斑点太大或有拖尾现象，也导致各组分分不开，因此必须严格控制。

3. 展开

（1）展开剂的选择

选择展开剂有两个原则：①展开剂对被分离的物质有一定的解吸能力，但又不能太大，在一般的情况下，展开剂的极性应该比被分离的物质的极性略小；②展开剂对被分离的物质有一定的溶解度。上述仅是一般原则，实际工作中大多还要通过实验来选择和确定合适的展开剂。另外，在实际工作中常常用两种或三种极性不同的溶剂组成混合溶剂作展开剂，这样有利于更仔细调配展开剂的极性，其分离效果往往比单纯的溶剂好。本实验选用的是正己烷：乙酸乙酯＝9：1 的混合溶剂（或石油醚：乙酸乙酯＝9：1 的混合溶剂）。

（2）展开

薄层板展开有多种形式，最常用的是上行法，就是展开剂从下往上爬行展开。薄层色谱是在密封的层析缸中进行的，薄层板展开前，层析缸中的空间应先用展开剂蒸气饱和，因此，展开前半小时，应将适量（约 30mL）的展开剂倒入层析缸中并盖好。为了加速饱和，可在层析缸四壁衬一张浸有展开剂的纸。小心将薄层板点有样品的一端朝下浸入层析缸内的展开剂中，使展开剂浸入薄层板的高度约为 0.5cm（切不可浸没起点线），再将盖盖好。此时可见展开剂借吸附剂的毛细作用沿薄层板上行渗透展开。层析板上先后出现红色、蓝色斑点。展开约半小时后，一般展开剂上升 10cm 左右即可将薄层板取出，迅速用铅笔或大头针划出展开剂前沿位置，稍晾干后找出各样品斑点浓度最高部分的中心点，量出 a、b 值。没有颜色的样品，层析以后可在紫外灯下观察暗色斑点，或选用合适的显色剂喷雾显色、碘蒸气显色等，要用铅笔画出斑点位置，以便计算 R_f 值。

（3）计算各试样的 R_f 值

计算蓝色斑点——靛酚蓝的 R_{f1}，R_{f2}；红色斑点——苏丹红的 R_f；混合样品斑点的

R_f，R_{f1}，R_{f2}；无色斑点——苯甲酸乙酯的 R_f。

六、注意事项

1. 制板时动作要迅速，层析板厚薄要均匀。

2. 苯甲酸乙酯无色，请在紫外灯下观察其暗色斑点。

3. 靛酚蓝出现两个斑点，其中一个是异构体。

七、思考题

1. 混合物中各组分的 R_f 值如何测定？

2. 层析缸中加入展开剂，其高度为什么不可以超过点样起始线？

实验六 柱色谱

一、实验目的

1. 学习和练习湿法填装色谱柱的方法和操作。

2. 学习和练习色谱柱的上样操作。

3. 练习利用色谱柱展开和洗脱被分离物。

二、基本原理

荧光黄和亚甲基蓝是两种具有不同分子结构和不同颜色的有机化合物。荧光黄是橘红色结晶，其稀的水溶液呈荧光黄色。亚甲基蓝的三水合物是暗绿色结晶，其稀水溶液显蓝色。它们的分子结构式如下：

柱色谱1　　柱色谱2

荧光黄　　　　　　　　　　　　　　亚甲基蓝

由于荧光黄和亚甲基蓝的分子极性相差较大，所以利用柱色谱分离法可以较为容易地分离它们。

三、主要试剂与仪器

1. 试剂　中性氧化铝（100～200 目），荧光黄和亚甲基蓝混合液（1mg 荧光黄和 1mg 亚甲基蓝溶于 1mL 95％乙醇）。

2. 仪器　25mL 酸式滴定管。

四、实验装置

柱色谱装置如图 3-12 所示。

五、实验步骤

1. 装柱。采用 25mL 酸式滴定管做色谱柱，竖直固定在铁架上。用镊子取少许脱脂棉放入干净的色谱柱中，用长玻璃棒将脱脂棉放到色谱柱底并轻轻塞紧。在脱脂棉上覆盖一层厚 0.5cm 的石英砂，关闭活塞。向色谱柱中加入 10mL 95％乙醇，打开活塞，控制流出速度为 1 滴/秒。通过一干燥的长颈漏斗从色谱柱上端慢慢加入 5g 中性氧化铝，用带橡皮塞的玻璃棒轻轻敲击色谱柱下部使填装紧密。然后再在柱的上面加盖一层0.5cm的石英砂。整个操作过程中，保持流速不变，液面始终高出吸附剂。

2. 上样。当溶剂液面刚好流至石英砂面时，立即用滴管沿色谱柱内壁加入1mL已配好的溶解有1mg荧光黄和1mg亚甲基蓝的95％乙醇溶液，当加入的溶液流至石英砂时，每次用0.5mL 95％乙醇，分三次沿管壁将色谱柱壁上有色物质洗净。

3. 洗脱。在色谱柱上装置滴液漏斗，用95％乙醇洗脱，按1滴/秒的速度流出，用25mL的锥形瓶作为接收器。蓝色的亚甲基蓝首先向下移动，当蓝色的色带快洗出时更换另一个接收器收集，继续洗脱至滴出液体近无色为止；再换一接收器，改用水作洗脱剂至黄绿色的荧光黄开始滴出，立即用另一接收器收集至黄绿色全部洗出为止。至此，荧光黄和亚甲基蓝得到了分离。

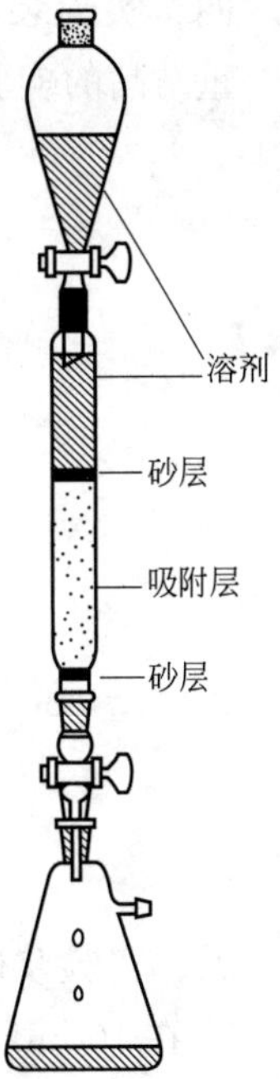

六、注意事项

1. 色谱柱填装必须均匀紧密，如有断层分离效果将受到影响。为此，填装吸附剂时敲击柱身较为重要。此外，在分离操作进行完毕以前必须保证色谱柱被溶剂所浸泡，否则会使柱身干裂，从而影响分离效果。

2. 上柱时可使用滴管或移液管将分离液转移到柱子中。

3. 如不使用滴液漏斗加洗脱剂，也可用每次10mL洗脱剂的方法进行洗脱。

图 3-12 柱色谱装置

溶剂
砂层
吸附层
砂层

七、思考题

1. 装柱时，柱中有气泡裂缝或装填不均匀，对分离效果有何影响？

2. 如何选择柱色谱分离某混合物的合适的洗脱剂？

3. 柱色谱中的吸附剂为什么一定要被溶剂或脱附剂浸没？

4. 为什么洗脱的速度不能太快，也不宜太慢？

实验七　重结晶

一、实验目的

1. 学习固体有机物重结晶提纯的原理与方法。

2. 掌握重结晶操作。

二、基本原理

固体有机物在溶剂中的溶解度与温度有密切关系，一般温度升高溶解度增大。若把固体溶解在热的溶剂中达到饱和，冷却时由于溶解度降低，溶液变成过饱和而析出晶体。利用溶剂对被提纯物质及杂质的溶解度不同，可以使被提纯物质从溶液中析出，而让杂质仍留在溶液中或被滤除，从而达到提纯的目的。

重结晶

三、主要试剂与仪器

1. 试剂　粗萘，70％乙醇（质量分数），活性炭。

2. 仪器　100mL锥形瓶，球形冷凝管，布氏漏斗，吸滤瓶，表面皿，玻璃钉。

四、实验装置

重结晶的实验装置如图 3-13 和图 3-14 所示。

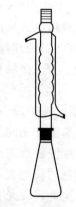 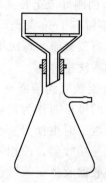

图 3-13 回流装置   图 3-14 减压过滤装置

五、实验步骤

1. 在 100mL 锥形瓶中，加入 3g 粗萘，25mL 70％乙醇，2 粒沸石，安装回流冷凝管如图 3-13。

2. 缓缓加热至沸腾，此时瓶内粗萘基本都溶解了。停止加热，移去热源。从冷凝管上口缓慢补加约 7mL 70％乙醇。

3. 加热煮沸，至粗萘完全溶解。停止加热，待液体稍冷后，移去冷凝管，加半匙活性炭，再将冷凝管装好。

4. 加热煮沸 5min。

5. 趁热减压过滤（布氏漏斗和抽滤瓶要先在水浴中预热）。

6. 滤液倒入干净的烧杯，自然冷却，析出晶体。

7. 冷却到室温后，减压过滤。滤饼用少量 70％乙醇洗涤，抽干。

8. 将滤饼转移到表面皿，在红外灯下干燥，称重，回收，计算产率。

六、注意事项

1. 脱色。活性炭可以吸附有色物质，使用活性炭脱色注意以下几点：

(1) 用量根据杂质颜色而定，一般用量为固体容量的 1％～5％，煮沸 5～10min。一次脱色不好，可再加活性炭，重复操作。

(2) 注意不能向正在沸腾的溶液中加入活性炭，以免溶液暴沸。

(3) 活性炭对水溶液脱色较好，对非极性溶液脱色较差。

(4) 如发现滤液中有活性炭时，应重新加热过滤。

2. 减压过滤。用布氏漏斗趁热过滤时，为了避免在漏斗中析出晶体，需用热水浴或蒸气浴把漏斗预热，然后用来减压过滤。抽滤瓶也可同时预热。布氏漏斗中铺的圆形滤纸要剪得比漏斗内径小，使其紧贴于漏斗的底壁。在抽滤前先用少量溶剂把滤纸润湿，然后打开水泵将滤纸吸紧，防止固体在抽滤时从滤纸边沿吸入瓶中。布氏漏斗的斜口要远离抽气口，见图 3-14。用玻璃棒引导将脱色后的固液混合物分批倒入布氏漏斗中抽滤。过滤完成后，关闭水泵前应先将抽滤瓶与水泵间连接的橡皮管断开，以免水倒流入抽滤瓶内。

3. 结晶的析出。结晶时，让溶液静置，使之慢慢地生成完整的大晶体，若在冷却过程中不断搅拌则得较小的结晶。若冷却后仍无结晶析出，可用下列方法使晶体析出：

（1）用玻璃棒摩擦容器内壁。

（2）投入晶种。

（3）用冰水或其他冷冻溶液冷却，如果不析出晶体而得油状物时，可将混合物加热到澄清后，让其自然冷却至开始有油状物析出时，立即用玻璃棒剧烈搅拌，使油状物分散在溶液中，搅拌至油状物消失为止，或加入少许晶种。

4. 滤饼的洗涤。把滤饼尽量抽干、压干，拔掉抽气的橡皮管，使恢复常压。把少量溶剂均匀地洒在滤饼上，使溶剂恰能盖住滤饼。静置片刻，使溶剂渗透滤饼，待有滤液从漏斗下端滴下时，重新抽气，再把滤饼抽干。这样反复几次，就可洗净滤饼。

七、思考题

1. 试述重结晶的原理及一般过程。

2. 为什么萘的重结晶要采用回流装置？

3. 用有机溶剂重结晶时，哪些操作容易着火？如何防止？

4. 活性炭为什么要在固体物质全部溶解后加入，又为什么不能在溶液沸腾时加入？

5. 布氏漏斗过滤之后，所得产品表面有母液吸附，如何洗涤？要注意什么问题？若滤纸大于布氏漏斗底面，会有什么不好？停止抽滤前，如不先拔掉橡皮管就关水阀，会产生什么问题？

6. 如何证明经重结晶的产品是纯粹的？

7. 试述你用过的漏斗分哪几种，说出它们的名称及用途。

实验八　熔点测定

一、实验目的

1. 了解熔点测定的意义。

2. 掌握测定熔点的操作。

二、基本原理

通常当结晶物质加热到一定的温度时，即从固态转化为液态，此时的温度可视为该物质的熔点。然而熔点的严格定义，应为固液两态在大气压下达到平衡时的温度。

熔点测定

$$S \xrightarrow[\text{冷却}]{\text{加热}} L$$

三、主要试剂与仪器

1. 试剂　精萘，待测样品。

2. 仪器　熔点测定管，毛细管，温度计，显微熔点测定仪。

四、实验装置

测熔点可用毛细管法，也可用显微熔点测定仪（图 3-14）。

五、实验步骤

1. 毛细管法测定步骤如下：

（1）选择外径约为 1～1.2mm，长约 100mm 的毛细管 4～6 支。

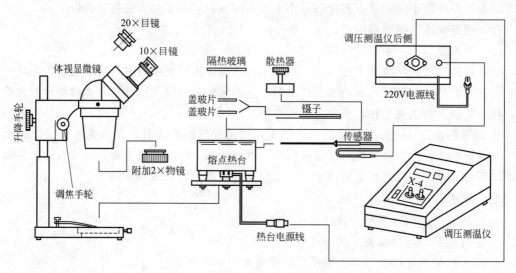

图 3-15　显微熔点测定仪部件示意图

（2）把每支毛细管的一端在酒精灯焰上封口。

（3）把干燥的粉末状试样在表面皿上堆成小堆，研细。将毛细管的开口端插入试样中，装取少量粉末试样后把毛细管竖起来，在桌子上或在表面皿上蹾几下，毛细管的下落方向必须和桌面垂直。最后将毛细管从一根长约 40～50cm 高的玻璃管中掉到表面皿上，重复几次，使试样紧聚在管底。试样必须装得均匀而结实，高度约为 2～3mm。

（4）把装好试样的毛细管用橡皮圈附在温度计上（橡皮圈位于热浴液面之上），使试样部分靠在温度计水银球的中部。

（5）按图 3-16 装好装置，然后用酒精灯加热（热浴用浓硫酸）。在加热到接近试样的熔点时（一般低于熔点 10℃），必须使温度上升的速度缓慢而均匀，每分钟上升 1℃。

（6）注意观察熔化过程中试样的变化，熔化过程见示意图 3-17。记录下熔点管中刚有小液滴出现时的温度 t_1 和试样完全熔融的温度 t_2 这两个温度读数，熔点范围为 $t_1～t_2$，即为熔程。每种试样要求测定两次，两次测得的数据要求相差不大于 0.5℃，否则要进行第三次测定。

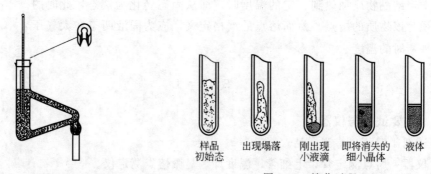

图 3-16　毛细管法熔点测定　　　　图 3-17　熔化过程

2. 显微熔点测定法测定步骤：

（1）对待测样品进行处理，把少量干燥的待测样品放在表面皿上，用玻璃钉研细。

（2）取两片干净的载玻片，将适量待测样品（不大于 0.01mg）放在一片载玻片上并使样品分布薄而均匀，盖上另一片载玻片，轻轻压实，然后放置在热台中心。

（3）盖上隔热玻璃。

（4）松开显微镜的升降手轮，参考显微镜的工作距离（88mm），上下调节显微镜，直到从目镜中能看到熔点热台中央的待测样品轮廓时锁紧该手轮；然后调节调焦手轮，直至能清晰地看到待测样品为止。

（5）打开电源开关，调节测温仪显示热台即时的温度值。（注意：测试操作过程中，熔点热台属高温部件，一定要使用镊子夹持放入或取出样品。禁止用手触摸，以免烫伤！）

（6）根据被测熔点样品的温度值，控制调温手钮1或2（1—升温电压宽量调整；2—升温电压窄量调整，其电压变化可参考电压表的显示），以期达到在测样品熔点过程中，前段升温迅速，中段升温渐慢，后段升温平缓。具体方法如下：先将两调温手钮顺时针调到较大位置，使热台快速升温。当温度接近被测样品熔点以下40℃左右时（中段），将调温手钮逆时针调节至适当位置，使升温速度减慢。在被测样品熔点值以下10℃左右（后段）时，调整调温手钮，控制升温速度约每分钟1℃。（注意：尤其是后段升温的控制对测量精度影响较大。当温度上升到距被测样品熔点值以下10℃左右时，一定要将升温速度控制在大约每分钟1℃。）

（7）观察被测样品的熔化过程，记录初熔和全熔时的温度值，用镊子取下隔热玻璃和载玻片，即完成一次测试。如需重复测试，只需将散热器放在热台上，电压调为零或切断电源，使温度降至熔点值以下40℃即可进行另一次测试。

（8）对已知熔点的样品，可根据所测样品的熔点值及测温过程（参照步骤6），适当调节调温旋钮，实现测量；对未知熔点样品，可先用中、较高电压快速初测一次，找到物质熔点的大约值，再根据该值适当调整和精细控制测量过程（参照步骤6），最后实现较精确测量。

（9）精密测试时，对实测值进行修正，并多次测试，计算平均值。

（10）测试完毕，应及时切断电源。

六、注意事项

1. 本实验要求先测定已知样品萘，熟练后再测一个未知样品。

2. 一根毛细管只能测定一次，重复测定时必须另取毛细管装料，而不能是第一次测定后冷却再测。

七、思考题

测熔点时，如果遇到下列情况，将会产生什么后果？

（1）熔点管壁太厚；（2）熔点管不洁净；（3）样品研得不细或装得不紧；（4）加热太快。

附表

表 3-2　X-4 型显微熔点测定仪的光学配置

目　　镜	10×	20×	10×	20×	物方视场	ϕ10mm	ϕ5.8mm	ϕ5mm	ϕ3mm
物　　镜	2×（固定在镜体内）		带附加 2×物镜		工作距离	88mm		33mm	
放大倍率	20×	40×	40×	80×					

实验九　红外光谱

一、实验目的

1. 了解红外光谱法测定有机化合物结构的原理。

2. 采用液膜法和压片法各测定一个有机化合物样品，掌握涂膜、压片及红外检测的操作方法。

3. 学习初步的谱图解析方法。

二、基本原理

红外光谱的测定原理是基于分子中原子的振动。由于有机分子不是刚性结构，分子中的共价键就像弹簧一样，在一定频率的红外光辐射下会发生各种形式的振动，如伸缩振动（以 υ 表示）、弯曲振动（以 δ 表示）等，伸缩振动中又分为对称伸缩振动（以 υ_a 表示）和不对称伸缩振动（以 υ_{as} 表示）。不同类型的化学键，由于它们的振动能级不同，所吸收的红外射线的频率也不同，因而通过分析射线吸收频率谱图（即红外光谱图）就可以鉴别各种化学键。红外光谱可由红外光谱仪测得。照射式红外光谱仪工作原理如图 3-18 所示。

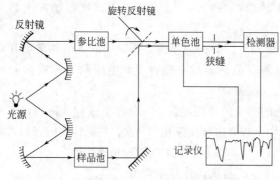

图 3-18　照射式红外光谱仪原理示意图

红外辐射源是由硅碳棒发出，硅碳棒在电流作用下发热并辐射出 $2 \sim 15 \mu m$ 范围的连续红外辐射光。这束光被反射镜折射成可变波长的红外光，并分为两束。一束是穿过参比池的参比光；另一束是通过样品池的吸收光。如果样品对频率连续变化的红外光不时地发生强度不一的吸收，那么穿过样品而到达红外辐射检测器的光束的强度就会相应地减弱。红外光谱仪就会将吸收光束与参比光束作比较，并通过记录仪在图纸上形成红外光谱图。

由于玻璃和石英几乎能吸收全部的红外光，因此不能用来作样品池。制作样品池的材料应该是对红外光无吸收，以避免产生干扰。常用的材料为卤盐（如氯化钠和溴化钾）。

三、实验方法

通常，测定液体样品的红外光谱都采用液膜法。先将干燥后的液体样品滴一滴在盐片上，再用另一块盐片盖上，并轻轻旋转滑动，使样液涂布均匀。然后将涂有液体样品的盐片置放在盐片支架上，并安放在红外光谱仪中，记录红外光谱。

固体样品的测试一般可采用石蜡油研糊法和卤盐压片法。

石蜡油研糊法：将 $3 \sim 5 mg$ 干燥固体样品和 $2 \sim 3$ 滴石蜡油在研钵中研磨成糊状，然后将糊状物涂抹在盐片上另用一块盐片覆盖在上面。再将该盐片置放在盐片支架上，并安放在红外光谱仪中，记录红外光谱。

卤盐压片法：取 $2 \sim 3 mg$ 干燥固体样品在研钵中研细，再加入 $100 \sim 200 mg$ 充分干燥过的溴化钾，混合研磨成极细粉末，并将其装入金属模具中。轻轻振动模具，使混合物在模具中分布均匀。然后在真空条件下加压，使其压成片状。打开模具，小心地取下盐片，置放在盐片支架上，并安放在红外光谱仪中，记录红外光谱。

四、注意事项

1. 由于水在 $3710 cm^{-1}$ 和 $1630 cm^{-1}$ 有强吸收峰，因此在作红外光谱分析时，待测样品及盐片均需充分干燥处理。

2. 5000～660cm^{-1}范围内记录红外光谱时，宜采用氯化钠盐片；需在830～400cm^{-1}范围内记录红外光谱时，宜采用溴化钾盐片。

3. 为了防潮，在盐片上涂抹待测样品时，宜在红外干燥灯下操作。测试完毕，应及时用二氯甲烷或氯仿擦洗盐片。干燥后，置入干燥器备用。

4. 石蜡油为碳氢化合物，在3030～2830cm^{-1}有C—H伸缩振动，在1460～1375cm^{-1}有C—H弯曲振动，故在解析红外光谱时应注意先将这些峰划去，以免对图谱的正确解析产生干扰。

5. 熟练地解析红外光谱要靠长期积累。通常，在分析未知物图谱时，首先要看那些容易辨认的基团是否存在，如羰基、羟基、硝基、氰基、双键等，从而可以初步判断分子结构的基本特征。而对于3000cm^{-1}附近C—H键的吸收峰则不必急于分析，因为几乎所有的有机化合物在该区都有吸收。对于不同化合物分子中的同一基团在红外光谱中所出现的细微差异也不必在意。未知化合物经过初步结构辨析后，就可以查阅标准图谱进行比较。因为相同化合物具有相同的图谱，这就好像不同的人具有不同的指纹一样。当未知物的图谱和标准图谱完全一致时，就可以确定未知物和标准图谱所示化合物为同一化合物。通过比较结构相近的红外光谱图，也可以获得一些有参考价值的信息。常见红外吸收峰所对应的基团可参见图3-19。

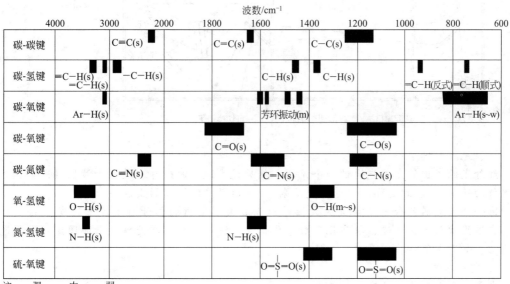

图3-19　常见红外吸收峰所对应的基团分布图

五、思考题

1. 使用红外光谱法分析有机化合物有什么优点？

2. 红外谱图中的特征官能团区与指纹区在鉴定有机化合物结构时分别起什么作用？

Tensor-27 型傅立叶变换红外光谱仪（FTIR）

一、仪器结构

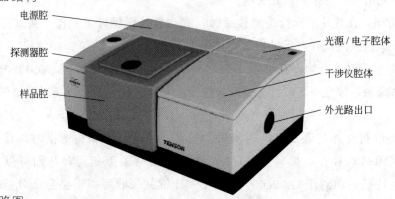

二、光路图

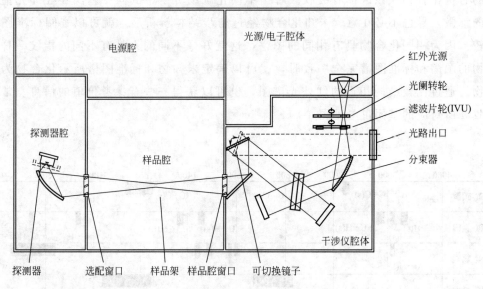

三、工作原理

红外光源发出的光首先通过一个光圈，然后逐步通过滤光片、进入干涉仪（光束在干涉仪里被动镜调制）、到达样品（透射或反射），最后聚焦到检测器上。

每一个检测器包含一个前置放大器，前置放大器输出的信号（干涉图）发送到主放大器，在这里被放大、滤波、数字化。数字化信号被进一步的数学处理：干涉图变换成单通道光谱图。如下图所示。

1. 光的本质

光是一种电磁波，具有波粒二相性。

波动性：可用波长（λ）、频率（ν）和波数（$\bar{\nu}$）来描述。

按量子力学，其关系为：

$$\nu = \frac{c}{\lambda} = c\bar{\nu}$$

式中，c 为光速，$c = 3 \times 10^8$ m/s。

微粒性：可用光量子的能量来描述。

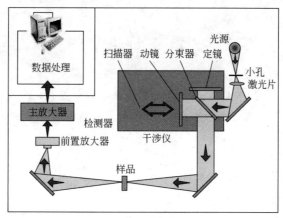

$$E = h\nu = \frac{hc}{\lambda}$$

式中，E 为量子的能量，J；h 为 Planck 常数，其值为 6.63×10^{-34} J/s。

该式说明了分子吸收电磁波从低能级跃迁到高能级时，其吸收光的频率与吸收能量的关系。由此可见，λ 与 E，ν 成反比，即 λ 变小，ν 增加（每秒的振动次数增加），E 增加。

2. 分子运动形式及对应的光谱范围

在分子光谱中，根据电磁波的波长（λ）划分为几个不同的区域，如下图所示。

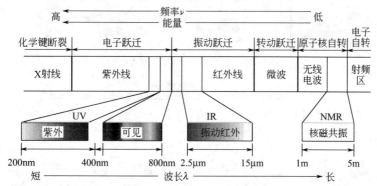

3. 红外光谱的表示方法

红外光谱是研究波数在 $4000 \sim 400 \text{cm}^{-1}$ 范围内不同波长的红外线通过化合物后被吸收的谱图。谱图以波长或波数为横坐标，以透光率为纵坐标而形成。见仲丁醇的红外光谱图。

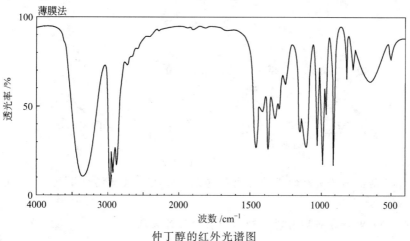

仲丁醇的红外光谱图

透光率以下式表示：

$$T = \frac{I}{I_0} \times 100\%$$

式中，I 表示透过光的强度；I_0 表示入射光的强度。

横坐标：波数（$\bar{\nu}$）4000～400 cm^{-1}；表示吸收峰的位置。

纵坐标：透光率（T）表示吸收强度。T 越小，表明吸收的越好，故曲线低谷表示是一个好的吸收带。

4. 分子振动与红外光谱

分子的振动方式可分为以下两种。

（1）伸缩振动，如下图所示。

伸缩振动，只改变键长，不改变键角

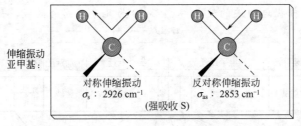

伸缩振动
亚甲基：
对称伸缩振动
σ_s：2926 cm^{-1}
反对称伸缩振动
σ_{as}：2853 cm^{-1}
（强吸收 S）

（2）弯曲振动，如下图所示。

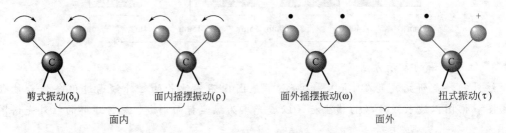

剪式振动(δ_s)　面内摇摆振动(ρ)　面外摇摆振动(ω)　扭式振动(τ)

面内　　　　　　　　　　　面外

弯曲振动只改变键角，不改变键长

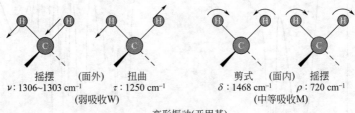

摇摆　（面外）扭曲　　　剪式　（面内）摇摆
ν：1306～1303 cm^{-1}　τ：1250 cm^{-1}　δ：1468 cm^{-1}　ρ：720 cm^{-1}
（弱吸收W）　　　　　　　　（中等吸收M）

变形振动(亚甲基)

值得注意的是：不是所有的振动都能引起红外吸收，只有偶极矩（μ）发生变化的，才能有红外吸收。

H_2、O_2、N_2 电荷分布均匀，振动不能引起红外吸收。

H—C≡C—H、R—C≡C—R，其 C≡C（三键）振动，也不能引起红外吸收。

5. 振动方程式（Hooke 定律）

$$\nu_{振}=\frac{1}{2\pi}\sqrt{\frac{k}{\mu}} \qquad \mu=\frac{m_1 m_2}{m_1+m_2}$$

式中，k 为化学键的力常数，$N \cdot cm^{-1}$；μ 为折合质量，g；

力常数 k 与键长、键能有关：键能越大，键长越短，k 越大。一些常见化学键的力常数如下表所示：

键型	O—H	N—H	≡C—H	=C—H	—C—H	C≡N	C≡C	C=O	C=C	C—O	C—C
$k/N \cdot cm^{-1}$	7.7	6.4	5.9	5.1	4.8	17.7	15.6	12.1	9.6	5.4	4.5

折合质量 μ：两振动原子只要有一个质量变小，μ 降低，ν 增加，红外吸收信号将出现在高波数区。

分子振动频率习惯以 $\bar{\nu}$（波数）表示：

$$\bar{\nu}=\frac{\nu}{c}=\frac{1}{2\pi c}\sqrt{\frac{k}{\mu}}$$

由此可见，$\bar{\nu} \propto k$，$\bar{\nu}$ 与 μ 成反比。

吸收峰的峰位：化学键的力常数 k 越大，原子的折合质量越小，振动频率越大，吸收峰将出现在高波数区（短波长区）；反之，出现在低波数区（高波长区）。

产生红外光谱的必要条件是：

（1）红外辐射光的频率与分子振动的频率相当，才能满足分子振动能级跃迁所需的能量，而产生吸收光谱；

（2）必须是能引起分子偶极矩变化的振动才能产生红外吸收光谱。

实验十　核磁共振谱

一、实验目的

1. 了解核磁共振谱的基本原理。

2. 学习核磁共振谱的测定方法。

3. 学习简单有机物的谱图解析方法。

二、基本原理

核磁共振谱（nuclear magnetic resonance spectroscopy，简称 NMR 谱）是测定有机化合物结构最有效的方法之一，有很广的应用。该技术取决于当有机物被置于磁场中时所表现出的特定核的自旋性质，即能产生磁场的核自旋。这些核一般为 ^1H、^{13}C、^{19}F、^{15}N、^{31}P 等，在有机化合物中最重要的是氢谱（^1H）与碳谱（^{13}C）。^1H 的天然丰度比较大，核磁信号比较强，比较容易测定。本实验教材仅对氢谱和碳谱作一简单介绍，需要了解氮谱等可参阅核磁共振谱学的专业书籍。

质子可以自旋而产生磁矩。在外磁场中，质子自旋而产生磁矩可以有两种取向，或者与外磁场一致（↑），或者与外磁场相反（↓）。质子磁矩的两种取向相当于两个能级，磁矩方向与外磁场相同的质子能量较低，相反的能量较高。若用电磁波照射磁场中的质子，当电磁波的能量与两个能级的能量差相等时，处于低能级的质子就可以吸收能量，跃迁到高能级。这样就产生了核磁共振。有机化合物分子中的质子，其周围都是有电子的。在外加磁场的作用下，电子的运动能产生感应磁场。因此质子所感受到的磁场强度，并非就是外加磁场的强度。一般说来，质子周围的电子使质子实际感受到的磁场强度要比外加磁场强度弱些。也就是说，电子对外加磁场有屏蔽作用。屏蔽作用的大小与质子周围电子云密度有关。电子云密度愈高，屏蔽作用愈大，该质子的信号就要在愈高的外磁场强度下才能获得。有机分子中与不同基团相连接的氢原子的周围电子云密度不一样，因此它们的信号就分别在不同的位置出现。质子信号上的这种差异叫做化学位移。化学位移常用 δ 表示，图 3-19 标出了常见基团中质子的化学位移。

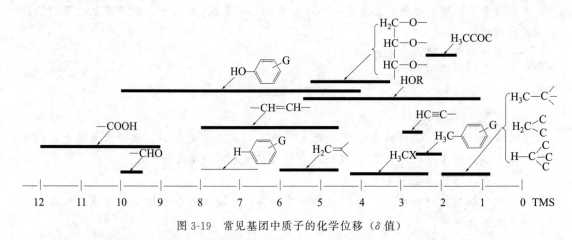

图 3-19　常见基团中质子的化学位移（δ 值）

三、实验方法

核磁共振测定时使用标准的样品管，直径 5mm，长约 18cm，带塑料塞子。要选用适当的溶剂将样品溶解，配成 20% 左右的溶液约 1mL。溶剂不能含有氢质子。常用的溶剂有 CCl_4、$CDCl_3$、D_2O 等。如果这些溶剂不适用，还可以选择一些特殊的氘代溶剂如 CD_3OD、CD_3COCD_3、C_6D_6、DMSO-d_6、DMF-d_7 等。应该注意，在不同的溶剂中测试，核磁共振的 δ 值会稍有变化。

如果所用的溶剂中不含参照物四甲基硅烷（TMS），则要向溶液中加 1～2 滴 TMS 做内标。

样品配制完毕，即可在教师的指导下进行测试。

四、谱图解析

核磁共振谱图的解析可以得到有关分子结构的丰富信息。测定每一组峰的化学位移可以推测与产生吸收峰的氢相连的官能团的类型；自旋裂分的形状提供了邻近的氢原子数目；峰面积可以算出每种类型氢原子的相对数目。

解析未知物化合物核磁共振谱图的一般步骤如下：

1. 首先确定有几组峰，从而确定未知物中有几种不等性质子。确定峰面积比，从而确定未知物中不等性质子的相对数目。

2. 确定各组峰的化学位移值，以便推测分子中可能存在的官能团。

3. 识别各组峰的自旋裂分和耦合常数值，从而确定各质子的周围情况。

4. 综合以上信息，再参考其他测试数据如红外光谱、沸点、熔点、折射率等，确定未知物的结构。

五、注意事项

1. 如果样品呈液态，可以直接测试。如果样品是固体，或是黏度较大的液体，则需配成溶液进行测试。

2. 用氘代溶剂如 $CDCl_3$ 或 D_2O 时，活性质子会与氘交换，因而这些质子的信号会消失。

3. 用 D_2O 作溶剂时，由于 TMS 不溶于其中，则可采用 4,4-二甲基-4-硅代戊磺酸钠（TSPA）作为基准物。

六、思考题

1. 什么是化学位移？它对结构分析有何意义？

2. 使用核磁共振谱分析有机化合物有什么优点？

附：核磁共振碳谱简介

自然界中碳元素以 ^{12}C 和 ^{13}C 两种稳定同位素形式存在。其中 ^{12}C 的核自旋为零，没有核磁共振信号，^{13}C 的自旋量子数为 1/2，有核磁共振信号，所以碳谱是指 ^{13}C 核的核磁共振。^{13}C 的丰度仅为 1.1%，且磁旋比为 ^{1}H 核的 1/4，因而 ^{13}C 核磁共振信号的强度很低，灵敏度约为氢谱的 1/6000。

碳谱（^{13}C-NMR）的核磁共振原理与氢谱的核磁共振原理相同。^{13}C 核与 ^{13}C、^{1}H 之间存在偶合，因为 ^{13}C 的含量很少，^{13}C 核之间的偶合可以忽略不计，但是 ^{13}C 和直接相连或相邻的 ^{1}H 之间的偶合，产生的多重偶合分裂峰使谱图变得复杂。去偶技术可以解决这个问题，常用的方法为质子（噪声）去偶又称宽带去偶。该法以较宽的频率（照射场的功率包括所有氢核的共振频率）照射样品，消除 ^{13}C 与所有氢核的偶合作用，使 ^{13}C-NMR 谱图中化学环境不同的碳出现化学位移不同的单峰，化学环境相同的碳则可能出现相同的峰。碳谱化学位移范围为 0~250。下图列出了常见基团中碳原子的化学位移范围。

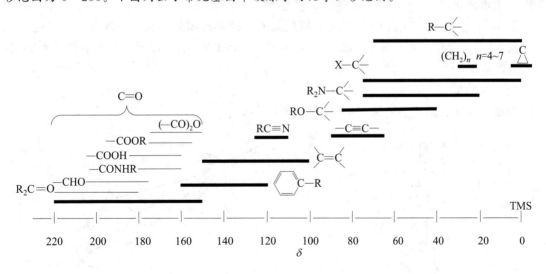

第四章 有机化学基础性实验

实验十一 1-溴丁烷的制备

一、实验目的

1. 学习以溴化钠、浓硫酸和正丁醇制备 1-溴丁烷的原理和方法。
2. 练习附带吸收有害气体装置的回流加热操作。
3. 学会分液漏斗的使用，掌握萃取、洗涤、干燥的基本操作及原理。

二、基本原理

醇与氢卤酸作用，羟基被卤素取代而生成卤代烃，这是制备卤代烃的重要方法。由伯醇制备相应的卤代烷时，一般用卤化钠和硫酸为试剂。反应式如下：

$$NaBr + H_2SO_4 \longrightarrow HBr + NaHSO_4$$

$$n\text{-}C_4H_9OH + HBr \rightleftharpoons n\text{-}C_4H_9Br + H_2O$$

可能的副反应：

$$CH_3CH_2CH_2CH_2OH \xrightarrow{\text{浓 } H_2SO_4} CH_3CH_2CH=CH_2 + H_2O$$

$$2CH_3CH_2CH_2CH_2OH \xrightarrow{\text{浓 } H_2SO_4} CH_3CH_2CH_2CH_2OCH_2CH_2CH_2CH_3 + H_2O$$

$$2HBr + H_2SO_4 \xrightarrow{\triangle} Br_2 + SO_2 + 2H_2O$$

三、主要试剂与仪器

1. 试剂 正丁醇 6.2mL（0.068mol），溴化钠 8.3g（0.08mol），浓硫酸，10%碳酸钠 5mL，无水氯化钙。

2. 仪器 100mL 圆底烧瓶，50mL 圆底烧瓶，球形冷凝管，长颈玻璃漏斗，温度计套管，量筒，75°弯管，分液漏斗，温度计（200℃），蒸馏头，直形冷凝管，接引管，锥形瓶，烧杯，空心塞。

四、实验装置

制备 1-溴丁烷的实验装置如图 4-1～图 4-4 所示。

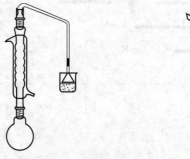
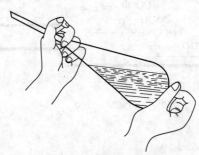

图 4-1 带气体吸收的回流装置图　　　　图 4-2 分液漏斗使用图

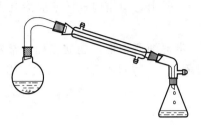

图 4-3 简易蒸馏装置

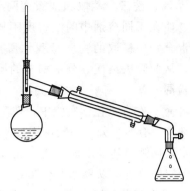

图 4-4 蒸馏装置

五、实验步骤

1. 配制稀硫酸。在烧杯中加入 10mL 水，将 10mL 浓硫酸分批加入水中，并振摇。用冷水浴冷却，备用。

2. 在 100mL 圆底烧瓶中依次加入正丁醇 6.2mL，NaBr 8.3g，沸石 2 粒，摇匀。

3. 安装带气体吸收的回流装置（图 4-1），取一温度计套管及一长颈玻璃漏斗，用橡皮管将温度计套管及长颈玻璃漏斗相连，温度计套管装在球形冷凝管上口，长颈玻璃漏斗倒置在一盛有水的烧杯上，使漏斗口接近水面但不要没入水中，以防水倒吸。从冷凝管上口分四次加入配制好的稀硫酸，每次加入稀硫酸后均须摇动反应瓶。

4. 加热回流 30min。

5. 冷却，停止沸腾后，加沸石 2 粒，改成简易蒸馏装置（图 4-3）。

6. 加热蒸馏直至无油滴蒸出为止。

7. 在分液漏斗中将馏出物静置分层。下层倒入干燥的锥形瓶，加入 3mL 浓硫酸洗涤，在分液漏斗中静置分层。

8. 分出下层（硫酸层），上层用 10mL 水洗涤，静置分层。

9. 下层用 5mL 10％碳酸钠溶液洗涤，静置分层。

10. 下层用 10mL 水洗涤，静置分层。

11. 下层倒入干燥的锥形瓶中，加无水氯化钙干燥，加塞放置。适时振摇，至澄清透明为止。

12. 将干燥好的粗产品 1-溴丁烷倒入 50mL 圆底烧瓶（注意勿使氯化钙干燥剂掉入烧瓶中），加 2 粒沸石，装好蒸馏装置（图 4-4），用小火加热，收集 99～102℃馏分。产品量体积或称质量，回收，计算产率。

六、注意事项

1. 回流。在室温下有些反应速度很慢或难于进行，为了使反应尽快地进行常需要使反应物质较长时间保持沸腾，在这种情况下就需要使用回流冷凝装置使蒸汽不断地在冷凝管内冷凝而返回反应器中，以防止瓶中的物质逃逸损失。回流时控制加热，使上升蒸汽高度不超过冷凝管的 1/3（约一个球），注意冷却水是下进上出。

2. 气体吸收装置。反应中，若放出有毒的气体，会污染环境并有害健康，因此需在冷凝管上口接一气体吸收装置（图 4-1），注意玻璃漏斗的外径与烧杯内径相仿，玻璃漏斗边沿接近水面，但不能浸在水中。

3. 萃取、洗涤。萃取和洗涤这两个基本操作都在分液漏斗中进行，其原理相同，都是利用物质在不同溶剂中的溶解度不同来进行分离的操作，而它们的目的不一样。萃取时，从混合物中提取的物质是我们所需要的；洗涤时，加进溶剂使不要的物质溶解在该溶剂中，从而除去杂质。分液漏斗的操作方法如图 4-2 所示，使用前，活塞应涂凡士林润滑，并检漏。

4. 干燥。在有机化学实验中，在蒸掉溶剂和进一步提纯所提取的物质之前，常常需要除掉溶剂中含有的水分，一般可用某种无机盐或无机氧化物作为干燥剂。本实验所用的干燥剂为无水氯化钙，其吸水能力大，在 30℃ 以下形成 $CaCl_2 \cdot 6H_2O$，价格便宜。加了干燥剂后，瓶子应加塞子，以免吸收空气中的水分。

5. 步骤 6 蒸出 1-溴丁烷完全与否可从以下三方面判断：
(1) 蒸馏瓶内上层油层有否蒸完；
(2) 蒸出的液体是否由混浊变澄清；
(3) 用盛少量清水的烧杯收集馏出液，有无油滴沉在下面。

七、思考题

1. 本实验有哪些副反应？如何减少副反应？
2. 步骤 6 蒸出 1-溴丁烷粗产物后，残余物应趁热倒入废液缸中，为什么？
3. 在制备 1-溴丁烷时，硫酸浓度太高或太低会带来什么结果？
4. 反应结束后粗蒸馏时，一般情况下油层在下层，但有时油层会在上层，原因何在？
5. 实验操作中，每次洗涤的目的是什么？
6. 本实验采用无水氯化钙作干燥剂，有什么好处？

实验十二　溴乙烷的制备

一、实验目的

1. 掌握制备溴乙烷的原理和方法。
2. 掌握反应中产生有害气体的处理方法。
3. 巩固蒸馏、分液等基本操作。

二、基本原理

醇中的羟基可以通过亲核取代反应被卤素所取代，所以卤代烷通常可以通过此类反应来制备。乙醇和当场产生的溴化氢反应可以生成溴乙烷，通过不断蒸出低沸点产物溴乙烷，可以使反应平衡向右移动，从而得到较高产率的溴乙烷。反应式如下：

$$NaBr + H_2SO_4 \Longrightarrow HBr + NaHSO_4$$
$$CH_3CH_2OH + HBr \Longrightarrow CH_3CH_2Br + H_2O$$

副反应有：

$$2CH_3CH_2OH \xrightarrow{H_2SO_4} CH_3CH_2OCH_2CH_3 + H_2O$$
$$CH_3CH_2OH \xrightarrow{H_2SO_4} CH_2 = CH_2 + H_2O$$
$$2HBr + H_2SO_4 \Longrightarrow Br_2 + SO_2 + 2H_2O$$

三、主要试剂与仪器

1. 试剂　溴化钠 15g（0.15mol），95％乙醇 10mL（0.17mol），浓硫酸。

2. 仪器　100mL 圆底烧瓶，50mL 圆底烧瓶，直形冷凝管，温度计套管，量筒，75°弯管，分液漏斗，温度计（100℃），蒸馏头，接引管，锥形瓶，烧杯，空心塞。

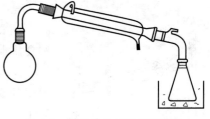

图 4-5　制备溴乙烷的反应装置

四、实验装置

制备溴乙烷的实验装置如图 4-5 所示。

五、实验步骤

1. 在 100mL 圆底烧瓶中依次加入 95％乙醇 10mL，水 9mL，在不断振摇和冷却下，慢慢加入浓硫酸 19mL。冷却至室温后，在振摇下加入溴化钠 15g，沸石 2 粒。

2. 如图 4-5 装上 75°弯管及冷凝管作反应装置，在锥形瓶中加入冷水，使接引管的末端刚刚浸没在冷水中，锥形瓶外面用冰水浴冷却。

3. 缓缓加热反应瓶，约 30min 后，升温蒸馏至无油状物馏出为止。

4. 将馏出物倒入分液漏斗中，分出有机层；将有机层置于干燥的 50mL 的锥形瓶中。

5. 将锥形瓶置于冰水浴中，在振摇下，用滴管慢慢加入约 5mL 浓硫酸。

6. 用干燥的分液漏斗分出硫酸液，溴乙烷倒入干燥的 50mL 圆底烧瓶，加入沸石。

7. 安装普通蒸馏装置，缓慢加热，产物用干燥的已称重锥形瓶收集，锥形瓶外用冰水浴冷却。

8. 收集 36～40℃馏分，产品量体积或称质量，回收，计算产率。

六、注意事项

1. 开始加热时，常有气泡如乙烯等产生，所以加热不能太猛，以免发生冲料而导致实验失败。

2. 蒸馏的速度不能太快，否则溴乙烷蒸气来不及冷却而逸出，造成损失。

七、思考题

1. 本实验中，哪一种反应原料是过量的？为什么反应物间配比不是 1：1？

2. 浓硫酸洗涤产物的目的是什么？

3. 为了减少产物溴乙烷的挥发，本实验中采取了哪些措施？

实验十三　环己烯的制备（微型）

一、实验目的

1. 了解由环己醇脱水制备环己烯的原理及方法。

2. 学习微型仪器的操作，巩固分馏实验操作。

3. 掌握洗涤、干燥等实验操作方法。

二、基本原理

醇失水制备烯烃常用的催化剂是质子酸。该反应为可逆反应。为使脱水反应进行完全，通常在反应进行过程中不断地蒸出烯烃或使用脱水剂。反应式如下：

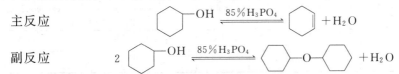

主反应

副反应

图 4-6 制备环己烯的
分馏装置

三、主要试剂与仪器

1. 试剂 环己醇 5.0mL（0.05mol），磷酸（85％）2.5mL，饱和食盐水，无水氯化钙。

2. 仪器 15mL 圆底烧瓶，分馏柱，直形冷凝管，蒸馏头，温度计套管，温度计（100℃），接引管，锥形瓶，空心塞，5mL 量筒，烧杯，分液漏斗。

四、实验装置

制备环己烯的实验装置如图 4-6 所示。

五、实验步骤

1. 在 15mL 干燥的圆底烧瓶中，加入 5.0mL 环己醇，2.5mL 85％磷酸，振荡使两种液体混合均匀，投入沸石 2 粒，如图 4-6 安装分馏装置。

2. 缓缓加热混合物至沸腾，以较慢速度进行分馏并控制分馏柱顶部温度不超过 73℃。

3. 当无馏出液时，升高温度，继续分馏。当温度计读数到达 85℃时，停止加热。

4. 馏出液为环己烯与水的混合液，用分液漏斗分离。

5. 加入等体积的饱和食盐水洗涤，分离。

6. 油层转入干燥的小锥形瓶中，加入无水氯化钙，加塞干燥。

7. 小心地将干燥的粗环己烯倒入 10mL 圆底烧瓶（注意勿使 $CaCl_2$ 掉入烧瓶中），加 2 粒沸石，装好蒸馏装置，收集 82～85℃的馏分。产品量体积或称质量，回收，计算产率。

六、注意事项

1. 环己醇黏度较大，尤其室温低时，量筒内的环己醇很难倒净，会影响产率。

2. 磷酸有一定的氧化性，加完磷酸要摇匀后再加热，否则反应物会被氧化。

3. 反应终点的判断可参考以下现象：反应进行 40min 左右，反应烧瓶中出现白雾；柱顶温度下降后又升到 85℃以上。

4. 粗产品干燥后再蒸馏，蒸馏装置要干燥，否则前馏分（环己烯-水共沸物）增多，产率下降。

七、思考题

1. 本实验中采用何种方法提高收率？

2. 用磷酸作脱水催化剂比用硫酸作催化剂有什么优点？

3. 为什么实验中用饱和食盐水洗粗环己烯而不是用水洗？

附表

表 4-1 环己醇、环己烯和水形成二元恒沸物的沸点与组成

组成	沸点/℃		恒沸物的组成/%	组成	沸点/℃		恒沸物的组成/%
	纯组分	恒沸物			纯组分	恒沸物	
环己醇	161.5	97.8℃	20	环己烯	83.0	70.8℃	90
水	100.0		80	水	100.0		10

实验十四　正丁醚的制备

一、实验目的

1. 学习醇的分子间失水制备醚的原理和方法。
2. 掌握分水器的使用原理及使用方法。
3. 巩固回流、蒸馏、洗涤、干燥等基本操作。

二、基本原理

$$2CH_3CH_2CH_2CH_2OH \xrightarrow{\text{浓 } H_2SO_4} CH_3CH_2CH_2CH_2OCH_2CH_2CH_2CH_3 + H_2O$$

可能的副反应：

$$CH_3CH_2CH_2CH_2OH \xrightarrow{\text{浓 } H_2SO_4} CH_3CH_2CH=CH_2 + H_2O$$

三、主要试剂与仪器

1. 试剂　正丁醇 31mL（0.34mol），浓硫酸 5mL，50％硫酸，无水氯化钙。
2. 仪器　100mL 三口烧瓶，温度计（200℃），温度计套管，分水器，回流冷凝管，50mL 圆底烧瓶，蒸馏头，直形冷凝管，接引管，50mL 锥形瓶，空心塞，分液漏斗，量筒，烧杯。

四、实验装置

实验装置如图 4-7 和图 4-8 所示。

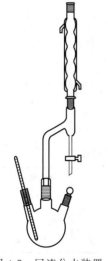

图 4-7　回流分水装置

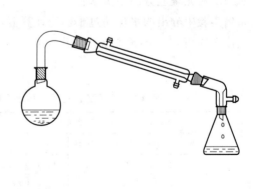

图 4-8　简易蒸馏装置

五、实验步骤

1. 在 100mL 三口烧瓶中加入正丁醇 31mL，再慢慢加入浓硫酸 5mL，并摇荡烧瓶，使反应物混合均匀，加入沸石 2 粒。
2. 三口烧瓶上安装温度计和分水器，另一口用空心塞堵塞。温度计下端要插入液相，分水器上接一个回流冷凝管，装置如图 4-7。分水器内要预先加入水，水面高度应低于分水器支管 2～3mm。

3. 缓缓加热回流。随着反应的进行，注意分水器中水面逐渐升高。当水面到达分水器支管口时，打开分水器旋塞把水逐渐分出数滴，保持分水器中水面高度低于分水器支管 2～3mm。

4. 回流约 1h 后，反应液的温度已逐渐升高到 150℃ 左右，分水器中水层不再增加，此时应停止加热，冷却。

5. 将反应液倒入 50mL 圆底烧瓶，改成简易蒸馏装置（如图 4-8），蒸馏至无馏出液为止。

6. 将馏出液倒入分液漏斗，分出水层。

7. 粗产品用 50% 硫酸洗涤二次，每次用 50% 硫酸 15mL。再用水洗涤二次，每次用水 10mL。

8. 醚层倒入干燥的锥形瓶中，加入 1～2g 无水氯化钙，加塞干燥，适时振摇，至澄清透明为止。

9. 干燥后的醚层小心地倒入 50mL 圆底烧瓶，注意勿使干燥剂掉入烧瓶，加 2 粒沸石，蒸馏收 140～144℃ 馏分，产品量体积或称重，回收，计算产率。

六、注意事项

1. 正丁醇在浓硫酸的催化下分子内失水生成正丁醚。正丁醇、正丁醚和水能生成恒沸混合物，本实验采用了回流分水装置，将反应中生成的水从混合物体系中除去。以提高正丁醚的产率。正丁醇、正丁醚和水形成恒沸混合物，其沸点与组成见表 4-2。

2. 根据反应过程中分出的水量可以粗略地估计脱水反应的完全程度。

3. 如果加热回流时间过长，溶液颜色会加深，副产物增加。

七、思考题

1. 本实验是根据什么原理来提高正丁醚的产率的？

2. 如何抑制副反应？

3. 如果反应完全应分出多少水？

4. 如果实验中分出的水量超过了理论计算值，是什么原因？

5. 为什么要用 50% 的硫酸洗涤粗产品？

附表

表 4-2　正丁醇、正丁醚和水形成恒沸物的沸点与组成

恒沸物	沸点/℃	恒沸物的质量组成/%			恒沸物	沸点/℃	恒沸物的质量组成/%		
		正丁醚	正丁醇	水			正丁醚	正丁醇	水
正丁醇-水	93.0		55.5	44.5	正丁醇-正丁醚	117.6	17.4	82.5	
正丁醚-水	94.1	66.6		33.4	正丁醇-正丁醚-水	90.6	35.5	34.5	29.9

实验十五　苯乙醚的制备

一、实验目的

1. 学习用 Williamson 合成法制备苯乙醚的原理和方法。

2. 巩固减压蒸馏、分液和洗涤等基本操作。

84

二、基本原理

酚具有弱酸性，在强碱的作用下可以生成酚钠。酚钠和伯卤烃可以发生亲核取代反应得到芳醚和卤化钠。这种合成不对称醚的反应就是 Williamson 反应。苯乙醚可以通过苯酚与溴乙烷在碱的作用下合成。其反应式如下：

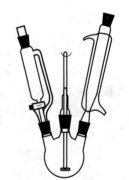

$$\text{OH} \quad + \quad CH_3CH_2Br \xrightarrow{NaOH} \quad OCH_2CH_3 \quad + \quad NaBr$$

三、主要试剂与仪器

1. 试剂　苯酚 7.5g(0.08mol)，溴乙烷 8.5mL(0.12mol)，氢氧化钠 4.8g(0.12mol)，乙醚，无水氯化钙，食盐。

2. 仪器　100mL 三口烧瓶，回流冷凝管，恒压滴液漏斗，分液漏斗，50mL 圆底烧瓶，蒸馏头，直形冷凝管，温度计套管，温度计（200℃）接引管，锥形瓶，量筒，克氏蒸馏头，毛细管，螺旋夹，真空泵，测压仪，机械搅拌器。

四、实验装置

实验装置如图 4-9 所示。

五、实验步骤

1. 在装有机械搅拌、回流冷凝管和恒压滴液漏斗的 100mL 三口烧瓶中，加入苯酚 7.5g，氢氧化钠 4.8g 和水 4mL。

2. 开动搅拌，缓缓加热使固体全部溶解，控制温度在 80～90℃下，开始慢慢滴加 8.5mL 溴乙烷，约 1h 滴加完毕。

3. 继续保温搅拌 2h，再降至室温。

4. 加入适量水至固体刚好完全溶解，约 15mL。

图 4-9　制备苯乙醚的装置

5. 溶液转入分液漏斗中，分出水相，有机相用等体积的饱和食盐水洗涤两次，分出有机相。合并两次的洗涤液，用 15mL 乙醚萃取一次。将乙醚溶液和有机相合并，用无水氯化钙干燥。

6. 先用普通蒸馏蒸出乙醚和前馏分，再用减压蒸馏收集产品。产品量体积，回收，计算产率。

六、注意事项

1. 苯酚室温时为固体（熔点为 43℃），取用时可以用热水浴温热（微开瓶塞）使其熔化后量取。另注意，苯酚对皮肤有较强的腐蚀作用，取用时要注意防范。如不慎被沾染，应立即用大量水冲洗，再用少许乙醇擦洗。

2. 最后进行减压蒸馏时，不宜采用高真空，以免产物损失。

七、思考题

1. 饱和食盐水洗涤有机层的目的何在？

2. 为什么不能用 Williamson 反应合成异丙基醚？

附表

表 4-3　苯乙醚的沸点-压力数据

压力/mmHg	1	5	10	20	40	60	100	200	400	760
沸点/℃	18.1	43.7	56.4	70.3	86.6	95.4	108.4	127.9	149.8	172

实验十六　乙酸正丁酯的制备

一、实验目的

1. 掌握制备乙酸正丁酯的原理和方法。
2. 掌握分水器的使用原理及使用方法。
3. 巩固回流、蒸馏、洗涤、干燥等基本操作。

二、基本原理

羧酸和醇在浓硫酸的催化下发生酯化反应。酯化反应是可逆反应。本实验采用等摩尔量的乙酸与正丁醇反应，利用分水器除去平衡混合物中的水，使酸和醇的反应几乎可以进行到底，得到高产率的乙酸正丁酯。反应式如下：

$$CH_3-\overset{\overset{\displaystyle O}{\|}}{C}-OH + CH_3CH_2CH_2CH_2OH \underset{}{\overset{H^+}{\rightleftharpoons}} CH_3\overset{\overset{\displaystyle O}{\|}}{C}-OCH_2CH_2CH_2CH_3 + H_2O$$

三、主要试剂与仪器

1. 试剂　正丁醇 11.5mL（0.125mol），冰醋酸 7.2mL（0.125mol），浓硫酸，无水硫酸镁，10％碳酸钠。

2. 仪器　圆底烧瓶（100mL，50mL 各一个），分水器，球形冷凝管，分液漏斗，蒸馏头，直形冷凝管，接引管，锥形瓶，烧杯，空心塞，量筒，温度计套管，温度计（200℃）。

四、实验装置

制备乙酸正丁酯的实验装置如图 4-10 和图 4-11 所示。

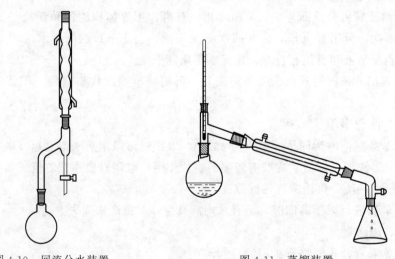

图 4-10　回流分水装置　　　　　　图 4-11　蒸馏装置

五、实验步骤

1. 在 100mL 圆底烧瓶中依次加入正丁醇 11.5mL，冰醋酸 7.2mL，浓硫酸 3～4 滴，沸石 2 粒。

2. 安装分水器、回流冷凝管（图 4-10）。反应前预先在分水器内加入水，水面高度应低于分水器支管口 2～3mm。记录预先加入分水器的水量。

3. 加热回流，反应一段时间后，注意分水器中水面逐渐升高。当水面到达分水器支管口时，打开分水器旋塞把水逐渐分出数滴（保留），保持分水器中水面高度低于分水器支管口 2～3mm。

4. 反应约 40min 后不再有水生成，表示反应完毕，停止加热，冷却。

5. 将反应液和分水器中的液体全部倒入分液漏斗，分出水层。

6. 酯层依次用 10mL 水洗涤，10mL 10％碳酸钠溶液洗涤，10mL 水洗涤。

7. 酯层倒入干燥的锥形瓶中，加入无水硫酸镁，加塞干燥，适时振摇，至澄清透明为止。

8. 干燥后的酯层小心地倒入 50mL 圆底烧瓶，注意勿使干燥剂掉入烧瓶，加 2 粒沸石，如图 4-11 安装蒸馏装置，蒸馏收集 124～126℃馏分。产品量体积或称质量，回收，计算产率。

六、注意事项

1. 醋酸与正丁醇在浓硫酸催化下的酯化反应是一个可逆平衡反应，为了使反应进行到底，应将反应中所生成的水从混合物体系中除去，本实验利用图 4-10 回流分水装置来进行这种操作。回流下来的蒸气冷凝液进入分水器，分层后有机层溢入反应烧瓶，而水层可从分水器下端放出，这样可使酯化可逆反应平衡向右移动，提高酯的产率。

2. 根据反应过程中分出的水量，可以粗略地估计酯化反应的完全程度。

3. 正丁醇、乙酸正丁酯和水可以形成数种恒沸混合物，见表 4-4，所以反应液经洗涤后应充分干燥，否则蒸馏时得不到 124～126℃的馏分。

七、思考题

1. 本实验是根据什么原理来提高乙酸正丁酯的产率的？

2. 如果反应完全应分出多少水？

3. 实验中你是如何运用化合物的物理常数来分析实验现象和指导实验操作的？

附表

表 4-4　正丁醇、乙酸正丁酯和水形成恒沸物的沸点与组成

恒沸物	沸点/℃	恒沸物的质量组成/％			恒沸物	沸点/℃	恒沸物的质量组成/％		
		乙酸正丁酯	正丁醇	水			乙酸正丁酯	正丁醇	水
乙酸正丁酯-水	90.7	72.9		27.1	乙酸正丁酯-正丁醇	117.6	32.8	67.2	
正丁醇-水	93.0		55.5	44.5	乙酸正丁酯-正丁醇-水	90.7	63	8	29

实验十七　乙酰水杨酸的制备

一、实验目的

1. 掌握制备乙酰水杨酸的原理和方法。

2. 学会乙酰水杨酸的提纯。

二、基本原理

乙酰水杨酸（阿司匹林）是一种广泛使用的治疗感冒药物，有解热镇痛的效果。本实验以水杨酸和乙酸酐为原料合成目标产物。由于水杨酸存在着分子内氢键，水杨酸与乙酸酐直

接反应需要 150～160℃才能生成乙酰水杨酸。加酸的主要目的是破坏氢键，使反应在较低的温度下（60～80℃）进行。反应式如下：

$$\text{水杨酸} + (CH_3CO)_2O \xrightarrow{H^+} \text{乙酰水杨酸} + CH_3COOH$$

副反应：

$$\xrightarrow{H^+} \text{聚合物} + H_2O$$

乙酰水杨酸分子内有羧基，可溶于饱和碳酸氢钠溶液，而副产物是聚合物不溶于碳酸氢钠溶液。利用这种差别可以提纯乙酰水杨酸。

三、主要试剂与仪器

1. 试剂　水杨酸 2g(0.014mol)，醋酸酐 5.4mL(0.05mol)，85%磷酸，1%三氯化铁溶液，饱和碳酸氢钠溶液，浓盐酸。

2. 仪器　100mL 锥形瓶，球形冷凝管，烧杯，布氏漏斗，吸滤瓶，试管。

四、实验装置

制备乙酰水杨酸的实验装置如图 4-12 所示。

图 4-12　制备乙酰水杨酸的反应装置

五、实验步骤

1. 在 100mL 锥形瓶中加入水杨酸 2g，乙酸酐 5mL，用滴管加入 5滴 85%的磷酸，充分摇动。

2. 如图 4-12 安装回流冷凝管，缓缓加热。水杨酸很快溶解。保持温度 85～90℃ 15min，反应过程中适时振摇。

3. 稍冷，将反应物以细流状倒入盛有 50mL 水的烧杯中并不断搅拌，即有乙酰水杨酸析出，用冰水冷却 15min 使结晶完全。

4. 减压过滤，滤饼用少量冷水洗涤，抽干得粗产品。

5. 将粗产品转移入 150mL 的烧杯中，在搅拌下加入 25mL 饱和碳酸氢钠溶液，继续搅拌到无二氧化碳产生，减压过滤。用 10mL 水洗涤滤饼一次，合并滤液待用。

6. 另取一个 150mL 的烧杯，先加入 10mL 水，再加入 5mL 浓盐酸，配成盐酸溶液。

7. 搅拌下将第 5 步保留的滤液缓慢倒入上述盐酸溶液中，即有乙酰水杨酸析出，用冰水冷却 15min，使结晶完全。

8. 减压过滤，滤饼用少量冷水洗涤，抽干得乙酰水杨酸。

9. 红外灯下干燥所得产品。称重，回收，计算产率。

10. 取少量结晶于试管中，加少量水溶解。滴加 1～2 滴 1%三氯化铁溶液，观察有无颜色变化。乙酰水杨酸为白色针状晶体，熔点 135～136℃。

六、思考题

1. 本实验中加入酸的主要目的是什么？

2. 副产物如何除去？

3. 乙酰水杨酸在沸水中会分解得到一种液体，该液体对三氯化铁呈阳性反应，请解释。

实验十八　乙酰苯胺的制备

一、实验目的

1. 掌握苯胺乙酰化反应的原理和实验操作。

2. 进一步熟悉固体有机物提纯的方法——重结晶。

二、基本原理

芳香族酰胺通常用伯或仲芳胺与酸酐或羧酸作用来制备。本实验采用苯胺与醋酸共热制备乙酰苯胺。此反应为可逆反应，加入过量的醋酸，同时用分馏柱把反应过程中生成的水蒸出，以提高乙酰苯胺的产率。反应式如下：

$$\text{C}_6\text{H}_5\text{NH}_2 + \text{CH}_3\text{COOH} \rightleftharpoons \text{C}_6\text{H}_5\text{NHCOCH}_3 + \text{H}_2\text{O}$$

三、主要试剂与仪器

1. 试剂　苯胺 5mL（0.055mol），冰醋酸 7.4mL（0.13mol），锌粉 0.1g，活性炭。

2. 仪器　100mL 锥形瓶，维氏分馏柱，蒸馏头，温度计（200℃），温度计套管，支管接引管，量筒，烧杯，布氏漏斗，吸滤瓶。

四、实验装置

制备乙酰苯胺的实验装置如图 4-13 所示。

五、实验步骤

1. 100mL 锥形瓶中加入 5mL 苯胺，7.4mL 冰醋酸和 0.1g 锌粉。

2. 安装分馏装置（图 4-13）。

3. 用电热套缓缓加热至沸腾，调整电压保持柱顶温度 105℃左右，保温 40~60min。当温度计读数上下波动，或者反应器中出现白雾时，反应达到终点，停止加热。

4. 将反应物趁热以细流状倒入盛有 100mL 水的烧杯中，搅拌，冷却后析出粗乙酰苯胺固体。

图 4-13　乙酰苯胺
的制备装置

5. 减压过滤，滤饼用 10mL 水洗涤，抽干得粗乙酰苯胺。

6. 粗乙酰苯胺放入盛有 120~150mL 水的烧杯中，加热至沸，如仍有油珠未完全溶解，可补加少量水，加热使其完全溶解。将烧杯移出热源，稍冷。

7. 加一勺活性炭，煮沸 3min，趁热减压过滤（布氏漏斗与抽滤瓶需预热）。

8. 滤液迅速转移到干净的烧杯中，在室温下冷却，析出晶体。

9. 待大部分晶体析出后，再放入冷水浴中冷却，以使结晶完全。减压过滤，得无色片状乙酰苯胺晶体，在红外灯下干燥得到产品。称重，回收，计算产率。

六、注意事项

1. 久置的苯胺因有杂质而颜色变深，会影响所制备的乙酰苯胺的质量。故最好用新蒸馏过的无色或浅黄色苯胺，为了防止苯胺在蒸馏过程中被氧化，蒸馏时可加入少许锌粉。

2. 本实验中加入锌粉的作用是防止苯胺在反应过程中被氧化，但必须注意，不能加得过多，否则在后处理中会出现不溶于水的氢氧化锌。

3. 收集醋酸及水的总体积约为 2～3mL。

4. 反应物冷却后，会立即析出固体产物，粘在瓶壁上不易处理，故应趁热在搅拌下倒入冷水中，以除去过量的醋酸及未反应的苯胺（它可成为苯胺醋酸盐而溶于水）。

5. 粗乙酰苯胺进行重结晶时，在热水中加热至沸腾，若仍有未溶解的油珠，应补加水至油珠消失。油珠是熔融状态下的含水乙酰苯胺（83℃时含水 13％），如果溶液温度在 83℃以下，溶液中未溶解的乙酰苯胺以固态存在。

6. 乙酰苯胺在水中的溶解度分别为：25℃，0.53g；80℃，3.5g；100℃，5.2g。在以后各步加热煮沸时，会蒸发掉一部分水，需随时再补充热水。本实验重结晶时水的用量需控制，最好使溶液在 80℃左右为饱和状态。

7. 重结晶时，沸腾的溶液应稍冷后再加入活性炭，向沸腾的溶液中加入活性炭会引起暴沸。

七、思考题

1. 在本实验中采用哪些方法来提高乙酰苯胺的产率？

2. 反应时为什么要控制分馏柱上端的温度在 105℃？

3. 根据理论计算，反应完成时应产生几毫升水？为什么实际收集的液体量要比理论多？

4. 常用的乙酰化试剂有哪些？哪一种较经济？哪一种反应最快？

5. 应用苯胺为原料进行苯环上一些取代反应时，为什么通常要先进行乙酰化反应？

6. 乙酰苯胺与热的稀盐酸或稀氢氧化钠溶液反应时生成什么产物？

7. 简述重结晶过程。在操作过程中，应注意哪几点才能使产品产率高，质量好？

8. 试计算重结晶时留在母液中的乙酰苯胺的量。

9. 确定重结晶溶剂用量的方法一般有哪些？

实验十九　苯甲酸的制备

一、实验目的

1. 学习芳烃侧链氧化制备芳酸的原理和方法。

2. 掌握电动搅拌装置的安装与操作。

3. 掌握抽滤等基本操作。

二、基本原理

芳香族羧酸通常可由芳香烃氧化来制备。苯环比较稳定，难以氧化，而环上的支链被氧化成羧基。反应式如下：

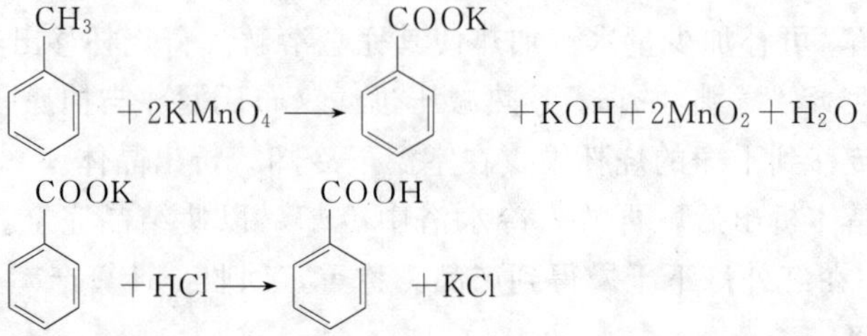

三、主要试剂与仪器

1. 试剂　甲苯 2.7mL(0.025mol)，高锰酸钾 8.5g(0.054mol)，浓盐酸，饱和亚硫酸氢

钠溶液。

2. 仪器　250mL三口烧瓶，球形冷凝管，温度计（100℃），温度计套管，量筒，烧杯，布氏漏斗，吸滤瓶，表面皿，电动搅拌器。

四、实验装置

制备苯甲酸的实验装置如图4-14所示。

图4-14　制备苯甲酸的装置

五、实验步骤

1. 如图4-14，在250mL三口烧瓶上安装搅拌器、回流冷凝管和温度计，电动搅拌装置的安装要求见注意事项。温度计是用以测量液相温度的，要插得低一些，但注意不要与搅拌桨碰擦。

2. 在上述安装好的装置中，取下温度计，依次加入8.5g高锰酸钾，2.7mL甲苯和100mL水。再装上温度计。

3. 搅拌下加热回流2h，氧化反应基本结束，停止加热。

4. 继续搅拌，从冷凝管上口小心地慢慢加入约5mL饱和亚硫酸氢钠溶液，可分批加入，直到紫色褪去，水相无色。

5. 预热布氏漏斗与吸滤瓶。将反应物趁热减压过滤。

6. 滤液保留，滤饼用10mL热水洗，且洗涤液并入原先保留的滤液中。

7. 滤液转入烧杯中，置冷水浴中冷却。慢慢滴加5～10mL浓盐酸，边滴加边用玻璃棒搅拌，此时有大量苯甲酸晶体析出，滴加至溶液呈酸性（pH＝3～5）为止。

8. 冷却至室温后减压过滤，滤饼用少量水洗涤，吸滤（并用玻璃钉挤压水分），产品在红外灯下干燥后称重，回收，计算产率。

六、注意事项

1. 机械搅拌。当进行非均相反应（如固-液反应或互不相溶的液-液反应），或反应物之一逐渐滴加时，为使反应混合物能充分接触，避免局部过浓、过热而导致其他副反应或有机化合物分解，须进行强烈的搅拌，搅拌常能使反应温度均匀，缩短反应时间和提高产率。

本实验的装置由电动搅拌器、搅拌桨、三口烧瓶及温度计和球形冷凝管组成。其安装顺序为：（1）根据搅拌马达与电炉的垂直距离选择一定长度的搅拌棒；（2）用短橡皮管（或连接器）把已插入塞子的搅拌棒连接到搅拌器的转动轴上；（3）小心将搅拌桨套入三口烧瓶的中口，搅拌桨距瓶底大约5mm，然后将三口烧瓶夹紧；（4）检查这几件仪器安装得是否牢固，搅拌棒应垂直于桌面；（5）用手试验搅拌器转动的灵活性，再以低速开动搅拌器试验运转情况，直至连接部位无摩擦声时可认为仪器装配合格，否则需要重新调整；（6）装上冷凝管及温度计，用夹子夹紧。整套仪器应安装在同一铁台上。

2. 减压过滤。（1）滤纸应能盖住布氏漏斗的所有小孔并紧贴其上；（2）在吸滤瓶与水泵间无缓冲瓶时应特别注意过滤完成后先拔去抽气的橡皮管，然后关水泵；（3）如果是热过滤，在过滤前应先将布氏漏斗与吸滤瓶浸在水浴内充分加热，使热过滤快速进行，防止在过滤时溶液冷却，结晶析出，造成操作困难和产品损失。

3. 苯甲酸可用水作溶剂进行重结晶。

七、思考题

1. 本实验为什么要使用搅拌装置？

2. 安装搅拌装置应注意哪些问题？

3. 减压过滤完成后为什么要先拔去抽气的橡皮管，然后关水泵？

4. 加饱和亚硫酸氢钠的目的是什么？如果加了5mL饱和亚硫酸氢钠后反应液仍呈紫

色，可能的原因是什么？此时应采取什么措施？

5. 两次减压过滤的目的及操作的异同点是什么？

实验二十　苯乙酮的制备

一、实验目的

1. 掌握通过 Friedel-Crafts 酰基化反应制备芳酮的原理和方法。

2. 掌握电动搅拌装置的安装与操作。

3. 巩固气体吸收、回流、萃取、干燥、蒸馏等基本操作。

二、基本原理

傅-克酰基化反应是制备芳酮的重要方法。常用的酰基化试剂有酰氯与酸酐等。本实验用乙酸酐作酰基化试剂，三氯化铝为催化剂，在苯过量的条件下制备苯乙酮。反应式如下：

$$\text{（苯）} + (CH_3CO)_2O \xrightarrow{AlCl_3} \text{（苯）}-COCH_3 + CH_3COOH$$

由于三氯化铝与产物形成络合物，故催化剂的用量较大。络合物在酸性条件下分解，析出苯乙酮。

$$\text{（苯）}-COCH_3 + AlCl_3 \longrightarrow \text{（苯）}-COCH_3 \cdot AlCl_3$$

$$CH_3COOH + AlCl_3 \longrightarrow CH_3COOAlCl_2$$

$$\text{（苯）}-COCH_3 \cdot AlCl_3 \xrightarrow{H_3O^+} \text{（苯）}-COCH_3 + AlCl_3$$

三、主要试剂与仪器

1. 试剂　乙酸酐 6mL(0.064mol)，无水三氯化铝 20g(0.15mol)，无水苯 40mL，苯 30mL，浓盐酸，5%氢氧化钠，无水硫酸镁，无水氯化钙。

2. 仪器　250mL 三口烧瓶，球形冷凝管，直形冷凝管，空气冷凝管，恒压滴液漏斗，分液漏斗，长颈玻璃漏斗，干燥管，温度计（250℃），温度计套管，锥形瓶，蒸馏头，支管接引管，量筒，烧杯，电动搅拌器。

四、实验装置

制备苯乙酮的实验装置如图 4-15 所示。

五、实验步骤

本实验所用仪器必须干燥，药品必须无水。

1. 如图 4-15，在 250mL 三口烧瓶上安装搅拌器、恒压滴液漏斗和回流冷凝管，在回流冷凝管上口再安装一个氯化钙干燥管，干燥管上接气体吸收装置。

2. 尽快称取 20g 无水三氯化铝加入三口瓶中，再加入 30mL 无水苯。在恒压滴液漏斗中加入 6mL 乙酸酐和 10mL 无水苯，摇匀。装好装置。

3. 开动搅拌器，慢慢滴加乙酸酐的苯溶液，反应很快就开始，放出氯化氢气体，三氯化铝逐渐溶解。注意控制滴加

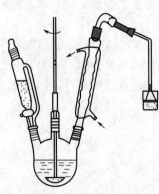

图 4-15　带干燥管与气体吸收的机械搅拌装置

速度，使苯缓缓回流。

4. 约 20～30min 滴加完毕，待反应平稳后缓缓加热，回流 1h 至无氯化氢气体放出为止。

5. 用冷水浴冷却，在搅拌下慢慢滴加 50mL 浓盐酸与 50mL 冰水混合液。

6. 当瓶中物质完全溶解后，停止搅拌（若还有不溶物，可适量增加浓盐酸使之溶解）。倒入分液漏斗，分出苯层。水层用苯萃取两次，每次用 15mL。合并苯层。

7. 苯层用 20mL 5%氢氧化钠洗涤，再用 20mL 水洗涤。倒入干燥的锥形瓶，用无水硫酸镁干燥。

8. 小心地将干燥好的苯层倒入圆底烧瓶（注意勿使干燥剂掉入烧瓶中），加 2 粒沸石，装好蒸馏装置。缓缓加热蒸出苯。然后升高温度继续蒸馏，当温度升到 140℃时，换成空气冷凝管，收集 198～202℃的馏分。产品量体积或称重，回收，计算产率。

六、注意事项

1. 本实验的仪器必须干燥。
2. 无水三氯化铝的称量和投料都要迅速，防止长时间暴露在空气中。
3. 苯乙酮的沸点较高，也可以改用减压蒸馏。

七、思考题

1. 水和潮气对本实验有什么影响？
2. 为什么要用滴加的方式加入乙酸酐？为什么乙酸酐要用苯稀释？
3. 反应完成后，为什么要加浓盐酸与冰水的混合液？
4. 在烷基化反应中三氯化铝的用量较少，而在酰基化反应中三氯化铝需要较大过量，为什么？
5. 本实验用到了哪些冷凝管，各在什么场合下使用？
6. 本实验中用无水硫酸镁干燥一步可否省略？

实验二十一　邻叔丁基对苯二酚的制备

一、实验目的

1. 学习制备邻叔丁基对苯二酚的原理与方法。
2. 熟练电动搅拌、回流、重结晶等实验操作。

二、基本原理

邻叔丁基对苯二酚（TBHQ）是一种新型的食品抗氧化剂，对植物性油脂抗氧化性有特效，同时还兼有良好的抗细菌、霉菌、酵母菌的能力。

TBHQ 的制备一般以对苯二酚为原料，在酸性催化剂作用下与异丁烯、叔丁醇或甲基叔丁基醚进行烷基化反应，反应混合物经进一步处理得到纯的 TBHQ。反应常用的催化剂有液体催化剂及固体催化剂。常用的液体催化剂有浓硫酸、磷酸、苯磺酸等，反应一般在水与有机溶剂组成的混合溶剂中进行。常用的固体催化剂有强酸型离子交换树脂（如 Amberlyst-15、拜耳 K-1481）、沸石和活性白土，反应需在环烷烃、芳香烃、脂肪酮等溶剂中进行。

本实验将对苯二酚与叔丁醇置于二甲苯溶剂中，以磷酸作催化剂反应制得 TBHQ，其反应式为：

反应方程式：

$$
\underset{\text{OH}}{\overset{\text{OH}}{\bigcirc}} + HO-\underset{CH_3}{\overset{CH_3}{C}}-CH_3 \xrightarrow[\triangle]{H_3PO_4} \text{（主产物 TBHQ）} + \text{（副产物 DTBHQ）}
$$

（主产物 TBHQ）　　　　　（副产物 DTBHQ）

对苯二酚烷基化是芳环上的亲电取代反应，叔丁基是推电子基团，上一个叔丁基后，芳环进一步活化，很容易再上另一个叔丁基。由于位阻的关系，本反应的主要副产物是 2,5-二叔丁基对苯二酚，2,6 位与 2,3 位的二叔丁基对苯二酚很少。反应中，叔丁基要慢慢滴加，以使对苯二酚保持相对过量，减少副反应。

反应实际上是分两步进行的，第一步是生成溶于水的中间产物——醚类，反应很快：

$$
\underset{\text{OH}}{\overset{\text{OH}}{\bigcirc}} + HO-\underset{CH_3}{\overset{CH_3}{C}}-CH_3 \xrightarrow{\text{二甲苯}} \text{产物}
$$

第二步是中间产物进行重排，生成邻叔丁基对苯二酚。这步反应则比较困难，需在高温下反应较长时间才能使中间产物充分转化，是整个合成反应的控制步骤。

$$
\text{（醚）} \xrightarrow{\text{重排}} \text{邻叔丁基对苯二酚}
$$

三、主要试剂与仪器

1. 试剂　叔丁醇 7.5mL（0.08mol），对苯二酚 5.5g（0.05mol），85％磷酸 5.0mL，二甲苯 50.0mL。

2. 仪器　100mL 三口烧瓶，二口连接管，温度计（200℃），球形冷凝管，滴液漏斗，烧杯，锥形瓶，布氏漏斗，吸滤瓶，表面皿，分液漏斗，量筒（5.0mL，10mL 各一），电动搅拌器，红外灯，红外光谱仪，熔点测定仪。

四、实验装置

制备邻叔丁基对苯二酚采用搅拌下的加热回流装置，如图 4-16 所示。

五、实验步骤

1. 在 100mL 三口烧瓶上安装二口连接管，再装上搅拌器、温度计、回流冷凝管。

2. 依次向三口烧瓶中加入 5.0mL 85％磷酸，20.0mL 二甲苯，启动搅拌后，加入 5.5g 对苯二酚。

3. 加热到 100～110℃，缓慢滴加 7.5mL 叔丁醇和 5.0mL 二甲苯混合液，并使温度保持在 100～110℃。

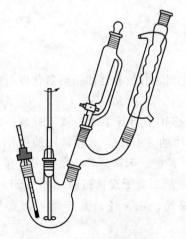

图 4-16　制备邻叔丁基对苯二酚的实验装置

4. 滴加完后，温度最高可升至 125～135℃。在此温度下反应，从滴加开始计时为 2h。

5. 停止加热及搅拌，趁热将反应物倒入 50mL 的热水中，冷却，析出固体。

6. 过滤得到白色结晶产品。滤液分离后分别回收二甲苯和磷酸废液。产品用 30mL 二甲苯重结晶，活性炭脱色。

7. 重结晶产品在红外灯下干燥，称量，计算产率。

8. 取少量纯品测定熔点，用红外光谱表征，产品的红外光谱见图 4-17。

六、注意事项

1. 本实验以二甲苯作溶剂，可达到两个目的。一是控制叔丁醇局部浓度不至于过高，减少副产物二叔丁基对苯二酚的生成；二是考虑到二叔丁基对苯二酚溶于冷的二甲苯，加入二甲苯可去除产品中的二叔丁基对苯二酚，对产品起到初步净化作用。

2. 叔丁醇的凝固点为 25.5℃，天冷时容易凝固，取用时可将其温热熔融，量筒量取时尽量倒净，减少残留。必要时滴液漏斗中可适量多加一些二甲苯促使其更好溶解。

七、思考题

1. 傅氏反应常用的烃基化试剂及对应的催化剂有哪些？

2. 反应物趁热倒入热水中比倒在冷水中有何好处？

3. 本实验中叔丁基是推电子基团，上一个叔丁基后，芳环进一步活化，很容易再上另一个叔丁基，那为何投料时叔丁醇还是过量的？

附图

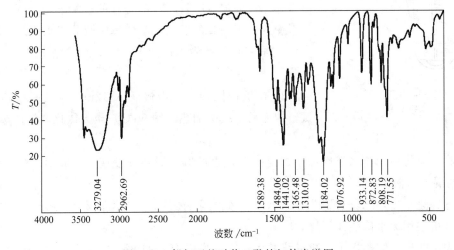

图 4-17 邻叔丁基对苯二酚的红外光谱图

实验二十二 二苯甲酮的制备

一、实验目的

1. 学习用傅克反应合成二苯甲酮的方法。

2. 巩固无水反应和气体吸收的操作方法。

3. 巩固减压蒸馏、分液和洗涤等基本操作。

二、基本原理

芳烃在无水三氯化铝等路易斯酸催化下，与酰化试剂（酰氯或酸酐）等反应，芳环上的氢原子被酰基取代的反应称为傅克酰基化反应。通过傅克酰基化反应，可以合成芳基酮。二苯甲酮可以通过傅克酰基化反应制备。其反应式如下：

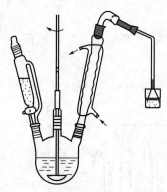

三、主要试剂与仪器

1. 试剂　无水苯 60mL（0.68mol），苯甲酰氯 12mL（0.10mol），无水三氯化铝 15g（0.11mol），氢氧化钠，无水硫酸镁，浓盐酸。

2. 仪器　250mL 三口烧瓶，球形冷凝管，直形冷凝管，空气冷凝管，恒压滴液漏斗，分液漏斗，长颈玻璃漏斗，干燥管，温度计（250℃），温度计套管，锥形瓶，蒸馏头，支管接引管，量筒，烧杯，电动搅拌器。

图 4-18　制备二苯甲酮的实验装置

四、实验装置

制备二苯甲酮采用带干燥管与气体吸收的机械搅拌装置，如图 4-18 所示。

五、实验步骤

1. 在 250mL 干燥三口烧瓶上分别装上机械搅拌装置、恒压漏斗及回流冷凝管。在冷凝管的上端装一个无水氯化钙的干燥管，干燥管的后面再与气体吸收装置相连。

2. 向三口烧瓶中迅速加入 15g 无水三氯化铝和 60mL 无水苯。

3. 在机械搅拌下，慢慢滴入 12mL 新蒸馏过的苯甲酰氯，加完后，缓缓加热（约 50℃）至无氯化氢气体逸出为止（约 2h）。

4. 将三口烧瓶用冰水浴冷却，在搅拌下，通过恒压漏斗慢慢滴入 100mL 冰水与 50mL 浓盐酸的混合溶液。

5. 分解完毕后，用分液漏斗分出苯层并依次用 5% 氢氧化钠溶液和水各 25mL 洗涤之。

6. 有机层用无水硫酸镁干燥。

7. 先用普通蒸馏蒸出苯，再进行减压蒸馏，收集 187～190℃/15mmHg 的馏分。

8. 产物冷却后固化，得固体产物二苯甲酮。

六、注意事项

1. 无水三氯化铝质量的好坏是实验成败的关键之一。应该使用新升华的或新购买的无水三氯化铝，而且称量和投料都必须迅速。

2. 实验所使用的玻璃仪器都必须严格干燥，否则会严重影响实验结果。

3. 减压蒸馏时注意冷凝管的选用。

七、思考题

1. 本实验中为什么要用含盐酸的冰水来分解反应的混合物？

2. 在本实验中为什么要过量的苯和无水三氯化铝？

实验二十三　2-甲基-2-丁醇的制备

一、实验目的
1. 学习格氏试剂的制备和应用。
2. 初步掌握低沸点易燃液体的处理方法。
3. 学会旋转蒸发仪的使用。

二、基本原理

$$C_2H_5Br + Mg \xrightarrow{\text{无水乙醚}} C_2H_5MgBr$$

$$CH_3-\underset{\substack{| \\ CH_3}}{\overset{\substack{O \\ \|}}{C}} + C_2H_5MgBr \longrightarrow \underset{\substack{| \\ CH_3 \quad OMgBr}}{\overset{\substack{CH_3 \quad C_2H_5 \\ | \quad\quad |}}{C}} \xrightarrow[\text{H}^+]{\text{H}_2\text{O}} \underset{\substack{| \\ CH_3 \quad OH}}{\overset{\substack{CH_3 \quad C_2H_5 \\ | \quad\quad |}}{C}} + \underset{\substack{| \\ Br}}{\overset{\substack{OH \\ |}}{Mg}}$$

三、主要试剂与仪器
1. 试剂　溴乙烷 10mL（0.13mol），金属镁 1.8g（0.074mol），无水丙酮 5mL（0.068mol），无水乙醚 23mL，乙醚、碘、浓硫酸、无水碳酸钾、10％碳酸钠溶液。

2. 仪器　150mL 三口烧瓶，球形冷凝管，直形冷凝管，恒压滴液漏斗，分液漏斗，干燥管，50mL 圆底烧瓶，蒸馏头，温度计（200℃），温度计套管，支管接引管，锥形瓶，量筒，烧杯，旋转蒸发仪，磁力搅拌器。

四、实验装置
制备格氏试剂须在干燥条件下进行，实验装置如图 4-19 所示。

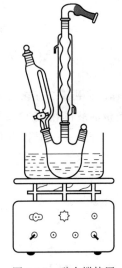

图 4-19　磁力搅拌回流反应装置

五、实验步骤
1. 乙基溴化镁的制备

（1）如图 4-19 安装磁力搅拌回流反应装置。本实验要求无水，玻璃仪器必须预先烘干。

（2）在 150mL 三口烧瓶中放入 1.8g 洁净干燥的镁屑（剪成约 0.5cm 小段）和 10mL 无水乙醚；在滴液漏斗中加入 8.0mL 无水乙醚和 10mL 溴乙烷，摇匀。

（3）从滴液漏斗往三口烧瓶内加入约 5.0mL 溴乙烷与乙醚的混合液。

（4）当溶液微微沸腾，颜色变成灰色浑浊时，表明反应已经开始。若 10min 还没有明显的反应现象，可用手掌将烧瓶温热或用温水浴温热，也可投入一小粒碘。

（5）确认反应已经开始后，开启搅拌，慢慢滴加溴乙烷与乙醚的混合液，调整滴加速度，使反应瓶内保持缓缓沸腾（若反应剧烈，应暂停滴加，并用冷水稍微冷却）。

（6）滴加完毕，待反应缓和后，观察镁屑是否作用完全。如没有完全，则水浴（约 55℃）加热回流，至镁作用完毕，格氏试剂制好备用。

2. 2-甲基-2-丁醇的制备

（1）乙基溴化镁溶液用冷水浴冷却，在搅拌与冷却下缓慢滴加 5.0mL 无水丙酮与

5.0mL 无水乙醚的混合液，滴加完毕后继续搅拌 5min。

（2）在搅拌与冷却下，小心滴加预先配好的 3.0mL 浓硫酸和 45mL 水的混合液。反应剧烈，先生成白色沉淀，后沉淀又溶解。刚开始滴加一定要慢，可逐渐加快。

（3）混合液倒入分液漏斗，分层。保留水层，醚层用 8mL10％碳酸钠溶液洗涤。分出醚层保留。碱层与原先保留的水层合并，每次用 6mL 乙醚萃取，共萃取二次，萃取所得醚层均并入原先保留的醚层。

（4）合并后的醚层加入无水碳酸钾干燥。

（5）干燥后的液体倒入 50mL 圆底烧瓶，蒸出乙醚或用旋转蒸发仪蒸出溶剂并及时回收溶剂。

（6）残留液加 2 粒沸石，蒸馏收集 100～104℃馏分，得 2-甲基-2-丁醇。产品量体积或称质量，回收，计算产率。

六、注意事项

1. 市售的镁带应事先处理，即用稀盐酸洗去氧化层，干燥。

2. 镁和卤代烷反应时，所放出的热量足以使乙醚沸腾。根据乙醚沸腾的情况，可以判断反应是否进行的剧烈。溴乙烷的沸点为 38.4℃，如果沸腾得太厉害，会从冷凝管上端逸出而损失掉，所以要严格控制溴乙烷的滴加速度。

3. 制备的乙基溴化镁溶液不能久放，应紧接着做下面的加成反应。因为格氏试剂和空气中的氧、水分、二氧化碳都能作用，反应式：

$$C_2H_5MgBr + H_2O \longrightarrow C_2H_6 + Mg\begin{smallmatrix}Br\\OH\end{smallmatrix}$$

$$C_2H_5MgBr + 1/2O_2 \longrightarrow C_2H_5OMgBr \xrightarrow{H_2O} C_2H_5OH + Mg\begin{smallmatrix}Br\\OH\end{smallmatrix}$$

4. 2-甲基-2-丁醇能与水形成恒沸混合物，沸点为 87.4℃。如果干燥得不彻底，就会有相当量的液体在 95℃以下被蒸出，这样就需要重新干燥和蒸馏。

5. 加入一小粒碘起催化作用，反应开始后，碘的颜色立即褪去。碘催化过程可用下列方程式表示：

$$Mg + I_2 \longrightarrow MgI_2 \xrightarrow{Mg} 2 \cdot MgI$$
$$\cdot MgI + RX \longrightarrow R \cdot + MgXI$$
$$MgXI + Mg \longrightarrow \cdot MgX + \cdot MgI$$
$$R \cdot + \cdot MgX \longrightarrow RMgX$$

七、思考题

1. 在制备格氏试剂和进行亲核加成反应时，为什么使用的药品和仪器均须绝对干燥？

2. 反应若不能立即开始，应采取哪些措施？如果反应未真正开始，却加进了大量的溴乙烷，有什么不好？

3. 本实验用无水乙醚作溶剂有哪些优点？

4. 迄今在你做过的实验中，共用过哪几种干燥剂？试述它们的作用及应用范围，为什么本实验得到的粗产物不能用氯化钙干燥？

5. 使用旋转蒸发仪有什么优点?

6. 比较萃取与洗涤在原理、操作、目的等方面的异同点。

7. 溶有少量物质 A 的水溶液 30mL，现用乙醚萃取回收该物质 A。已知物质 A 在水和乙醚中的分配系数为 1∶5，试问用 30mL 乙醚一次萃取，或用 30mL 乙醚分两次萃取，它们的萃取效率如何?

实验二十四　三苯甲醇的制备

一、实验目的

1. 掌握格氏试剂的制备方法及应用。

2. 巩固无水反应的操作方法。

3. 学习水蒸气蒸馏和重结晶等基本操作。

二、基本原理

格氏（Grignard）试剂是通过卤代烃和金属镁制成的烃基卤化镁，它的化学性质十分活泼，能与醛、酮、酯和二氧化碳等化合物中的羰基发生亲核加成反应，它在有机合成中具有广泛的应用。苯基溴化镁与二苯甲酮加成再经水解可以生成三苯甲醇，其反应式如下：

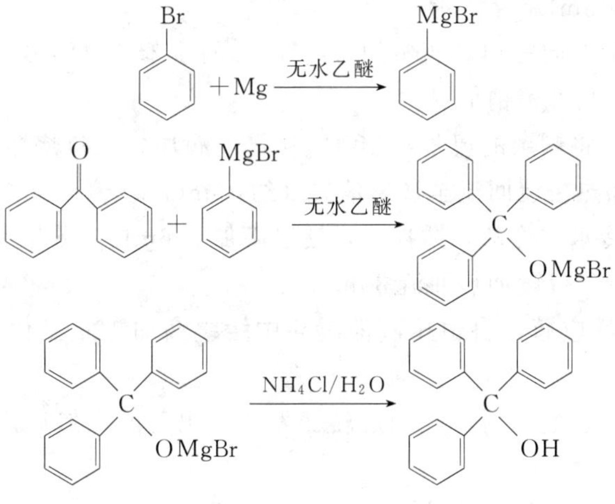

副反应有：

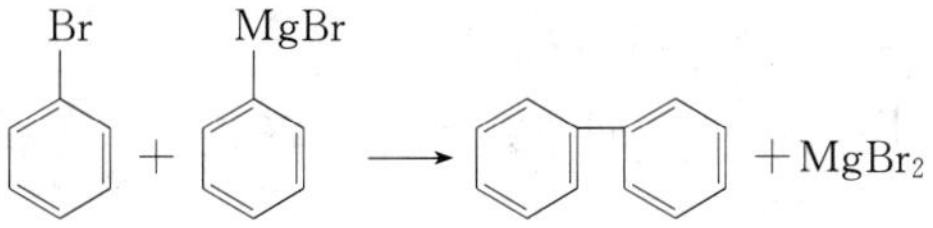

三、主要试剂与仪器

1. 试剂　溴苯 6.4mL（0.06mol），金属镁 1.5g（0.06mol），二苯甲酮 9.6mL（0.06mol），无水乙醚，氯化铵，碘。

2. 仪器　250mL 三口烧瓶，球形冷凝管，恒压滴液漏斗，分液漏斗，干燥管，250mL 圆底烧瓶，75°弯管，直形冷凝管，支管接引管，锥形瓶，量筒，烧杯，旋转蒸发仪，电动搅拌器。

四、实验装置

制备三苯甲醇的实验装置如图 4-20、图 4-21 所示。

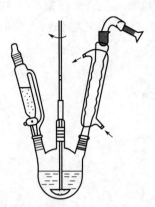

图 4-20　带干燥管的回流滴加装置

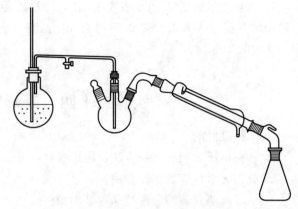

图 4-21　水蒸气蒸馏装置

五、实验步骤

1. 250mL 三口烧瓶上装上电动搅拌器、回流冷凝管和恒压滴液漏斗，冷凝管上口装上氯化钙干燥管。

2. 三口烧瓶中加入 1.5g 镁屑、10mL 无水乙醚和一小粒碘，在恒压滴液漏斗中加入溴苯 6.4mL 和无水乙醚 15mL。

3. 通过恒压滴液漏斗向三口烧瓶中加入约 5mL 的溴苯乙醚溶液，开启机械搅拌使反应进行，如反应不发生，则可稍稍加热。

4. 待反应开始后，将剩余的溴苯乙醚溶液慢慢地滴加到三口烧瓶中，保持反应液微沸，溴苯溶液加完后，再加热缓缓回流至镁屑消失（约 30min）。

5. 将三口烧瓶在冷水中冷却，搅拌下，慢慢滴加 9.6mL 二苯甲酮和 30mL 无水乙醚的混合溶液，滴加完毕后，缓缓加热回流 30min。

6. 用冰水浴冷却反应瓶，自恒压滴液漏斗中缓缓滴加 12g 氯化铵配制成的饱和溶液，以分解加成产物。

7. 用分液漏斗分出乙醚层后，先用旋转蒸发仪蒸出乙醚，然后用水蒸气蒸馏除去未作用的溴苯和副产物。

8. 反应瓶中的产物三苯甲醇呈蜡状析出，冷却后用布氏漏斗进行抽滤，固体用冷水洗涤，得到三苯甲醇粗产物。

9. 粗产物用 80% 乙醇进行重结晶得产品。

10. 产品在红外灯下干燥，称重，回收，计算产率。

六、注意事项

1. 反应时加热回流的温度不可过高，否则乙醚会从冷凝管上口逸出。

2. 镁屑的制备：先将镁条的表面氧化物用砂纸来回摩擦除去，或用稀盐酸洗去氧化层，干燥。再用剪刀剪成长约 0.5cm 的小段使用。

七、思考题

1. 本实验中溴苯若滴加得太快或一次加入，有什么不好？

2. 合成三苯甲醇除了可以通过本实验所采用的方法以外，还可以用什么方法制备？

实验二十五　肉桂酸的制备

一、实验目的

1. 学习肉桂酸的制备原理和方法。

2. 学习水蒸气蒸馏的原理及其应用，掌握水蒸气蒸馏的装置及操作方法。

二、基本原理

芳香醛与具有 α-H 的脂肪酸酐在相应的无水脂肪酸钾盐或钠盐的催化下共热发生缩合反应，生成芳基取代的 α,β-不饱和酸，此反应称为 Perkin 反应。反应式如下：

$$
\text{C}_6\text{H}_5\text{CHO} + (\text{CH}_3\text{CO})_2\text{O} \xrightarrow[150\sim170℃]{\text{KAc}} \text{C}_6\text{H}_5\text{CH=CHCOOH} + \text{CH}_3\text{COOH}
$$

Perkin 反应简介：芳香醛和酸酐在碱性催化剂的作用下，可以发生类似的羟醛缩合作用，生成 α,β-不饱和芳香酸。Perkin 反应的催化剂通常是相应酸酐的羧酸钾或钠盐，有时也可用碳酸钾或叔胺代替。反应时，可能是酸酐受醋酸钾（钠）的作用，生成一个酸酐的负离子，负离子和醛发生亲核加成，生成中间物 β-羟基酸酐，然后再发生失水和水解作用而得到不饱和酸。反应机理如下：

$$
(\text{CH}_3\text{CO})_2\text{O} + \text{CH}_3\text{COOK} \longrightarrow [^-\text{CH}_2-\overset{\text{O}}{\text{C}}-\text{O}-\overset{\text{O}}{\text{C}}-\text{CH}_3]\text{K}^+ + \text{CH}_3\text{COOH}
$$

三、主要试剂与仪器

1. 试剂　苯甲醛 3.0mL（0.03mol），乙酸酐 5.5mL（0.06mol），无水醋酸钾 3.0g（0.03mol），饱和碳酸钠溶液，浓盐酸，活性炭。

2. 仪器　150mL 三口烧瓶，空气冷凝管，250mL 圆底烧瓶，75°弯管，直形冷凝管，支管接引管，锥形瓶，量筒，烧杯，布氏漏斗，吸滤瓶，表面皿，红外灯。

四、实验装置

制备肉桂酸的实验装置如图 4-22 和图 4-23 所示。

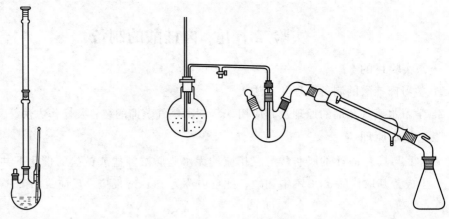

图 4-22 制备肉桂酸的反应装置   图 4-23 水蒸气蒸馏装置

五、实验步骤

1. 在 150mL 三口烧瓶中依次加入无水醋酸钾 3.0g，苯甲醛 3.0mL，乙酸酐 5.5mL，沸石 2 粒。

2. 安装反应装置（图 4-22），三口烧瓶一口堵塞，一口插入温度计到液面以下，一口装空气冷凝管。

3. 用电热套加热，控制温度在 150～170℃回流 1h。要注意控制加热速度，防止物料从空气冷凝管顶端逸出，必要时可再接一个冷凝管。

4. 将反应液冷却至 100℃左右，加入 20mL 热水，此时有固体析出。

5. 向三口烧瓶内加入饱和碳酸钠溶液，并摇动三口烧瓶，用 pH 试纸检验，直到 pH 值为 8 左右，约需饱和碳酸钠溶液 15～20mL。

6. 如图 4-23 安装水蒸气蒸馏装置，蒸出未反应的苯甲醛，直到馏出液澄清无油珠时停止蒸馏（可用盛水的烧杯去接引管下接几滴馏出液，检验有无油珠），约需 20min。

7. 将三口烧瓶中的剩余液转入 250mL 烧杯中，补加少量水至液体总量约为 125mL，再加 1～2 匙活性炭。

8. 煮沸脱色 3min。在煮沸过程中，由于蒸发，可补加少量水。

9. 趁热减压过滤，滤液转入干净的烧杯，冷却到室温。

10. 搅拌下慢慢加入浓盐酸，直到 pH 值为 3 左右，大约需要 10～20mL。

11. 冷却到室温后，减压过滤，滤饼用 5～10mL 冷水洗涤，抽干。

12. 滤饼转入表面皿，红外灯下干燥。产品称量，回收，计算产率。

六、注意事项

1. 久置的苯甲醛含苯甲酸，故需蒸馏提纯。苯甲酸含量较多时可用下法除去：先用 10%碳酸钠溶液洗至无 CO_2 放出，然后用水洗涤，再用无水硫酸镁干燥，干燥时加入 1% 对苯二酚以防氧化，减压蒸馏，收集 79℃/25mmHg 或 69℃/15mmHg，或 62℃/10mmHg 的馏分，沸程 2℃，储存时可加入 0.5% 的对苯二酚。

2. 无水醋酸钾需新鲜熔融。将含水醋酸钾放入蒸发皿内，加热至熔融，立即倒在金属板上，冷后研碎，置于干燥器中备用。

3. 反应混合物在加热过程中，由于 CO_2 的逸出，最初反应时会出现泡沫。

4. 反应混合物在 150～170℃下长时间加热，发生部分脱羧而产生不饱和烃类副产物，并进而生成树脂状物，若反应温度过高（200℃），这种现象更明显。

5. 肉桂酸有顺反异构体，通常以反式存在，为无色晶体，熔点133℃。

6. 如果产品不纯，可在水或3∶1稀乙醇中进行重结晶。

7. 有关水蒸气蒸馏的基本原理及实验操作

（1）水蒸气蒸馏的基本原理参见第二章第四节相关内容。

本实验中，水与苯甲醛混合物的沸点为97.9℃。此时：

$$p=760\text{mmHg} \qquad p_{H_2O}=703.5\text{mmHg} \qquad p_{苯甲醛}=56.5\text{mmHg}$$

在馏出物中，随水蒸气一起蒸出的有机物同水的质量（m_A 和 m_{H_2O}）之比，等于两者的分压（p_A 和 p_{H_2O}）分别和两者的分子量（M_A 和 18）的乘积之比。

$$\frac{m_A}{m_{H_2O}}=\frac{M_A p_A}{18 p_{H_2O}}$$

所以馏出液中苯甲醛与水的质量比等于：

$$\frac{m_{苯甲醛}}{m_{水}}=\frac{106\times 56.5}{18\times 703.5}=0.473$$

即每蒸出1g水伴随蒸出苯甲醛0.473g。

（2）水蒸气蒸馏的实验操作

水蒸气蒸馏装置如图4-23所示。用500mL圆底烧瓶作水蒸气发生器，内盛水约占其容量的1/2～2/3，以长玻璃管作为安全管，管的下端接近瓶底，根据管中水柱的高低，可以估计水蒸气压力的大小。水蒸气导管末端应接近三口烧瓶底部，以使水蒸气和被蒸馏物质充分接触并起搅拌作用。发生器的水蒸气导出管与一个T形管相连，T形管的支管套一个短橡皮管，橡皮管上用螺旋夹夹住，T形管的另一端与蒸馏部分的导管相连，T形管用来除去水蒸气中冷凝下来的水分。在操作中，如果发生不正常现象，应立刻打开螺旋夹，使之与大气相通。三口烧瓶中液体的量不要超过烧瓶体积的1/3。

将反应装置按图4-23连接好，打开T形管上的螺旋夹，把水蒸气发生器里的水加热到沸腾，当有水蒸气从T形管的支管冲出时，再旋紧螺旋夹，让水蒸气通入三口烧瓶中，这时可以看到烧瓶中的混合物翻腾不息，不久在冷凝管中就会出现有机物质和水的混合物。调节加热温度，使瓶内的混合物不致飞溅得太厉害，并控制馏出液的速度约为每秒钟2～3滴。为了使水蒸气不致在烧瓶内过多地冷凝，在进行水蒸气蒸馏时通常也可将三口烧瓶温热。在操作时，要随时注意安全管中的水柱是否发生不正常的上升现象，以及蒸馏烧瓶中的液体是否发生倒吸现象，一旦发生这种现象，应立刻打开螺旋夹，移去热源，找出发生故障的原因。必须把故障排除后，方可继续蒸馏。当馏出液澄清透明，不再含有油滴时，一般即可停止蒸馏，这时应首先打开螺旋夹，然后移去热源，以免发生倒吸现象。

七、思考题

1. 具有何种结构的醛能进行Perkin反应？

2. 本实验中在水蒸气蒸馏前为什么用饱和碳酸钠溶液中和反应物？

3. 为什么不能用氢氧化钠代替碳酸钠溶液来中和反应物？

4. 水蒸气蒸馏除去什么？

5. 试述水蒸气蒸馏的原理。

6. 水蒸气蒸馏通常在哪三种情况下使用？被提纯物质必须具备哪些条件？

7. 肉桂酸能溶于热水，难溶于冷水，试问如何提纯之？定出操作步骤，并说明每一步的作用。

8. 苯甲醛和丙酸酐在无水丙酸钾存在下相互作用得到什么产物？写出反应式。

9. 为什么在 1 大气压下，水蒸气蒸馏时沸点必定低于 100℃？

实验二十六　乙酰乙酸乙酯的制备

一、实验目的

1. 掌握用 Claisen 酯缩合制备乙酰乙酸乙酯的原理和方法。

2. 学习无水反应的操作方法。

3. 巩固减压蒸馏、分液和洗涤等基本操作。

二、基本原理

含有 α-活泼氢的酯在碱性催化剂存在下，能与另一分子的酯发生 Claisen 酯缩合反应，生成 β-羰基酸酯。乙酰乙酸乙酯就是通过这个反应来制备的。其反应式如下：

$$CH_3COOCH_2CH_3 \xrightarrow{NaOCH_2CH_3} Na^+[CH_3COCHCOOCH_2CH_3]^-$$

$$Na^+[CH_3COCHCOOCH_2CH_3]^- \xrightarrow{CH_3COOH} CH_3COCH_2COOCH_2CH_3 + NaAc$$

三、主要试剂与仪器

1. 试剂　乙酸乙酯 27.5mL（0.38mol），金属钠 2.5g（0.11mol），甲苯，醋酸，饱和食盐水，无水硫酸钠，无水氯化钙。

2. 仪器　100mL 圆底烧瓶，球形冷凝管，干燥管，分液漏斗，50mL 圆底烧瓶 2～4 个，克氏蒸馏头，直形冷凝管，温度计套管，温度计（200℃），支管接引管（或多尾接引管），量筒，毛细管，螺旋夹，真空泵，测压仪。

四、实验装置

制备乙酰乙酸乙酯的实验装置如图 4-24 和图 4-25 所示。

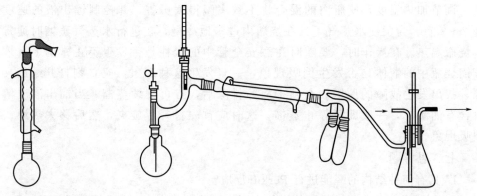

图 4-24　带干燥的回流装置　　　　　图 4-25　减压蒸馏装置

五、实验步骤

1. 在干燥的 100mL 圆底烧瓶中，加入无水甲苯 12.5mL 和金属钠 2.5g，装上回流冷凝管，冷凝管上口装氯化钙干燥管。

2. 加热回流至金属钠熔融，停止加热，待回流停止后拆除冷凝管，然后用橡皮塞塞紧烧瓶，按住塞子用力来回振摇，使得金属钠成小珠状。

3. 放置片刻，待钠珠沉至瓶底后，将甲苯倾倒至回收瓶中，并迅速加入乙酸乙酯27.5mL，重新装上冷凝管并在上口装上氯化钙干燥管。

4. 反应立即开始，并能看到有氢气气泡逸出；如不反应或反应很慢，可缓缓加热，保持反应液微沸，直至金属钠全部作用完毕，此时生成的乙酰乙酸乙酯钠盐为橘红色透明溶液（有时可能会析出黄白色沉淀）。

5. 将反应物冷却，振摇下小心加入50％的醋酸水溶液直至呈微酸性。

6. 将反应液移入分液漏斗中，加入等体积的饱和食盐水进行洗涤。

7. 分出有机层，用无水硫酸钠干燥。干燥后滤入50mL干燥的圆底烧瓶中，并用少量的乙酸乙酯洗涤干燥剂。

8. 先用普通蒸馏蒸去乙酸乙酯，再减压蒸馏收集乙酰乙酸乙酯。乙酰乙酸乙酯的沸点-压力关系见表4-5。

产品量体积或称质量，回收，计算产率。

六、注意事项

1. 金属钠遇到水剧烈反应，所以使用时应严格防止与水接触。此外在称量和切碎过程中也应当迅速，以免被空气中的水汽作用或被氧化。

2. 乙酸乙酯必须绝对干燥无水，其提纯方法为：将新领取的乙酸乙酯用烘焙过的无水碳酸钾干燥，再蒸馏收集76～78℃的馏分。

七、思考题

1. 本实验中，加入50％醋酸的目的何在？

2. 为什么要用饱和食盐水洗涤产物而是不用水洗涤？

3. 下列化合物之间发生Claisen缩合反应的产物是什么？

（1）苯甲酸乙酯和乙酸乙酯；（2）苯甲酸乙酯和苯乙酮；（3）苯乙酸乙酯和草酸乙酯。

附表

表4-5　乙酰乙酸乙酯的沸点-压力数据

压力/mmHg	760	80	60	40	30	20	18	14	12
沸点/℃	181	100	97	92	88	82	78	74	71

实验二十七　氯苯的制备

一、实验目的

1. 掌握重氮化反应的原理及反应条件的控制。

2. 了解桑德迈尔（Sandmeyer）反应制备氯苯的方法。

二、基本原理

芳香族伯胺在盐酸存在下，用$NaNO_2$在0～5℃重氮化后，再加入Cu_2Cl_2的盐酸溶液，即有深棕色的难溶的［重氮盐·Cu_2Cl_2］络合物形成。将反应混合物加热时，即分解放出N_2，固体络合物消失，并有油状卤代芳烃产生。

$$Ar-NH_2 \xrightarrow[\text{HCl}]{NaNO_2} Ar-\overset{+}{N}\equiv N \ Cl^- \xrightarrow[\text{HCl}]{Cu_2Cl_2} [\text{重氮盐} \cdot Cu_2Cl_2] \text{络合物} \xrightarrow[\triangle]{\text{分解}} Ar-Cl+N_2$$

本实验以苯胺为原料，在苯环上引入氯原子。反应式如下：

$$2CuSO_4+2NaCl+NaHSO_3+2NaOH \longrightarrow Cu_2Cl_2\downarrow+2Na_2SO_4+NaHSO_4+H_2O$$

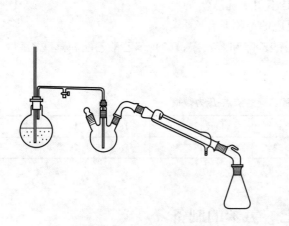

副反应：

五、主要试剂与仪器

三、主要试剂与仪器

1. 试剂　硫酸铜（$CuSO_4 \cdot 5H_2O$）43.5g（0.17mol），苯胺 12mL（0.13mol），亚硝酸钠 10.5g（0.15mol），亚硫酸氢钠 11g（0.11mol），氯化钠，氢氧化钠，浓盐酸，浓硫酸，无水氯化钙。

2. 仪器　250mL 烧杯，400mL 烧杯，250mL 三口烧瓶，50mL 圆底烧瓶，锥形瓶，分液漏斗，250mL 圆底烧瓶，75°弯管，蒸馏头，温度计套管，温度计（200℃），直形冷凝管，支管接引管，锥形瓶，量筒。

四、实验装置

本实验前期在烧杯中进行，氯苯的提纯使用了水蒸气蒸馏和普通蒸馏装置如图 4-26 和图 4-27 所示。

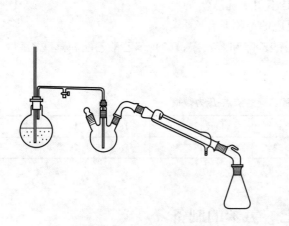

图 4-26　水蒸气蒸馏装置

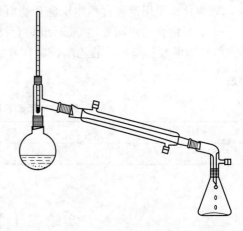

图 4-27　普通蒸馏装置

五、实验步骤

1. 氯化亚铜的制备

将 43.5g 硫酸铜（$CuSO_4 \cdot 5H_2O$）和 13.5g 氯化钠溶于 135mL 水中，加热并保持溶液温度为 60～70℃，得蓝色溶液（Ⅰ）。将 11g 亚硫酸氢钠和 5.5g 氢氧化钠溶于 55mL 水中，并加热至 60～70℃，得溶液（Ⅱ）。趁热（60～70℃）合并溶液（Ⅰ）和（Ⅱ），此时溶液由蓝色变成浅绿色或无色并析出白色粉末状固体（如实验中发现溶液颜色仍呈蓝绿色则表示还原不完全，应酌情多加亚硫酸氢钠溶液。如发现沉淀呈黄褐色，应立即滴入几滴盐酸并稍加振荡，使其中氢氧化亚铜转化成氯化亚铜。但氯化亚铜会溶解于酸中，故加酸量要控制好），置于冷水浴中冷却至室温。

用倾泻法尽可能倒尽上层水层，再用 20mL 亚硫酸氢钠水溶液洗涤两次，得到白色粉末状的氯化亚铜。搅拌下将氯化亚铜溶于 70mL 已冷却到 5℃ 的浓盐酸中，并快速倒入 250mL 三口烧瓶中，盖好瓶塞，放在冰盐浴中冷却到 0℃，待用。

2. 重氮盐的制备

在 400mL 烧杯中依次加入 12mL 苯胺，20g 冰，10mL 水和 40mL 浓盐酸，搅拌使苯胺完全溶解。将烧杯置于冰盐浴中不断搅拌，使溶液温度降至 0℃，此时得到苯胺盐酸盐糊状物。在另一烧杯中，将 10.5g 亚硝酸钠溶于 27mL 水中，并冷却到 0℃。在搅拌下，用滴管将亚硝酸钠溶液慢慢加入苯胺盐酸盐中，并保持温度不超过 5℃。用刚果红试纸检验，始终保持酸性，当加入 85%～90% 的亚硝酸钠溶液时，即可开始用碘化钾-淀粉试纸检验亚硝酸钠是否过量。近终点时重氮化反应较慢，应加几滴亚硝酸钠溶液，搅拌几分钟后再检验终点。若试纸立刻变蓝色，则重氮化反应已完成。

3. 氯苯的制备

将重氮盐溶液慢慢倒入已冷却到 0℃ 的氯化亚铜盐酸溶液中，并适时振荡，反应液温度保持在 15℃ 以下，此时有深红色悬浮物析出（重氮盐与氯化亚铜形成的复盐）。将烧瓶在冰浴中摇动 2min，然后在室温下摇动使之接近室温后，在水浴中慢慢升温至 50℃，直至无气泡逸出为止。

将反应混合物进行水蒸气蒸馏，直至馏出液中无油珠为止。馏出液倒入分液漏斗中，分出粗氯苯，依次用等体积的浓硫酸和水洗涤一次，分离出氯苯，用无水氯化钙干燥之。将干燥好的澄清透明液体倒入 50mL 圆底烧瓶中进行蒸馏，收集 130～133℃ 的馏分。产品量体积或称重，回收，计算产率。

六、注意事项

1. 用亚硫酸氢钠水溶液洗氯化亚铜时，应轻轻摇晃。静置后小心倾去水层，切勿剧烈振摇，否则泛起的氯化亚铜细粒子沉降很慢，等其沉降耗时太长。

2. 氯化亚铜在空气中遇热或光易被氧化，重氮盐久置也会分解，两者制备后应立即反应。

3. 判断重氮化反应的终点常用碘化钾-淀粉试纸。当有过剩的游离亚硝酸存在时，它能把碘化钾氧化成碘，碘使淀粉变蓝。若有过量的亚硝酸，可用尿素水溶液分解：

$$O=C{\overset{\displaystyle NH_2}{\underset{\displaystyle NH_2}{}}} +2HNO_2 \longrightarrow CO_2\uparrow +3H_2O+N_2\uparrow$$

4. 重氮盐-氯化亚铜复盐不稳定，于 15℃ 即自行放出氮气。在分解复盐时，反应温度对产物的产量有很大影响。适当地提高反应温度，可加速分解，但温度过高，则会由于副反应而产生焦油状物质，故必须严格控制复盐分解反应的温度。

5. 粗氯苯用浓硫酸洗涤可除去副产物苯酚和偶氮苯。

七、思考题

1. 重氮化时，为什么要用过量的盐酸？否则会发生什么副反应？为什么反应要在低于 5℃ 下进行？为什么加亚硝酸钠时要不断搅拌？亚硝酸钠过量有何影响？

2. 为什么重氮盐溶液和氯化亚铜溶液作用形成复盐时要保持低温？复盐分解反应的温

度对产物的产量有何影响？

3. 为什么要用水蒸气蒸馏法分离产物？随产物一起蒸出的还有什么物质？

实验二十八　间硝基苯胺的制备

一、实验目的

1. 掌握芳香族多硝基化合物的选择性还原的原理与应用。
2. 巩固机械搅拌、回流、减压过滤、重结晶等基本操作。

二、基本原理

芳香族多硝基化合物用碱金属硫化物或多硫化物、硫氢化铵、硫化铵或多硫化铵还原，可以选择性地还原其中一个硝基为氨基。反应式如下：

$$\text{(1,3-二硝基苯)} + Na_2S_2 + H_2O \longrightarrow \text{(3-硝基苯胺)} + Na_2S_2O_3$$

三、主要试剂与仪器

1. 试剂　间二硝基苯 5g（0.03mol），结晶硫化钠（$Na_2S \cdot 9H_2O$）8g（0.033mol），硫黄粉 2g（0.063mol），浓盐酸，浓氨水。

2. 仪器　150mL 三口烧瓶，100mL 锥形瓶，球形冷凝管，恒压滴液漏斗，量筒，烧杯，布氏漏斗，吸滤瓶，表面皿，红外灯，电动搅拌器。

四、实验装置

制备间硝基苯胺采用回流搅拌装置，如图 4-28 所示。

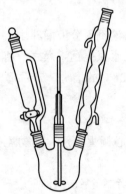

图 4-28　回流搅拌装置

五、实验步骤

1. 在 100mL 锥形瓶中加入 8g 结晶硫化钠与 30mL 水，搅拌溶解。再加入 2g 硫黄粉，缓缓加热并不断搅拌到硫黄粉全部溶解，冷却后备用。

2. 在 150mL 三口烧瓶中加入 5g 间二硝基苯与 40mL 水，如图 4-28安装机械搅拌装置、滴液漏斗和回流冷凝管，将步骤 1 配制的多硫化钠溶液倒入滴液漏斗。

3. 加热三口烧瓶，至瓶内微微沸腾，开动搅拌使间二硝基苯与水形成悬浮液。慢慢滴加多硫化钠溶液，约需 30min 滴加完毕。滴加完毕后继续搅拌回流 30min。

4. 移去热源，用冷水浴使反应物迅速冷却，有粗间硝基苯胺析出。

5. 冷却到室温后，减压过滤。滤饼用冷水洗涤三次，每次用水 10mL，以洗去残留的硫代硫酸钠。

6. 在 150mL 烧杯中配制稀盐酸（30mL 水加 7mL 浓盐酸），将上述粗产物转移进该烧杯。加热并用玻棒搅拌，使间硝基苯胺溶解。

7. 冷却到室温后减压过滤，除去残留的硫磺和未反应的间二硝基苯。

8. 冷却滤液，在搅拌下滴加过量浓氨水到 pH＝8，滤液中逐渐析出黄色的间硝基苯胺。

9. 冷却到室温后减压过滤，用冷水洗涤滤饼到中性，抽干。

10. 产物用水重结晶提纯，在红外灯下干燥，称重，回收，计算产率。

六、注意事项

1. 间二硝基苯与间硝基苯胺都有毒，本实验应在通风柜内进行。

2. 也可以用硫化钠、硫氢化钠、硫化铵或硫氢化铵作还原剂。

七、思考题

1. 本实验可否用铁粉与盐酸还原？

2. 粗产物为什么要用稀盐酸来溶解，可否用水代替？

实验二十九　苯甲醇和苯甲酸的制备

一、实验目的

1. 学习由苯甲醛制备苯甲醇和苯甲酸的原理和方法。

2. 巩固机械搅拌器的使用。

3. 进一步掌握萃取、洗涤、蒸馏、干燥和重结晶等基本操作。

4. 学会低沸点溶剂的处理。

二、基本原理

无 α-H 的醛在浓碱溶液作用下发生歧化反应，一分子醛被氧化成羧酸，另一分子醛则被还原成醇，此反应称坎尼扎罗（Cannizzaro）反应。本实验采用苯甲醛在浓氢氧化钠溶液中发生坎尼扎罗反应，制备苯甲醇和苯甲酸。反应式如下：

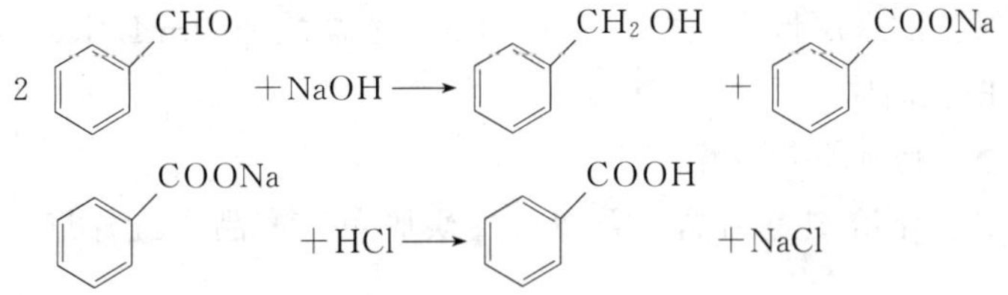

三、主要试剂与仪器

1. 试剂　苯甲醛 10mL（0.10mol），氢氧化钠 8g（0.2mol），浓盐酸，乙醚，饱和亚硫酸氢钠溶液，10%碳酸钠溶液，无水硫酸镁。

2. 仪器　250mL 三口烧瓶，球形冷凝管，分液漏斗，直形冷凝管，蒸馏头，温度计套管，温度计（250℃），支管接引管，锥形瓶，空心塞，量筒，烧杯，布氏漏斗，吸滤瓶，表面皿，红外灯，电动搅拌器。

四、实验装置

制备苯甲醇和苯甲酸采用回流搅拌装置，实验装置如图 4-29 所示。乙醚的沸点低，要注意安全。蒸馏低沸点液体的装置如图 4-30 所示。

五、实验步骤

1. 如图 4-29，在 250mL 三口烧瓶上安装电动搅拌器及回流冷凝管，一口堵塞。

2. 加入 8g 氢氧化钠和 30mL 水，搅拌溶解。稍冷，加入 10mL 新蒸过的苯甲醛。

3. 开启搅拌器，调整转速，使搅拌平稳进行。加热回流约 40min。液体透明澄清。

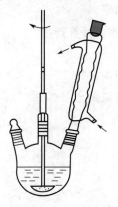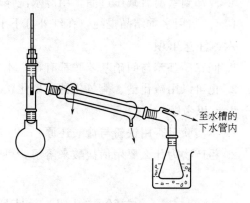

图 4-29 苯甲酸和苯甲醇的制备装置   图 4-30 乙醚蒸馏装置

4. 停止加热，从球形冷凝管上口缓缓加入冷水 20mL，搅拌均匀，冷却至室温。

5. 反应物冷却至室温后，倒入分液漏斗，用乙醚萃取三次，每次 10mL。水层保留待用。

6. 合并三次乙醚萃取液，依次用 5mL 饱和亚硫酸氢钠洗涤，10mL10％碳酸钠溶液洗涤，10mL 水洗涤。

7. 分出醚层，倒入干燥的锥形瓶，加无水硫酸钠干燥，注意锥形瓶要加塞。

8. 如图 4-30 安装好低沸点液体的蒸馏装置，缓缓加热蒸出乙醚（回收）。

9. 升高温度蒸馏，当温度升到 140℃时改用空气冷凝管，收集 198～204℃的馏分，即为苯甲醇，量体积，回收，计算产率。

10. 将第 5 步保留的水层慢慢地加入盛有 30mL 浓盐酸和 30mL 水的混合物中，同时用玻璃棒搅拌，析出白色固体。

11. 冷却，抽滤，得到粗苯甲酸。

12. 粗苯甲酸用水作溶剂重结晶，需加活性炭脱色。产品在红外灯下干燥后称重，回收，计算产率。

六、注意事项

1. 本实验需要用乙醚，而乙醚极易着火，为保证安全，必须注意以下几点：（1）在近旁没有任何种类的明火时才能使用乙醚；（2）蒸乙醚时可在接引管支管上连接一长橡皮管通入水槽的下水管内或引出室外；（3）接收器用冷水浴冷却。

2. 重结晶提纯苯甲酸可用水作溶剂，80℃时，每 100mL 水中可溶解苯甲酸 2.2g。

七、思考题

1. 试比较 Cannizzaro 反应与羟醛缩合反应在醛的结构上有何不同。

2. 本实验中两种产物是根据什么原理分离提纯的？用饱和亚硫酸氢钠及 10％碳酸钠溶液洗涤的目的是什么？

3. 乙醚萃取后剩余的水溶液，用浓盐酸酸化到中性是否最恰当？为什么？

4. 为什么要用新蒸过的苯甲醛？长期放置的苯甲醛含有什么杂质？如不除去，对本实验有何影响？

5. 蒸馏时为什么当温度达到 140℃时要换上空气冷凝管？

实验三十　呋喃甲醇与呋喃甲酸的制备

一、实验目的

1. 学习利用 Cannizzaro 反应制备呋喃甲醇与呋喃甲酸的原理与方法。
2. 熟练掌握低沸点溶剂的处理。

二、基本原理

$$2 \boxed{} \!-\! CHO \ + \ NaOH \longrightarrow \boxed{} \!-\! CH_2OH + \boxed{} \!-\! COONa$$

$$\boxed{} \!-\! COONa + HCl \longrightarrow \boxed{} \!-\! COOH + NaCl$$

三、主要试剂与仪器

1. 试剂　呋喃甲醛 8.4mL（0.1mol），氢氧化钠 4g（0.1mol），乙醚，无水硫酸镁，盐酸。

2. 仪器　烧杯，滴管，分液漏斗，圆底烧瓶，蒸馏头，温度计套管，温度计（200℃），直形冷凝管，支管接引管，锥形瓶，空心塞，布氏漏斗，抽滤瓶，量筒，磁力搅拌器。

四、实验装置

制备呋喃甲醇与呋喃甲酸采用磁力搅拌器在烧杯中进行，见图 4-31。制呋喃甲醇时用到乙醚，由于沸点低，要注意安全，在接引管支管上连一橡皮管通入下水道，同时用冰水浴冷却接收器。蒸馏低沸点液体的装置如图 4-32 所示。

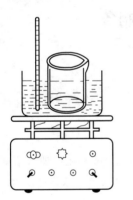

图 4-31　磁力搅拌反应装置

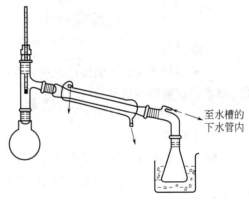

至水槽的
下水管内

图 4-32　低沸点液体的蒸馏装置

五、实验步骤

1. 在 100mL 烧杯中加入 8.4mL 新蒸过的呋喃甲醛，烧杯浸于冷水中冷却。另取 4g 氢氧化钠溶于 6mL 水中。

2. 开启磁力搅拌，用滴管将氢氧化钠溶液滴加到呋喃甲醛中，调节滴加速度使反应温度不超过 12℃，约 30min 滴加完毕。

3. 滴加完毕后，在 12℃下继续搅拌 1h，使反应完全。此时反应物为米黄色浆状物（如果反应物很黏稠而无法搅拌，就不需要继续搅拌，可往下进行反应）。

4. 在搅拌下向反应物中加 10mL 水，将沉淀完全溶解，溶液呈全透明的暗红色。

5. 将溶液转入分液漏斗中，用乙醚（每次 8mL）萃取 4 次。合并醚层，用无水硫酸镁干燥。水层保留待用。

6. 用图 4-32 的装置先蒸出乙醚（回收），然后升高温度蒸馏，当温度升到 140℃时改用空气冷凝管，继续加热蒸馏，收集 169～172℃馏分，得到呋喃甲醇。量体积，回收，计算产率。

7. 在搅拌下向步骤 5 保留的水层加入浓盐酸 8～9mL，至刚果红试纸变蓝，应使 pH 值为 2～3，以保证呋喃甲酸充分析出。冷却，抽滤，用少量水洗涤，抽干。

8. 粗产品用水重结晶（约需 15mL 水），得白色针状晶体，在红外灯下干燥，产品称重，回收，计算产率。

六、注意事项

1. 呋喃甲醛存放过久会变成棕褐色或黑色，使用前需要蒸馏提纯。减压蒸馏产品颜色更浅，常压蒸馏可以收集 155～162℃馏分。新蒸的呋喃甲醛为无色或淡黄色液体。

2. 反应温度如高于 12℃，则反应难于控制，而且反应物变成深红色。如温度过低，反应过慢，造成氢氧化钠的积累，一旦发生反应又过于剧烈。一般反应温度控制在 8～12℃为宜。

3. 氢氧化钠溶液不应滴加得太快，因为混合物很快变稠，不能充分搅拌，此时会使氢氧化钠局部过浓，局部反应剧烈，温度上升，常引起树脂状物质的生成。

七、思考题

1. 本实验根据什么原理来分离提纯呋喃甲醇和呋喃甲酸？

2. 在反应过程中析出的米黄色浆状物是什么？

实验三十一　正丁醛的制备

一、实验目的

1. 学习伯醇氧化制备醛的反应原理和方法。

2. 熟悉边反应边蒸出产物的反应装置。

3. 掌握洗涤、干燥、蒸馏等基本操作。

二、基本原理

醛、酮可以通过相应的伯醇或仲醇氧化制得。由于醛容易被氧化，所以在制备低级醛时，通常是将生成的醛从反应混合物中及时蒸出，以避免继续被氧化或发生其他副反应。反应式如下：

$$CH_3CH_2CH_2CH_2OH \xrightarrow[H_2SO_4]{Na_2Cr_2O_7} CH_3CH_2CH_2CHO$$

副反应：

$$CH_3CH_2CH_2CHO \xrightarrow[H_2SO_4]{Na_2Cr_2O_7} CH_3CH_2CH_2COOH$$

$$2CH_3CH_2CH_2CH_2OH \xrightarrow[H_2SO_4]{Na_2Cr_2O_7} CH_3CH_2CH_2COOC_4H_9$$

三、主要试剂与仪器

1. 试剂　正丁醇 28mL（0.31mol），重铬酸钠（$Na_2Cr_2O_7 \cdot 2H_2O$）30.5g，浓硫酸

22mL，无水硫酸镁等。

2. 仪器　250mL 烧杯，250mL 三口烧瓶，温度计（100℃），分馏柱，恒压滴液漏斗，蒸馏头，直形冷凝管，支管接引管，50mL 圆底烧瓶，锥形瓶，空心塞，50mL 量筒，分液漏斗。

四、实验装置

制备正丁醛的实验装置如图 4-33 所示。

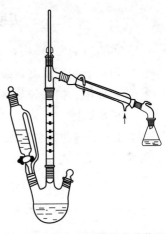

图 4-33　制备正丁醛的实验装置

五、实验步骤

1. 在 250mL 烧杯中，加入重铬酸钠（$Na_2Cr_2O_7 \cdot 2H_2O$）30.5g，水 165mL，搅拌和冷却下，缓慢加入浓硫酸 22mL。将配制好的氧化剂溶液倒入滴液漏斗内。

2. 如图 4-33 安装滴加馏出装置。先取下空心塞，从该口加入 28mL 正丁醇及 2 粒沸石，装上空心塞。小火加热至微微沸腾。

3. 待蒸气上升到分馏柱底部时开始滴加氧化剂溶液，约 20min 加完。控制柱顶温度在 70～78℃，此时正丁醛不断馏出。

4. 滴加完毕后，继续小火加热 15min，收集 95℃以下馏出液。

5. 将馏出液倒入分液漏斗，分出水层。

6. 有机层倒入干燥的锥形瓶中，加入无水硫酸镁 2g 干燥。

7. 将干燥后的液体倒入 50mL 圆底烧瓶，蒸馏收集 75～80℃馏分，即为产品。继续蒸馏，收集 80～120℃馏分，主要是正丁醇，回收。

纯正丁醛为无色透明液体，沸点 75～76℃。

六、注意事项

1. 正丁醛与水可形成二元恒沸混合物，正丁醇与水也形成二元恒沸混合物，具体见附表。

2. 氧化反应是放热反应，滴加氧化剂时要注意温度的变化，控制柱顶温度在 70～78℃。

七、思考题

1. 本实验有哪些副反应？如何减少副反应？

2. 为什么要边反应边分馏？可否用蒸馏代替分馏？

3. 实验中你是如何运用恒沸混合物的物理常数来指导实验操作的？

附表

表 4-6　正丁醛、正丁醇和水形成恒沸物的沸点与组成

恒沸物	沸点/℃	恒沸物的质量组成/%		
		正丁醛	正丁醇	水
正丁醛-水	68	90.3		9.7
正丁醇-水	93		55.5	44.5

实验三十二 丁二酸酐的制备

一、实验目的

1. 学习二元酸脱水制备酸酐的原理和方法。
2. 练习回流、抽滤等基本操作。

二、基本原理

羧酸酐可以通过羧酸脱水制得，乙酐为脱水剂。此法适合于制备较高级的羧酸酐及二元酸的羧酸酐。反应式如下：

$$\begin{matrix} CH_2COOH \\ | \\ CH_2COOH \end{matrix} + (CH_3CO)_2O \longrightarrow \begin{matrix} CH_2CO \\ \\ CH_2CO \end{matrix}\!\!\!\diagdown\!\!\!\diagup O + 2CH_3COOH$$

三、主要试剂与仪器

1. 试剂 丁二酸 4.0g(0.034mol)，乙酸酐 6.4mL(0.068mol)，乙醚，无水氯化钙。

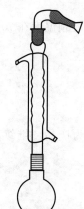

2. 仪器 50mL 圆底烧瓶，球形冷凝管，干燥管，10mL 量筒，布氏漏斗，吸滤瓶，表面皿。

四、实验装置

制备丁二酸酐的实验装置如图 4-34 所示。

五、实验步骤

1. 在 50mL 圆底烧瓶中加入 4.0g 丁二酸和 6.4mL 新蒸馏过的乙酸酐。装上球形冷凝管及干燥管（内装无水氯化钙）。加热并间歇摇动反应瓶。待丁二酸完全溶解后，继续加热回流 1h。

2. 停止加热，待反应液稍冷后，用冷水浴冷却，可见丁二酸酐晶体析出。再用冰水浴冷却使晶体尽可能析出。

图 4-34 制备丁二酸酐
的实验装置

3. 用布氏漏斗抽滤得到晶体，再用 10mL 乙醚洗涤。

4. 晶体放在表面皿上，室温下晾干得到产品。

纯丁二酸酐为无色针状晶体，熔点 119～120℃。

六、注意事项

1. 酸酐易水解，实验装置中需安装无水氯化钙干燥管。
2. 乙酸酐在实验前需预先蒸馏。

七、思考题

1. 本实验有哪些副反应？如何减少副反应？
2. 用冰水浴冷却一步的目的是什么？
3. 用乙醚洗涤主要除去什么杂质？洗涤剂的用量为何要控制？

实验三十三 对硝基苯胺的制备

一、实验目的

1. 学习制备对硝基苯胺的原理和方法。
2. 掌握重结晶的原理与操作方法。

二、基本原理

芳香族化合物发生硝化反应时，常用的硝化试剂是浓硝酸与浓硫酸的混合物，称为混酸。由于硝酸具有氧化性，容易被氧化的芳香胺类不宜直接用混酸来硝化，一般是先将氨基用酰基化的方法保护后再进行硝化反应，然后水解去掉酰基。反应式如下：

$$\text{(C}_6\text{H}_4\text{)}-\text{NHCOCH}_3 + \text{HNO}_3 \xrightarrow{\text{H}_2\text{SO}_4} \text{O}_2\text{N}-\text{(C}_6\text{H}_4\text{)}-\text{NHCOCH}_3 + \text{H}_2\text{O}$$

$$\text{O}_2\text{N}-\text{(C}_6\text{H}_4\text{)}-\text{NHCOCH}_3 + \text{H}_2\text{O} \xrightarrow{\text{H}_2\text{SO}_4} \text{O}_2\text{N}-\text{(C}_6\text{H}_4\text{)}-\text{NH}_2 + \text{CH}_3\text{COOH}$$

副反应：

$$\text{(C}_6\text{H}_5\text{)}-\text{NHCOCH}_3 + \text{H}_2\text{O} \xrightarrow{\text{H}_2\text{SO}_4} \text{(C}_6\text{H}_5\text{)}-\text{NH}_2 + \text{CH}_3\text{COOH}$$

$$\text{(C}_6\text{H}_5\text{)}-\text{NHCOCH}_3 + \text{HNO}_3 \xrightarrow{\text{H}_2\text{SO}_4} \overset{\text{NO}_2}{\text{(C}_6\text{H}_4\text{)}}-\text{NHCOCH}_3 + \text{H}_2\text{O}$$

三、主要试剂与仪器

1. 试剂　乙酰苯胺 5.0g（0.037mol），硝酸（$d=1.40$）2.2mL，浓硫酸，冰醋酸，95％乙醇，20％氢氧化钠溶液。

2. 仪器　100mL 锥形瓶，50mL 圆底烧瓶，球形冷凝管，烧杯，10mL 量筒，布氏漏斗，吸滤瓶，表面皿。

四、实验装置

制备对硝基苯胺的实验装置如图 4-35 所示。

五、实验步骤

1. 100mL 锥形瓶中加入 5.0g 乙酰苯胺和 5mL 冰醋酸，置于冷水浴中，边摇动锥形瓶边慢慢加入 10mL 浓硫酸，摇匀后放在冰盐浴中，冷却到0～2℃。

2. 小烧杯置于冰盐浴中，用 2.2mL 浓硝酸和 1.4mL 浓硫酸配制混酸。

3. 在冰盐浴中用吸管将混酸慢慢滴入盛有乙酰苯胺的锥形瓶中，边滴加边摇动，使反应温度不超过 5℃。

4. 滴加完毕后，从冰盐浴中取出锥形瓶，室温下放置 30min，间歇摇动。

图 4-35　制备对硝基苯胺的实验装置

5. 在搅拌下将上述反应液以细流慢慢倒入预先装有 20g 碎冰和 20mL 水的烧杯中，即有对硝基乙酰苯胺析出。减压抽滤得粗产品，冰水洗涤 3 次。

6. 用 95％乙醇为溶剂对粗产物重结晶，得对硝基乙酰苯胺，晾干备用。

7. 在 50mL 圆底烧瓶中加入 4g 对硝基乙酰苯胺和 20mL 70％硫酸，2 粒沸石，按图 4-35 安装回流装置，加热回流 10min。将澄清透明的热溶液倒入预先盛有 100mL 冷水的烧杯中。

8. 向上述烧杯内加入过量的 20％氢氧化钠溶液，使对硝基苯胺析出。冷却至室温后抽滤，冷水洗涤 3 次。

9. 用水作溶剂重结晶提纯，得对硝基苯胺。

对硝基苯胺为黄色针状晶体，熔点 147～148℃。

六、注意事项

1. 乙酰苯胺可以溶于浓硫酸，但速度较慢，加入冰醋酸可加速其溶解。

2. 乙酰苯胺与混酸在 5℃以下反应，产物以对硝基乙酰苯胺为主，随着反应温度升高，邻位硝化产物增加，温度在 40℃时约有 25％的邻硝基乙酰苯胺。

3. 邻硝基乙酰苯胺在乙醇中的溶解度较大，可以用重结晶的方法除去邻硝基乙酰苯胺。

4. 对硝基苯胺在 100g 水中的溶解度：18.5℃，0.08g；100℃，2.2g。

七、思考题

1. 可否用苯胺直接硝化来制备对硝基苯胺？

2. 实验中采用哪些措施来减少或者除去邻硝基乙酰苯胺？

3. 加入过量 20％氢氧化钠溶液的目的是什么？

4. 重结晶提纯对硝基苯胺时，为什么可以用水作溶剂？

实验三十四　邻硝基苯酚与对硝基苯酚的制备

一、实验目的

1. 学习芳烃硝化反应的原理和方法。

2. 练习机械搅拌装置的使用。

3. 掌握水蒸气蒸馏的基本操作并明确其原理。

二、基本原理

苯酚因含有活化基团羟基而容易发生硝化反应。直接用混酸或者稀硝酸作硝化试剂易发生氧化等副反应，导致硝化收率下降。所以常采用碱金属硝酸盐（如硝酸钠）与稀硫酸的混合物作硝化试剂在室温下进行硝化反应。反应式如下：

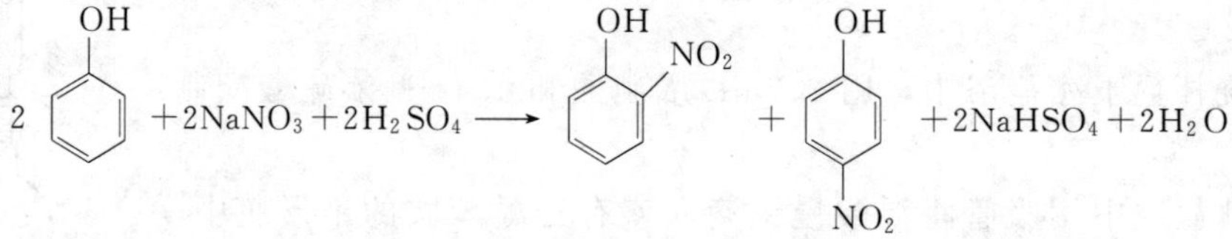

三、主要试剂与仪器

1. 试剂　苯酚 4.7g（0.05mol），硝酸钠 7.0g（0.082mol），浓硫酸 6.0mL，浓盐酸 3.0mL。

2. 仪器　150mL 三口烧瓶，二口连接管，温度计（100℃），球形冷凝管，恒压滴液漏斗，250mL 圆底烧瓶，直形冷凝管，75°弯管，支管接引管，锥形瓶，烧杯，空心塞，10mL 量筒，布氏漏斗，吸滤瓶，表面皿，电动搅拌器，红外灯，熔点测定仪。

四、实验装置

制备邻硝基苯酚与对硝基苯酚的实验装置如图 4-36 和图 4-37 所示。

五、实验步骤

1. 如图 4-36 安装机械搅拌装置。先取下温度计，从该口加入 20mL 水，缓慢加入 6mL 浓硫酸，搅拌均匀后加入 7g 硝酸钠，装上温度计。将反应装置放入冰水浴中，使混合物冷却到 20℃。

2. 称取 4.7g 苯酚放入小烧杯中，加 1mL 水，温热搅拌至溶，冷却后转入滴液漏斗中。

3. 搅拌下慢慢滴加苯酚水溶液，反应瓶用冰水浴冷却，使温度保持在 20℃左右。

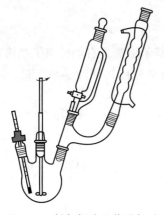
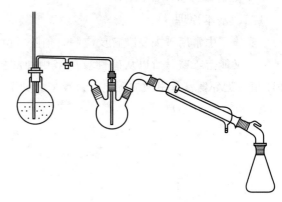

图 4-36　制备邻硝基苯酚与对硝基苯酚的实验装置

图 4-37　水蒸气蒸馏装置

4. 滴加完毕后，在室温下继续搅拌 30min，有黑色油状物生成。

5. 停止反应，倾斜法倒出酸层。再向油状物中加入 20mL 水，振摇，倾出水层。如此重复洗涤 3 次，尽量洗去残存的酸。

6. 如图 4-37 对油状混合物进行水蒸气蒸馏，直到无黄色油滴馏出。馏出液冷却后凝结成黄色固体，抽滤，干燥后得到邻硝基苯酚粗品。

7. 水蒸气蒸馏后的残留物中加水至总体积约为 50mL，再加入 3mL 浓盐酸和 0.5g 活性炭，煮沸 5min，趁热过滤，滤液冷却后析出固体，抽滤，干燥后得到对硝基苯酚粗品。

8. 粗产品可用乙醇-水混合溶剂重结晶提纯。

邻硝基苯酚为黄色针状晶体，熔点 45℃；对硝基苯酚为浅黄色针状晶体，熔点 114～115℃。

六、注意事项

1. 苯酚的一硝化产物是邻硝基苯酚与对硝基苯酚的混合物。由于对硝基苯酚存在分子间氢键而邻硝基苯酚存在分子内氢键，所以对硝基苯酚的沸点比邻硝基苯酚高得多。可以用水蒸气蒸馏的方法将二者分离。

2. 硝基苯酚在残留混酸中进行水蒸气蒸馏时，因长时间高温而发生进一步硝化或氧化，所以在水蒸气蒸馏前应将残存的酸洗去。

3. 水蒸气蒸馏时，黄色的邻硝基苯酚晶体会凝结在冷凝管内壁，可以间歇关闭冷凝水龙头，让热的蒸气使其熔化，再慢慢开大水流。

七、思考题

1. 本实验有哪些副反应？如何减少副反应？

2. 为什么可以用水蒸气蒸馏的方法来分离邻、对硝基苯酚？

3. 水蒸气蒸馏前为什么要分出残留的酸并多次水洗？

实验三十五　邻氨基苯甲酸的制备

一、实验目的

1. 学习霍夫曼降解反应制备伯胺的原理和方法。

2. 熟练掌握重结晶操作。

二、基本原理

实验室中常用霍夫曼降解反应制备伯胺。由于邻氨基苯甲酸具有偶极离子结构，既能溶于酸，又能溶于碱，所以从碱性反应液中加酸析出产物时要控制好酸的加入量，使溶液的 pH 值接近邻氨基苯甲酸的等电点。反应式如下：

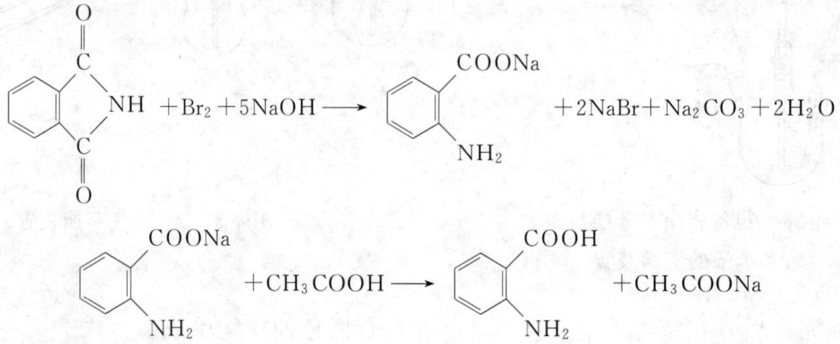

三、主要试剂与仪器

1. 试剂　邻苯二甲酰亚胺 6.0g（0.04mol），溴 2.1mL（0.04mol），氢氧化钠，浓盐酸，冰醋酸，饱和亚硫酸氢钠溶液。

2. 仪器　150mL 锥形瓶，50mL 锥形瓶，250mL 烧杯，10mL 量筒，50mL 量筒，布氏漏斗，吸滤瓶，表面皿。

四、实验步骤

1. 150mL 锥形瓶中加入 7.5g 氢氧化钠和 30mL 水，摇匀后置于冰盐浴中。冷却至 -5~0℃，向以上碱液中一次性加入 2.1mL 溴，振摇反应瓶至溴全部反应，将此次溴酸钠溶液冷却到 0℃ 以下备用。

2. 另取 50mL 锥形瓶，用 5.5g 氢氧化钠和 20mL 水配制碱液。

3. 取 6.0g 研碎的邻苯二甲酰亚胺，加入少量水调成糊状，一次性加入上述次溴酸钠溶液中，剧烈振摇反应瓶，温度保持在 0℃ 左右。

4. 从冰盐浴中取出反应瓶，剧烈振摇直到反应物转为黄色清夜，将第 2 步配制好的氢氧化钠溶液一次性加入。

5. 将反应瓶加热到 80℃ 约 2min，加入 2mL 饱和亚硫酸氢钠溶液。

6. 冷却，减压抽滤。滤液倒入 250mL 烧杯中，放在冰水浴中冷却。

7. 在搅拌下小心滴加浓盐酸，使溶液刚好呈中性，用石蕊试纸检验，约需盐酸 15mL。

8. 缓慢滴加 5~7mL 冰醋酸，使邻氨基苯甲酸完全析出。

9. 减压抽滤，用少量冰水洗，晾干后得灰白色粗产品。

10. 粗产品可用水重结晶提纯，得到邻氨基苯甲酸。

邻氨基苯甲酸为白色片状晶体，熔点 145℃。

五、注意事项

1. 溴为剧毒、强腐蚀性药品。取用溴时要特别注意安全，应在通风柜中进行，带防护眼镜及橡胶手套，并注意避免吸入溴的蒸气。

2. 邻氨基苯甲酸既溶于酸也溶于碱。过量的盐酸会使产物溶解。若加了过量的盐酸，需加氢氧化钠中和。

3.邻氨基苯甲酸的等电点约为 pH 3~4，为使产品完全析出，须加入适量的冰醋酸。

六、思考题

1.加入饱和亚硫酸氢钠的目的是什么？

2.邻氨基苯甲酸的碱性溶液加入盐酸使之恰好呈中性后，为什么不继续加盐酸而是加适量冰醋酸使产物析出？

第五章 有机化学综合性实验

实验三十六 苯甲酸的微波合成与苯甲酸乙酯的制备

一、实验目的

1. 学习苯甲酸的微波氧化合成方法。
2. 掌握制备苯甲酸乙酯的原理和实验方法。
3. 掌握分水器的使用，巩固萃取、回流等基本操作。
4. 掌握减压蒸馏的原理和实验操作。

二、基本原理

微波辐射化学是研究在化学中应用微波的一门新兴的前沿交叉学科，它在国外的研究进展十分活跃。自从 1986 年 Gedye 等首次报道了微波作为有机反应的热源可以促进有机化学反应以来，微波技术已成为有机化学反应研究的热点之一。与常规加热法相比，微波辐射促进合成方法具有显著的节能、提高反应速率、缩短反应时间、减少污染，且能实现一些常规方法难以实现的反应等优点。

本实验在微波辐射下合成苯甲酸，然后在浓硫酸催化下，苯甲酸和无水乙醇发生酯化反应得到苯甲酸乙酯（图 5-1、图 5-2）。

主反应：

$$3 \, C_6H_5CH_2OH + 4KMnO_4 \longrightarrow 3 \, C_6H_5COOK + 4MnO_2 + KOH + 4H_2O$$

$$C_6H_5COOK + HCl \longrightarrow C_6H_5COOH + KCl$$

$$C_6H_5COOH + C_2H_5OH \underset{}{\overset{H^+}{\rightleftharpoons}} C_6H_5COOCH_2CH_3 + H_2O$$

副反应：

$$2C_2H_5OH \xrightarrow{\text{浓}\,H_2SO_4} C_2H_5OC_2H_5 + H_2O$$

由于酯化反应是一个平衡常数较小的可逆反应，为了提高产率，在实验中采用过量的乙醇，同时利用环己烷-水共沸脱水的方法，尽可能除去产物中的小分子副产物——水。

三、主要试剂与仪器

1. 试剂 苯甲醇 2.1mL（20mmol），高锰酸钾 4.0g（25.3mmol），无水乙醇 12.5mL（213.75mmol），苯甲酸 5.0g，碳酸钠 2.0g，环己烷 10.0mL，乙醚 20.0mL，浓硫酸，

10%碳酸钠溶液，浓盐酸，无水氯化钙。

2. 仪器　250mL 三口烧瓶，球形冷凝管（2 个），布氏漏斗，吸滤瓶，烧杯，锥形瓶（3 个），圆底烧瓶（100mL、50mL 各 1 个），分水器，分液漏斗，直形冷凝管，蒸馏头，克氏蒸馏头，支管接引管，锥形瓶，量筒，烧杯，毛细管，微波反应器，红外灯。

四、实验装置

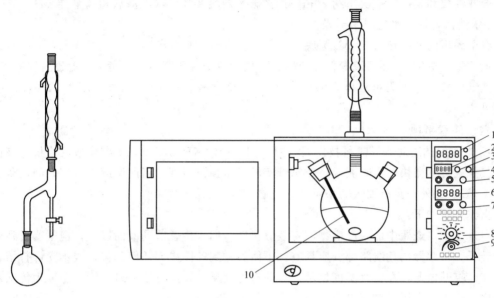

图 5-1　酯化反应的
　　　　回流分水装置

图 5-2　XH-MC-1 型微波合成反应装置

1—实时温度显示窗口；2—预设温度显示窗口；3—开始键；4—暂停键；

5—温度设定键；6—当前时间显示窗口；7—时间设定键；

8—功率调节旋钮；9—磁力搅拌调节旋钮；10—温度传感器

五、实验步骤

1. 苯甲酸的制备

在 250mL 三口烧瓶中依次加入 4.0g 高锰酸钾、2.0g 碳酸钠、30mL 水，摇匀，再加入 2.1mL 苯甲醇、30mL 水。放入磁力搅拌转子，一侧口插上温度传感器，另一侧口用空心塞塞住，置于微波反应器内，通过连接管装上球形冷凝管，调节磁力搅拌旋钮，确保平稳转动后，关闭微波反应器门（小心不要夹住传感器导线）。设定反应温度为 105℃，反应时间为 20min，微波功率为 300W，开启微波反应器。

反应结束后，将三口烧瓶从微波反应器中取出，趁热抽滤。滤液冷却后，用浓盐酸（约 6mL）酸化到 pH＝3～4，析出固体。抽滤，用少量冷水洗涤，得到苯甲酸粗品。产品用红外灯干燥。

2. 苯甲酸乙酯的制备

在 100mL 圆底烧瓶中加入干燥的苯甲酸 5.0g、无水乙醇 12.5mL、浓硫酸 3.0mL 和环己烷 10.0mL，摇匀后加入 2 粒沸石，装上球形冷凝管，加热回流 30min。

停止加热，装上分水器（在分水器中预先加入适量的水并记下体积，液面离分水器支管口约 0.5cm），分水器上端安装球形冷凝管，再加热回流分水。反应初期回流速度一定要适当慢一些。随着反应的进行，分水器中逐渐出现上、中、下三层液体（上层开始时是浑浊的，随后清澈）。在反应过程中应控制分水器中液面位置，上层液体始终是薄薄的一层，中层液面不流回到反应瓶中时不要放水。放水时放出的水不要太多。

回流分水约 1.0h 后，下层液面不再上升，停止加热。待烧瓶冷却后，将反应混合物倒入盛有 40mL 水的烧杯中，分为油层和水层两相。在分液漏斗中分出油层后，水层用 10mL×2 乙醚萃取。

合并油层和醚层，依次用约 20mL 10％碳酸钠溶液洗涤（洗涤后检验醚层 pH＝8～9）、10mL 水洗涤，用无水硫酸钠干燥。

将干燥后的液体转入 50mL 圆底烧瓶中，在常压下先蒸出乙醚（注意低沸点液体蒸馏时要采取的安全措施）、环己烷等低沸点物质，然后改用减压蒸馏，参考表 5-1 数据收集产品。

纯苯甲酸乙酯为无色液体，沸点 212.4℃，折射率 1.5001，相对密度 1.0468，其红外光谱见图 5-3。

六、注意事项

1. 本实验选用北京祥鹄科技发展有限公司生产的 XH-MC-1 型微波合成反应仪。该仪器采用接触式传感器快速实时测温，数码管实时显示预设温度、当前温度、反应时间，测温精度达±1℃。另外，具有加热功率可调、电磁搅拌等功能。

操作方法如下：

（1）在三口烧瓶中加入反应物，安装好仪器，插入传感器到液面以下，但不要碰到磁力搅拌转子。传感器白色线路部分应悬空，不能触碰到腔体内部任何部位，线不允许打结。

（2）打开电源，在实时温度显示窗口即有温度显示，此时该窗口显示的温度为传感器表面温度。反应开始后，该窗口实时显示反应物温度。

（3）开启磁力搅拌，根据需要调整磁力搅拌速度，使用时用力轻柔。

（4）反应温度设定：按温度"设定"键，预置温度显示窗口 0.0.0.0 闪烁，按"▲▼"键设定所需的反应温度；常按"▲"键设定速度加快。

（5）反应时间设定：按"时间"设定键，时间显示窗口 00:00 闪烁。按第一下，秒数开始闪烁，按"▲"键设定秒；按第二下，分钟数开始闪烁，按"▲"键设定分钟；按第三下，小时开始闪烁，按"▲"键设定小时。常按"▲"键设定速度加快，最多设定时间为 4 小时。

（6）加热功率设定：手动调节功率，每向右扭一格增加 100W 功率。务请注意，反应瓶中少于 50mL 极性溶剂时，功率不能设置过大，同时在腔体中加入负载（即盛放 100mL 水或甘油的烧杯）。如升温过慢，可适当调高功率。

（7）设定好反应温度、反应时间和加热功率等参数后，按"开始"键即可开始实验；实验过程中如发现故障，按下"暂停键"即暂停实验，待排除故障后再按"开始"键即可继续实验。

特别要注意：

（1）微波反应器必须要等加入物料后，才可按"开始"键，绝对不要空载，以免损坏。

（2）温度传感器导线应尽量避免接触到腔体的任何部位（包括门），以免可能出现的短路、打火现象。插拔时要轻柔，不要折断连接导线。温度传感器表面为聚四氟乙烯镀层，长期在高温环境下使用，表面镀层会变软，因此，实验完毕后，反应物未冷却时插拔传感器要小心轻柔。如实验中使用磁力搅拌器，传感器不要插到液面下过深，避免与磁子碰撞，损坏传感器表面镀层。

2. 制备苯甲酸时，反应结束抽滤后，如滤液呈紫红色，可将滤液放入微波反应器中继续反应适当时间或用饱和亚硫酸氢钠溶液还原成无色。

3. 制备苯甲酸乙酯时，水-乙醇-环己烷三元共沸物的共沸点为 62.1℃（即在此温度下水、乙醇和环己烷以 7.0%、17.0%、76.0% 的比例成为蒸汽逸出）。要仔细观察，反应进行一段时间后，才会在分水器中逐渐形成三层液体，上层、下层清亮透彻，中层略显浑浊，应控制液面位置使得最上层液体始终为薄薄的一层。

4. 在制备苯甲酸乙酯回流时，温度不要太高，否则反应瓶中颜色很深，甚至炭化。同样，回流结束后，蒸出乙醚、环己烷及多余的乙醇，蒸馏时间不要太长，否则反应瓶中很容易炭化。

七、思考题

1. 本实验采用了什么原理和措施来提高酯化反应的产率？
2. 实验中环己烷的作用是什么？
3. 比较微波加热反应与常规加热反应的优缺点。
4. 了解用于酯化反应的催化剂，比较优缺点。
5. 蒸馏乙醚时有哪些注意事项？
6. 比较萃取与洗涤的异同点。
7. 减压蒸馏系统中保护部分由哪些部件构成，各有什么用途？

附表

表 5-1 苯甲酸乙酯的沸点-压力数据

p/mmHg	1	10	20	30	40	50	60
b. p. /℃	44.0	86.0	102.5	111.3	118.2	123.7	128.5
p/mmHg	70	80	90	100	400	760	
b. p. /℃	132.5	136.2	139.5	143.2	188.4	212.4	

附图

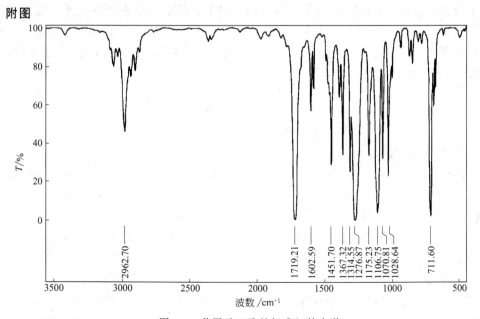

图 5-3 苯甲酸乙酯的标准红外光谱

实验三十七　室温离子液体中乙酸苄酯的合成

一、实验目的

1. 了解室温离子液体的含义及其在有机合成中的应用。

2. 掌握用乙酸钠和氯苄催化合成乙酸苄酯的方法。

二、基本原理

1. 室温离子液体介绍

室温离子液体（room temperature ionic liquid）顾名思义就是完全由离子组成的液体，是低温（<100℃）下呈液态的盐，也称为低温熔融盐，它一般由有机阳离子和无机阴离子（BF_4、PF_6 等）所组成。早在 1914 年就发现了第一个离子液体——硝基乙胺，但其后此领域的研究进展缓慢，直到 1992 年，Wikes 领导的研究小组合成了低熔点、抗水解、稳定性强的 1-乙基-3-甲基咪唑四氟硼酸盐离子液体（[C_2Mim][BF_4]）后，离子液体的研究才得以迅速发展，随后开发出了一系列的离子液体体系。最初的离子液体主要用于电化学研究，近年来离子液体作为绿色溶剂用于有机及高分子合成受到重视。

室温离子液体是一种新型的溶剂和催化剂。它们对有机、金属有机、无机化合物有很好的溶解性。由于没有蒸气压，可以用于高真空下的反应。同时又无味、不燃，在作为环境友好的溶剂方面有很大的潜力。离子液体为极性，可溶解作为催化剂的金属有机化合物，替代对金属配位能力强的极性溶剂如乙腈等。溶解在离子液体中的催化剂，同时具有均相和非均相催化剂的优点。催化反应有高的反应速度和高的选择性，产物可通过静止分层或蒸馏分离出来。留在离子液体中的催化剂可循环使用。

最近，室温离子液体由于其低蒸气压、环境友好、高催化率和易回收等特点，在有机合成中得到广泛的关注，如 Friedel-Crafts 烷基化和酰基化反应、Diels-Alder 反应、Heck 反应、Suzuki 反应、Mannich 反应和醛酮缩合反应等。

离子液体也被用于萃取特殊的化合物，如代替 HF 溶解油母岩，由天然产物中萃取多肽。据文献报道，离子液体还可用于核废料的回收处理上。离子液体的溶解性可通过变化阴离子或阳离子中烷基链的长短而改变。因此，人们称离子液体为"可设计合成的溶剂"。

2. 反应方程式：

三、主要试剂与仪器

1. 试剂　1-甲基咪唑 8.7mL（0.1mol），1-氯丁烷 10.5mL（0.1mol），乙酸乙酯 15mL，40% HBF_4 溶液 17.5mL（23g，含 HBF_4 0.11mol），氯苄 4.2mL（0.03mol），乙酸钠 3.5g（0.042mol），二氯甲烷，甲苯。

2. 仪器　50mL 圆底烧瓶，分液漏斗，磁力搅拌器，恒压滴液漏斗，球形冷凝管，量筒，旋转蒸发仪。

四、实验步骤

1. 离子液体 1-正丁基-3-甲基咪唑四氟硼酸盐（[C_4Mim][BF_4]）的合成

在装配有回流冷凝管的圆底烧瓶中，加入 10.5mL（0.1mol）1-氯丁烷和 8.7mL

（0.1mol）1-甲基咪唑，加热到70℃，搅拌反应24～72h，直到两相形成。上层含有没有反应的原料，倾析上层后，在下层中加入15mL乙酸乙酯，充分混合，倾析乙酸乙酯层后，再加入新鲜的乙酸乙酯，重复上述操作，足以去除下层中没有反应完的原料。最后加入30mL水，析出淡黄色的结晶（[C_4Mim][Cl]）。以上乙酸乙酯需回收处理后再用。

将[C_4Mim][Cl]转移到塑料瓶（内衬全氟材料）中，加入17.5mL（23g，含HBF$_4$0.11mol）42% HBF$_4$溶液，室温下搅拌24h。用60mL二氯甲烷均分三次萃取，萃取液用无水硫酸镁干燥。先在常压下蒸出二氯甲烷，然后在真空下加热到85℃，旋转蒸发彻底去掉溶剂，得到离子液体[C_4Mim][BF$_4$]。

2. 离子液体催化合成乙酸苄酯

取5mL离子液体（[C_4Mim][BF$_4$]）作反应介质与催化剂，加入4.2mL（0.03mol）氯苄和3.5g（0.042mol）乙酸钠，在60℃油浴中搅拌反应2h。反应完毕后冷却到室温。当离子液体上层分离出产物有机层时，直接取有机层1mL溶于10mL甲苯中进行色谱分析；如果没有出现有机层，则用甲苯萃取（10mL×3），合并萃取液进行定性与定量分析。产率按照从反应后的离子液体中直接分液得到的有机产物或将萃取液浓缩后得到的有机产物质量计算。

离子液体催化剂需要重复使用。将分离后得到的离子液体用甲苯萃取（10mL×3），常压下除去部分甲苯后，在真空（2.67kPa）下80℃保持30min，再继续投料，实现离子液体套用。

五、思考题

1. 何为离子液体？在有机合成中有哪些应用？
2. 本实验方法与常规实验方法有哪些优势？

六、参考文献

［1］ Jonathan G. Huddleston, Ann E. Visser, W. Matthew Reichert. *Green Chemistry*, 2001，3：156.

［2］ 顾彦龙，杨宏洲，邓友全. 化学学报，2002，60：1571.

实验三十八　无水无氧条件下二碘化钐促进的苯甲醛偶联反应

一、实验目的

1. 学习无水无氧条件下的有机合成实验。
2. 掌握了解苯甲醛偶联反应的原理及实验方法。

二、基本原理

20世纪70年代起，二碘化钐作为醚溶性的单电子还原剂在有机合成中便初露锋芒，而后在比如自由基环合反应、Barbier型反应、Aldol型反应、Reformatsky型反应、片呐醇偶联反应等重要的有机反应中，二碘化钐都表现出惊人的反应活性和反应选择性。二碘化钐参与或促进的有机反应引起了许多有机化学家的高度关注和兴趣，二碘化钐促进下的苯甲醛偶联反应就是其中的一个例子。该反应的特点是反应时间短，产率高。

由于二碘化钐对空气中的氧气和水分十分敏感，不易长期保存，所以通常是现制现用，而且在制备时必须做到无水无氧。本实验就是在无水无氧条件下的有机合成实验，因此对实验仪器、试剂和操作技巧都有较高的要求。该反应的反应式如下：

$$2 \text{ } C_6H_5CHO \xrightarrow[\text{2) } H_3^+O]{\text{1) } SmI_2/THF} \text{ } 1,2\text{-二苯基-}1,2\text{-二醇}$$

图 5-4　苯甲醛偶
联反应装置

三、主要试剂与仪器

由于本实验的实验条件比较严格，必须在无水无氧条件下进行，所以在开始实验前事先要做好以下准备：

1. 试剂的准备：钐粉通常是用金属锉刀现磨而得到，二碘乙烷需新购并干燥，苯甲醛需干燥并通过减压蒸馏新蒸而得，四氢呋喃用金属钠丝和二苯甲酮回流呈紫色备用。

2. 仪器的准备：所有玻璃仪器包括 50mL 三口烧瓶，恒压漏斗，空心塞，回流冷凝管，温度计套管，小量筒或注射器都必须经烘箱烘干现取现用。应该使用磁力搅拌装置以隔绝空气的侵入。

四、实验装置

二碘化钐促进的苯甲醛偶联反应须在无水无氧条件下进行，三口烧瓶的中口堵塞，使用磁力搅拌并充氮气保护。实验装置如图 5-4 所示。

五、实验步骤

1. 从烘箱中取出干燥的玻璃仪器按图 5-4 搭好装置，向 50mL 的三口瓶中投入搅拌磁子一粒，称取新磨制的金属钐粉末 0.3g（2mmol）加入该三口反应瓶中，用双排管系统反复对反应瓶抽真空充氮气三次。

2. 二碘化钐的四氢呋喃溶液的制备。在磁力搅拌下，把含有 0.564g（2mmol）的 1,2-二碘乙烷的 20mL 无水四氢呋喃溶液慢慢地滴入反应瓶中，在开始滴入大约 1min 内，四氢呋喃溶液的颜色就变成蓝色。滴加的过程中，反应稍微放热。在滴完后，溶液变成深蓝色，大约 30min 滴完，此时的金属钐粉已经消失，得到 0.1mol/L 二碘化钐的四氢呋喃溶液。

3. 在氮气保护下，把含有 0.204mL（2mmol）苯甲醛的 5mL 无水四氢呋喃溶液，在室温下边搅拌边滴加到上面制得的 0.1mol/L 二碘化钐四氢呋喃溶液中。2～3min 内滴完，反应液的颜色立即变成黄色，滴完后，再搅拌反应 20min。

4. 向反应瓶中加入 10mL 0.1mol/L 的盐酸溶液，用乙醚（3×30mL）萃取，乙醚萃取液用 25mL 饱和氯化钠溶液洗涤，经无水硫酸镁干燥，过滤，旋转减压蒸去乙醚得粗产物。

5. 最后用薄层色谱板纯化，得到纯品 1,2-二苯基-1,2-二醇。

六、注意事项

1. 市售的四氢呋喃一般先用氢氧化钾干燥过夜，过滤入 250mL 的圆底烧瓶，压入金属钠丝，回流 2h 后加入二苯甲酮，再回流直至呈蓝紫色，使用时将其蒸出即可。

2. 用薄层色谱大板分离提纯时，可选择使用 3∶1 的石油醚与乙酸乙酯作为展开剂，展开刮下产物带后可用乙醚淋洗，抽去乙醚即得纯品。

七、思考题

1. 二碘化钐在参与或促进的有机反应方面有何特点？

2. 为什么苯甲醛需在实验前减压蒸馏和干燥？

3. 如何检验产品 1,2-二苯基-1,2-二醇的纯度？

4. 为什么本实验要使用磁力搅拌器而不用机械搅拌器？

实验三十九　3-吲哚羧酸的制备

一、实验目的

1. 掌握 3-吲哚羧酸的制备原理和实验方法。
2. 学习杂环化合物的有关反应。

二、基本原理

托匹西隆（tropisetron）是 1992 年瑞士山道士公司研制并上市的新止吐药，具有拮抗 $5-HT_3$ 的作用。对化疗引起的呕吐具有较强的止吐作用。它的合成需要中间体 3-吲哚羧酸。

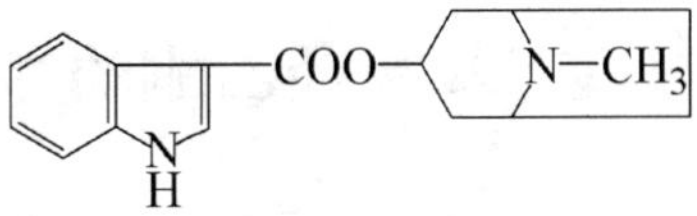

托匹西隆(tropisetron)

本实验以吲哚为原料，经甲醛化，得 3-吲哚甲醛，再用 $KMnO_4$ 氧化得 3-吲哚羧酸。反应式为：

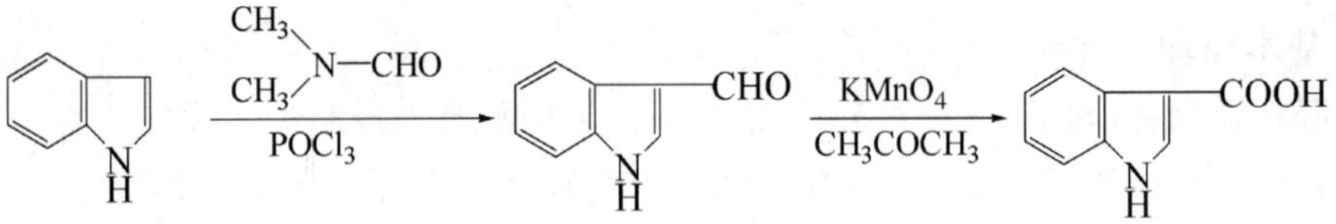

三、主要试剂与仪器

1. 试剂　吲哚 5.85g（0.05mol），二甲基甲酰胺 21.9g（0.3mol），三氯氧磷 4.6mL（0.05mol），5mol/L 氢氧化钠，乙醚，碳酸氢钠溶液，丙酮，高锰酸钾，盐酸，无水乙醇，苯。

2. 仪器　50mL 圆底烧瓶，100mL 圆底烧瓶，球形冷凝管，分液漏斗，直形冷凝管，锥形瓶，滴液漏斗，布氏漏斗，抽滤瓶，温度计，表面皿，电动搅拌器，红外灯，熔点测定仪。

四、实验步骤

1. 3-吲哚甲醛的制备

在 100mL 圆底烧瓶中，加入吲哚 5.85g（0.05mol），二甲基甲酰胺 21.9g（0.3mol），冰浴冷却下加入三氯氧磷 4.6mL（0.05mol）。控制在 20℃ 以下反应 2h，然后升温到 35℃ 反应 1.5h。冷却下向反应混合物中加 50g 冰，搅拌使固体溶解，用 5mol/L 氢氧化钠将溶液的 pH 值调至 6，用乙醚提取混合物，醚层用 10％碳酸氢钠水溶液洗涤，无水硫酸镁干燥，蒸除乙醚，残余物用无水乙醇重结晶，得 3-吲哚甲醛 6.6g，收率 91％，熔点 191℃。

2. 3-吲哚羧酸的制备

将 2.24g（0.014mol）高锰酸钾溶于 45mL 水中备用。

在 100mL 圆底烧瓶中，加入 3-吲哚甲醛 1.45g（0.01mol），用丙酮 30mL 搅拌溶解。在室温搅拌下缓慢滴加高锰酸钾水溶液，析出棕色沉淀。室温放置 1h，过滤，滤饼适量水洗，滤液用盐酸调 pH 值至 2。置冰箱过夜，过滤，干燥，得粗品。用苯与乙醇（体积比 1∶1）的混合溶剂重结晶，得 3-吲哚羧酸纯品 0.93g，收率 58％，熔点 230～232℃（分解）。

五、注意事项

1. 3-吲哚羧酸也可采用以下方法制备：（1）以吲哚为原料，先制成格氏试剂，然后与甲醛反应，生成 3-吲哚甲醇，再用 $KMnO_4$ 氧化反应得到 3-吲哚羧酸。这种方法的缺点是需要无水条件，操作烦琐。（2）将先制成的格氏试剂，在加压、加热条件下与 CO_2 反应，得到 3-吲哚羧酸。这种方法需要高温、高压下进行，条件苛刻，难以在一般实验室完成。

2. 用高锰酸钾氧化时，若温度太高，会使吲哚环开环，所以必须在室温下反应，并且控制好滴加速度，才能减少副产物的生成，提高收率。

六、思考题

1. 在第二步氧化反应中，可用 Ag_2O 作氧化剂。请查阅有关文献，分别比较用 Ag_2O 作氧化剂与用 $KMnO_4$ 作氧化剂的优缺点。

2. 通过查阅有关文献，设计 3-吲哚乙酸、3-吲哚丙酸、3-吲哚丁酸的合成路线。

实验四十　二苯基羟乙酮的绿色合成

一、实验目的

1. 了解安息香缩合反应的原理。
2. 建立初步的绿色化学概念。
3. 学习和巩固重结晶、熔点测定、红外光谱检测等操作。

二、基本原理

芳香醛在氰化物催化下发生双分子缩合，生成芳香族 α-羟基酮，称安息香缩合。因氰化物剧毒，严重污染环境，现改用生物辅酶（维生素 B_1）作催化剂，操作安全，效果良好。本反应的原子利用率高达 100%。催化剂由剧毒的氰化物改为维生素 B_1，符合绿色化学的要求。反应式如下：

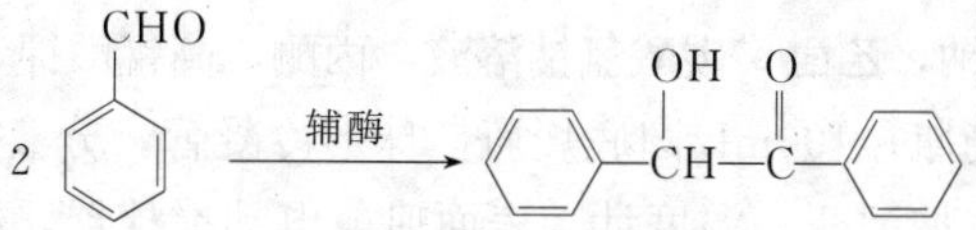

三、主要试剂与仪器

1. 试剂　苯甲醛 10.2mL（0.1mol），维生素 B_1 3.0g，95% 乙醇，10% 氢氧化钠。
2. 仪器　100mL 圆底烧瓶，50mL 锥形瓶，球形冷凝管，烧杯，空心塞，量筒，布氏漏斗，吸滤瓶，表面皿，温度计，磁力搅拌仪，熔点测定仪，红外光谱仪。

四、实验步骤

1. 在 100mL 圆底烧瓶中，加入 3.0g 维生素 B_1，6mL 蒸馏水和 15mL 95% 乙醇，振摇后使其完全溶解。加盖，置于冰盐浴中冷却。

2. 另取一个 50mL 锥形瓶，加入 10% 氢氧化钠溶液 8mL 左右，也置于冰盐浴中冷却。

3. 当上述两瓶内物料的温度均到 −10℃ 以下时，把 10% 氢氧化钠溶液分批加入维生素 B_1 的乙醇溶液中，摇匀。调 pH 值等于 7~8（约需加 10% 氢氧化钠 5mL）。

4. 加入 10mL 新蒸馏过的苯甲醛，摇匀，放入搅拌磁子。滴加 10% 氢氧化钠溶液，调 pH 值等于 9~10，加塞。在冰盐浴中放置几分钟，可发现 pH 值有所下降。再滴加数滴 10% 氢氧化钠溶液，调 pH 值等于 9~10。（本实验中 10% 氢氧化钠总用量约为 6mL）

5. 装好回流装置，置于磁力搅拌仪上，搅拌下微微加热到 40℃ 保温 90min。

6. 撤去水浴，将反应瓶用冰水浴冷却，析出白色晶体。

7. 抽滤，取出搅拌磁子，用少量冷水洗涤固体，抽干后得二苯基羟乙酮粗产品 19g，收率为 90%。

8. 用 95%乙醇重结晶，得无色针状晶体，红外灯下干燥。用显微熔点测定仪测熔点，为 135～137℃。用溴化钾压片法测定红外光谱。产品保留用于下一个实验。

五、注意事项

1. 维生素 B_1 对热极敏感，遇热分解。物料起始温度应在 -10℃ 以下为好，否则产率降低。

2. 苯甲醛容易氧化，使用前要先蒸馏。

3. 用 10%氢氧化钠溶液调 pH 值要反复数次，三次以后 pH 值基本稳定。

六、思考题

1. 什么叫安息香反应？

2. 安息香反应的常用催化剂有哪些，利弊如何？

3. 本实验在哪些方面符合绿色化学的要求？

4. 重结晶操作应注意哪些事项？

5. 熔点测定应注意哪些问题？

6. 用红外光谱检测固体样品，一般采用哪些方法？

实验四十一　二苯基乙二酮的制备

一、实验目的

1. 学习用温和的氧化剂氧化安息香制备 α-二酮的原理与方法。

2. 掌握薄层色谱的原理，学会薄层板的制作。

二、基本原理

二苯基乙二酮可用作制药原料、有机合成中间体及紫外线固化剂，也可用作杀虫剂。作为"以苯甲醛为原料的多步骤反应"实验的第二步，可以从上一反应所得的二苯基羟乙酮经氧化制得。反应式如下：

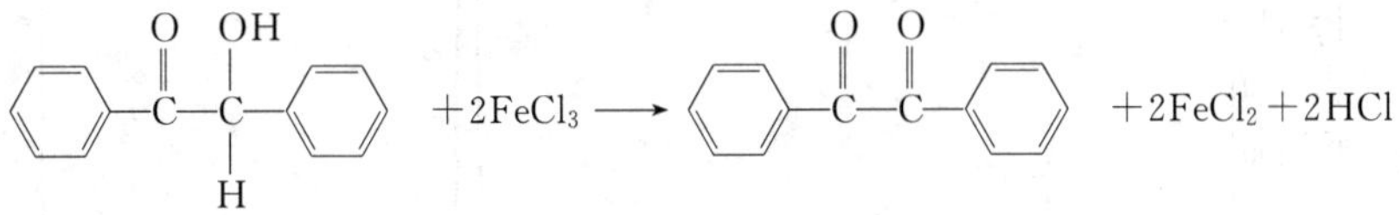

三、主要试剂与仪器

1. 试剂　二苯基羟乙酮 2.2g（0.01mol），冰醋酸 10mL，三氯化铁 5.5g，70%乙醇。

2. 仪器　100mL 三口烧瓶，球形冷凝管，锥形瓶，布氏漏斗，吸滤瓶，红外光谱仪，液相色谱仪，显微熔点测定仪。

四、实验步骤

（一）制备薄层板

1. 选用 2.5×7.5(cm) 规格的玻璃板两块，用肥皂水洗净，用蒸馏水淋洗两次后烘干，用时再用酒精棉球擦除手印至对光平放无斑痕。

2. 称取 2g 硅胶 GF_{254}，边搅拌边慢慢加入盛有 4～5mL 0.3% CMC（羧甲基纤维素钠）溶液的烧杯中，调成糊状，平铺在玻璃片上。

3. 晾干后放入 105～110℃烘箱内恒温 30min（活化）。

（二）反应

1. 在 100mL 三口烧瓶中，加入 5.5g $FeCl_3$、10mL 冰醋酸、10mL 水及 2 颗沸石，装上球形冷凝管，另两口加塞。缓缓加热至沸腾。

2. 停止加热，待沸腾平息后，加入 2.2g 二苯基羟乙酮，继续加热回流。

3. 分别在反应 10min、45min 后，用毛细管取样点板。并在同一块薄层板上点上原料样点，用于比较。用薄层色谱法（硅胶 GF_{254} 薄层板，二氯甲烷作展开剂）跟踪反应情况。

4. 根据薄层色谱跟踪的结果，回流 45min，确认原料斑点已全部消失，反应趋于完全，见图 5-5。

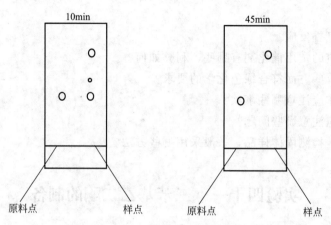

图 5-5　薄层色谱跟踪反应进程示意图

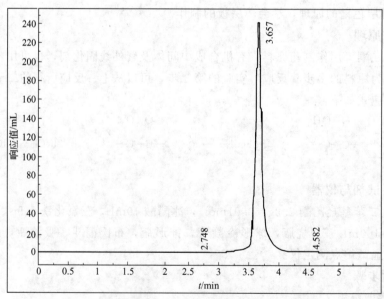

序号	峰号	保留时间	峰面积	面积百分比 /%
1	1	2.748	379.6	0.0196
2	2	3.657	1935478.1	99.9418
3	3	4.582	748.3	0.0386
合计			1936606.0	100.0000

图 5-6　二苯基乙二酮的液相色谱检测图

5. 在三口烧瓶中加入 50mL 水，再煮沸。冷却反应液，即有黄色固体析出。

6. 抽滤，用冷水洗涤固体，得粗品 2.0g，产率 95%。

7. 粗品用 80% 乙醇（50mL 无水乙醇＋10mL 水配制）重结晶，用活性炭脱色，得到二苯基乙二酮 1.8g，为淡黄色针状晶体。产品保留用于下一个实验。

8. 计算各个样点的比移值 R_f。

9. 纯品测定熔点，为 93～94℃。用液相色谱仪测定产品的纯度，为 99.9%。用 KBr 压片法测定产品的红外光谱。见图 5-6 和图 5-7。

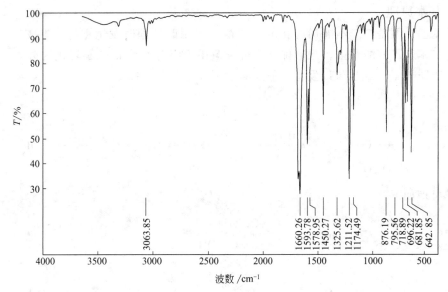

图 5-7 二苯基乙二酮的红外光谱图

五、注意事项

1. 氧化剂也可以用浓硝酸、硫酸铜、三氯化铁等，各有利弊。本实验对三氯化铁氧化法进行了探讨，使实验方法比较成熟。

2. 重结晶后的二苯基乙二酮用液相色谱检验纯度（检测器：UV-Vis，波长 254nm；色谱柱：C-18；流动相：甲醇：水＝80：20；流速：0.8mL/min）。

3. 本实验量取 CMC 溶液、展开剂时分别用专用的量筒，取用各种固体的药匙不要混用，制作薄层板的小烧杯、玻璃钉等不得挪作他用，以免污染薄层板。

4. 实验结束后，展开缸（小广口瓶）不要用水洗。如洗涤则必须烘干。

5. 薄层色谱操作注意事项

（1）取样时，毛细管插入反应瓶不要太深，轻轻接触液面即可，否则取样量太多，点样时斑点会增大。点样时动作要迅速，否则样品在毛细管中容易堵塞。

（2）第二次（45min）取样展开时，可以继续加热回流，不要急于在反应瓶中加入 50mL 水，否则，展开后发现反应不完全，就无法挽救。

六、思考题

1. 简述 TLC 常用的显色方法。用 TLC 定性的依据是什么？

2. 简述 TLC 的意义。

3. 本实验中，加入醋酸的目的是什么？

4. 查阅文献，了解除本实验用到的 $FeCl_3$ 外，还有哪些氧化剂可以用来制备二苯基乙二酮，这些氧化剂有哪些优缺点？

实验四十二　二苯基乙醇酸的制备

一、实验目的

1. 了解二苯基乙醇酸重排的原理。

2. 巩固重结晶、熔点测定、红外光谱检测等操作。

二、基本原理

二苯基乙二酮是一个不能烯醇化的 α-二酮，当用碱处理时发生重排，生成二苯基乙醇酸，称为二苯基乙醇酸重排。此重排反应可普遍用于将芳香族 α-二酮转化为芳香族 α-羟基酸。某些脂肪族 α-二酮也可以发生类似反应。

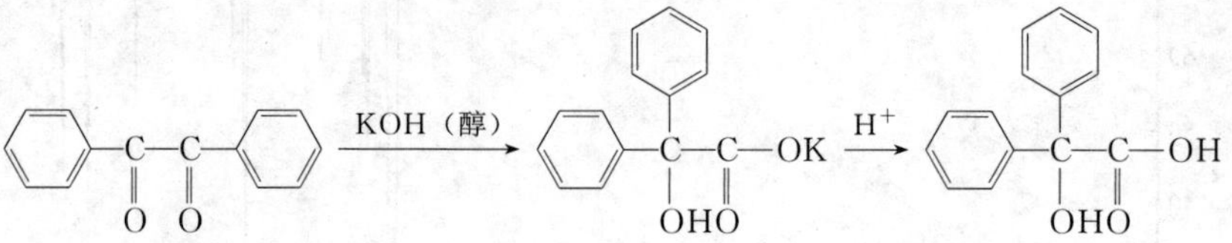

重排机理如下：

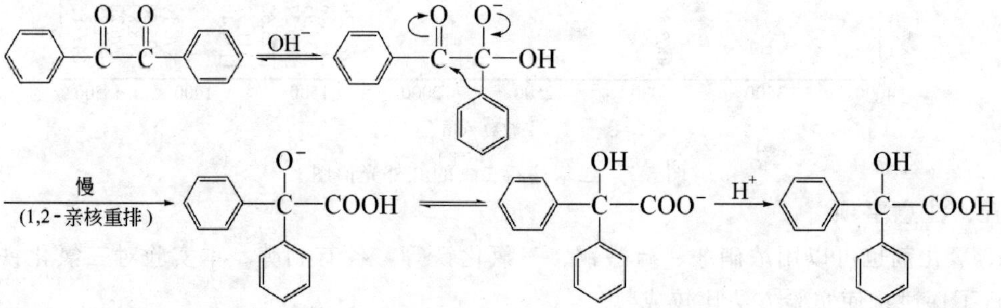

三、主要试剂与仪器

1. 试剂　二苯基乙二酮，氢氧化钾，95％乙醇，1∶1盐酸。

2. 仪器　烧杯，50mL圆底烧瓶，球形冷凝管，布氏漏斗，吸滤瓶，量筒，磁力搅拌器，显微熔点测定仪，红外光谱仪。

四、实验步骤

1. 在小烧杯中将 1.05g 氢氧化钾溶于 2.5mL 水中，冷至室温后待用。

2. 在 50mL 圆底烧瓶中加入二苯基乙二酮 1.05g（5mmol）、95％的乙醇 4mL、沸石 2 粒，放入搅拌磁子，装上球形冷凝管。

3. 搅拌下温热使反应物溶解。加入氢氧化钾溶液，此时可见反应瓶内出现蓝紫色。

4. 搅拌下加热回流约 15min，直到反应瓶内原先的蓝紫色转变为棕色，停止加热。

5. 稍冷，加入 12.5mL 水，再加少许活性炭，煮沸脱色后趁热过滤。

6. 滤液转入烧杯，放置在冰水浴中。待滤液充分冷却后，边搅拌边慢慢滴加 1∶1 盐酸，随着盐酸的加入，有大量固体析出。酸化至 pH＝2～3 为止，约需 1∶1 盐酸 3～3.5mL。

7. 冷却，过滤得粉状晶体。用少量冷水洗涤，抽干，产品转入表面皿中，在红外灯下干燥，得二苯基乙醇酸 0.8g，收率为 70％。产品保留用于下一个实验。

8. 二苯基乙醇酸可用 3：1 的水-乙醇溶液重结晶，得无色针状晶体。测定熔点，为 149～150℃，并做红外光谱分析。

五、注意事项

滤液酸化时，要慢慢滴加 1：1 盐酸，酸化太快会出现油状物。

六、思考题

酸化时盐酸加入不够会造成什么后果？

实验四十三　二苯基乙醇酸交酯的制备（微型）

一、实验目的

1. 了解 α-羟基酸脱水成交酯的原理。
2. 学习半微量有机合成实验操作。

二、基本原理

在对甲基苯磺酸存在下，二苯基乙醇酸能脱水生成交酯。该交酯是一个六元杂环化合物。两分子 α-羟基酸之间的羟基和羧基交互缩合脱去两分子水而生成交酯。反应中加入无水二甲苯，使二甲苯与水形成共沸物以除去反应中生成的水，提高收率。

三、主要试剂与仪器

1. 试剂　二苯基乙醇酸 0.3g（1.3mmol），对甲基苯磺酸 0.06g，无水二甲苯 2.5mL，石油醚（30～60℃），10%碳酸钾。

2. 仪器　微型仪器一套（包括 10mL 圆底烧瓶，5mL 和 10mL 烧杯，微型球形冷凝管，微型分水器，微型分液漏斗，砂芯漏斗，25mL 吸抽滤瓶，2mL 刻度滴管等），显微熔点测定仪，红外光谱仪。

四、实验步骤

1. 在 10mL 圆底烧瓶中，加入 0.3g 二苯基乙醇酸、0.06g 对甲苯磺酸和 2.5mL 无水二甲苯。

2. 摇匀后装上预先充满无水二甲苯的分水器，其上端接一球形冷凝管。加热回流 1h，随着反应的进展，反应液逐渐变紫红色，分水器中的二甲苯变浑浊。

3. 反应液冷却后加入 1.25mL 10%的碳酸钾溶液，中和对甲苯磺酸和未反应的原料。

4. 用分液漏斗分出水层。有机层倒入小烧杯，滴加石油醚至晶体完全析出，约需 3.5mL 石油醚。

5. 减压过滤得白色粉末，转入表面皿中，在红外灯下干燥得粗产品 0.12g。

6. 二苯基乙醇酸交酯粗产品可用丙酮-水混合溶剂重结晶，得白色粉末状晶体。测定熔点为 194～196℃，并做红外光谱分析。

五、思考题

1. 反应中加入二甲苯意义何在？
2. 为什么加入石油醚能析出产品？

实验四十四　甲基红的合成

一、实验目的

1. 学习霍夫曼反应、重氮化反应、偶联反应的原理。
2. 掌握合成甲基红的实验操作。

二、基本原理

本实验以邻苯二甲酸酐为起始原料，经霍夫曼反应、重氮化反应、偶联反应等合成甲基红。

一级芳香胺和亚硝酸在低温下反应生成重氮盐，这个反应称为重氮化反应。例如：

$$\text{(苯胺)}-NH_2 \xrightarrow[0\sim5℃]{NaNO_2,\ HCl} \left[\text{(苯环)}-\overset{+}{N}\equiv N\right]Cl^-$$

重氮化试剂是亚硝酸钠和酸，最常用的酸是盐酸和硫酸。重氮盐通常的制备方法是把芳胺溶于 1∶1 的盐酸水溶液中，制成盐酸盐的水溶液。然后冷却到 0~5℃，并在此温度下滴加等摩尔（或稍过量）的亚硝酸钠水溶液进行反应，即得到重氮盐的水溶液。由于重氮化反应是放热的，而且大多数重氮盐极不稳定，室温即会分解，所以必须严格控制反应温度。重氮盐溶液不宜长期保存，最好立即使用。通常不需分离，可直接用于下一步合成。

重氮化反应中酸的用量往往比理论量多 0.5~1mol，目的是为了维持溶液一定的酸度。因为重氮盐在强酸性介质中较稳定，同时可防止重氮盐和未反应的胺进行偶联。而邻氨基苯甲酸的重氮盐是一个例外，它不需用过量的酸，这是由于重氮化生成的内盐比较稳定。

$$\text{(邻氨基苯甲酸 COOH)}-NH_2 + NaNO_2 + HCl \xrightarrow{0℃} \text{(COO}^-\text{ 内盐)}-\overset{+}{N}\equiv N + NaCl + 2H_2O$$

重氮盐的用途很广，其反应可分为两类。一类反应是用适当的试剂处理，重氮基可以被—H、—OH、—F、—Cl、—Br、—CN、—NO₂、—SH 等基团取代，制备相应的芳香族化合物。另一类反应是偶联反应，生成偶氮染料。重氮盐和三级芳胺或酚发生偶联反应，生成具有 $C_6H_5—N\equiv N—C_6H_5$ 结构的有色偶氮化合物。偶联反应一般在弱酸性或弱碱性介质中进行。溶液的 pH 值对偶联反应的速度影响很大。重氮盐和酚的偶联反应在中性或弱碱性条件下进行，与芳香胺的偶联反应宜在中性或弱酸性条件下进行。偶联反应通常也在较低的温度下进行。

本实验所涉及的反应式如下：

$$2\text{(邻苯二甲酸酐)} + H_2N—C—NH_2 \longrightarrow 2\text{(邻苯二甲酰亚胺 NH)} + H_2O + CO_2$$

$$\text{(邻苯二甲酰亚胺 NH)} + NaBrO \xrightarrow[(2)\ HCl,\ HAc]{(1)\ NaOH} \text{(邻氨基苯甲酸 COOH, NH}_2\text{)} + Na_2CO_3 + NaBr$$

红　　　　　　　　　　　　　　　　　　　黄

三、主要试剂与仪器

1. 试剂　邻苯二甲酸酐 99g（0.67mol），尿素 20g（0.33mol），甲醇，溴，氢氧化钠，50%NaOH 溶液，36%亚硫酸氢钠溶液，浓盐酸，冰醋酸，亚硝酸钠 0.7g（0.01mol），N,N-二甲基苯胺 1.3mL（0.01mol），95%乙醇，甲苯，甲醇。

2. 仪器　1L 长颈圆底烧瓶，空气冷凝管，布氏漏斗，吸滤瓶，500mL 三口烧瓶，恒压滴液漏斗，烧杯，锥形瓶，量筒，烧杯，电动搅拌器。

四、实验步骤

1. 邻苯二甲酰亚胺的制备

在 1L 长颈圆底烧瓶中，加入 99g（0.67mol）邻苯二甲酸酐，20g（0.33mol）尿素，装上空气冷凝管，先在 130～135℃ 油浴中加热。固体完全熔化，体系内不断有气泡放出，并不断加剧。逐渐升高油浴温度，约 20min 达到 150～160℃，此时体系内溶物突然膨胀，达原体积 3 倍。待冷到室温，加入 80mL 水，捣碎（此时空气冷凝管内有产物升华物，一并收集），抽滤，水洗，收集产物 94g，熔点 227～230℃。

所得产物可用甲醇（1:20）重结晶，得纯产物。熔点 238℃，产率 97%左右。

IR $\overline{\nu}_{max}^{KBr}$/cm^{-1}：3710(m)，1755～1783(s)，1315～1384(m)，1107(w)，905(s)；^{1}H NMR(100MHz)(CDCl$_3$，δ)：2.18(s，4H)，7.70～8.18(m，1H)。

2. 邻氨基苯甲酸的制备（霍夫曼重排反应）

在装有搅拌器、滴液漏斗的 500mL 三口烧瓶中，加入 72mL 50%NaOH 溶液，搅拌下加入 200g 冰，瓶外用冰盐浴冷却至 -15℃。滴加 7.4mL（23g，0.145mol）溴，滴加时温度需低于 10℃。加完溴液后，分批加入 20g（0.14mol）邻苯二甲酰亚胺，注意温度不超过 0℃。然后将透明液冷至 -5℃，搅拌下迅速加入 20g 粉状氢氧化钠，继续搅拌反应 30min 后，用水浴加热到 80℃，反应 2min。趁热过滤除去杂质，在滤液中加入 10mL 36%亚硫酸氢钠溶液，用冰水冷却，滴加浓盐酸至 pH=7～8，约需 40mL。再滴加冰醋酸，直到无沉淀析出为止，约需 25mL。过滤，冰水洗，得松散略显浅灰色晶体，熔点 120～125℃。

用水重结晶，每克粗产物加水 13g，加入活性炭脱色。冷却，析出针状无色或浅黄色晶体，熔点 144～145℃，产量 15.3～16g，产率 86%左右。

IR $\overline{\nu}_{max}^{KBr}$/cm^{-1}：3850(w)，3562(w)，2848～3125(w)，1692(s)，1563～1638(m)；^{1}H NMR(100MHz)(CDCl$_3$，δ)：2.09～2.27(d，1H)，2.55～2.88(bs，4H)，3.13～3.45(m，2H)。

3. 甲基红的制备

在 100mL 烧杯中，加入 3g 邻氨基苯甲酸和 12mL 1:1 的盐酸，加热使其溶解，放置冷却，待结晶析出后，减压过滤。将结晶压干，放于表面皿上晾干，得邻氨基苯甲酸盐酸盐 3g。取 1.7g（0.01mol）邻氨基苯甲酸盐酸盐，放入 100mL 锥形瓶中，加入 30mL 水使其溶解。将溶液在冰浴中冷却到 5～10℃，然后倒入 5mL 溶有 0.7g（0.01mol）亚硝酸钠的水溶液中，振荡，即制得重氮盐溶液，放在冰浴中备用。

在另一锥形瓶中，加入 1.3mL（0.01mol）N,N-二甲基苯胺，12mL 乙醇，摇匀后倾入上述制备的重氮盐溶液中，用塞子塞紧瓶口，用力振荡片刻，放置后即有甲基红析出。过滤结晶，用少量甲醇洗涤一次，干燥，称重约 3.2g。

按每克甲基红用 15～20mL 甲苯的比例，将粗品用甲苯重结晶。要在热水浴中使溶液慢慢冷却，得到紫黑色粒状结晶。滤出结晶，用少量甲苯洗一次，干燥并称重，约 1.5g，熔点 181～182℃。

甲基红是一种酸碱指示剂，变色范围为 pH 4.4～6.2。在一试管中用水溶解少量甲基红，先后滴加稀盐酸和稀氢氧化钠溶液，观察溶液颜色的变化。

五、注意事项

1. 由霍夫曼重排反应制备邻氨基苯甲酸时，应控制好温度。制备次溴酸钠时，反应温度不得超过 10℃，在向次溴酸钠中加邻苯二甲酰亚胺时，温度最高不得超过 5℃，否则所得产物因含有不易除去的树脂状杂质而影响产物的纯度和外观。

2. 若邻氨基苯甲酸溶液有颜色，可用活性炭脱色。

3. 甲基红的完全析出较慢，须放置 2h 以上，最好过夜。甲基红沉淀极难过滤，如果沉淀凝成大块时，可用水浴加热，令其溶解，缓缓冷却，放置 2～3h。为了得到大颗粒结晶，须在热水浴中令其慢慢冷却。

六、思考题

1. 什么是重氮化反应和偶联反应？结合本实验讨论一下重氮化反应和偶联反应的条件。

2. 试解释甲基红在酸碱介质中的变色原因，并用反应式表示。

实验四十五　磺胺类药物的合成

一、实验目的

1. 学习合成磺胺类化合物的原理与方法。

2. 掌握合成磺胺类药物的实验操作。

二、基本原理

本实验以乙酰苯胺为起始原料，合成以下三个磺胺类药物。

磺胺（对氨基苯磺酰胺）　　　　磺胺吡啶　　　　　　磺胺噻唑

磺胺类药物具有抑制肺炎球菌、脑膜炎球菌、葡萄状球菌等多种致病微生物的功能。在抗生素发现后，虽失去了原来的重要地位，但在治疗中仍广泛使用。

磺胺类药物在结构上都是对氨基苯磺酰胺的衍生物，其差别在于磺酰氨基的氮原子上取代基的不同。利用氯磺化反应可以制备芳基磺酰氯，理论上需要 2mol 的氯磺酸。反应先经过中间体芳基磺酸，而磺酸进一步与氯磺酸作用得到磺酰氯。磺酰氯是制备一系列磺胺类药物的基本原料。

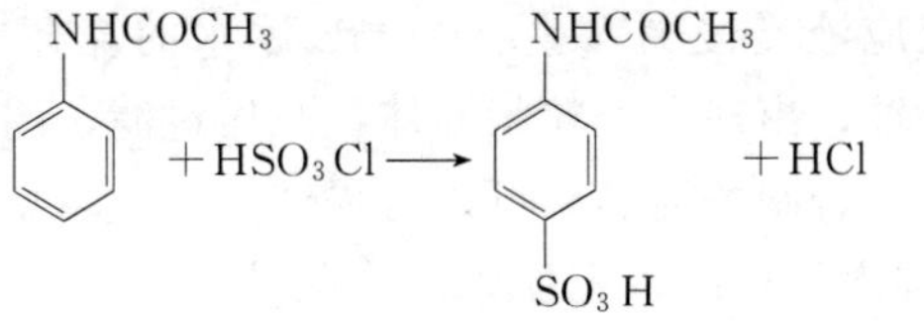

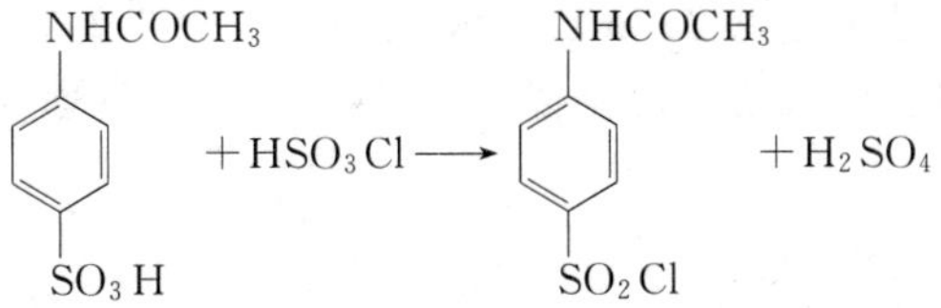

制备磺胺时不必将对乙酰氨基苯磺酰氯干燥或进一步提纯，因为下步为水溶液反应，但必须尽快使用，不能长期放置。如果要制备磺胺吡啶或磺胺噻唑，则必须干燥，因为下步反应在无水条件下进行。

一般认为磺酰氯对水的稳定性要比羧酸酰氯高，但也可以慢慢水解而得到相应的磺酸。对乙酰氨基苯磺酰氯与氨或氨的衍生物反应，是制备磺胺类药物的关键一步。因此必须首先合成对乙酰氨基苯磺酰氯。反应式如下：

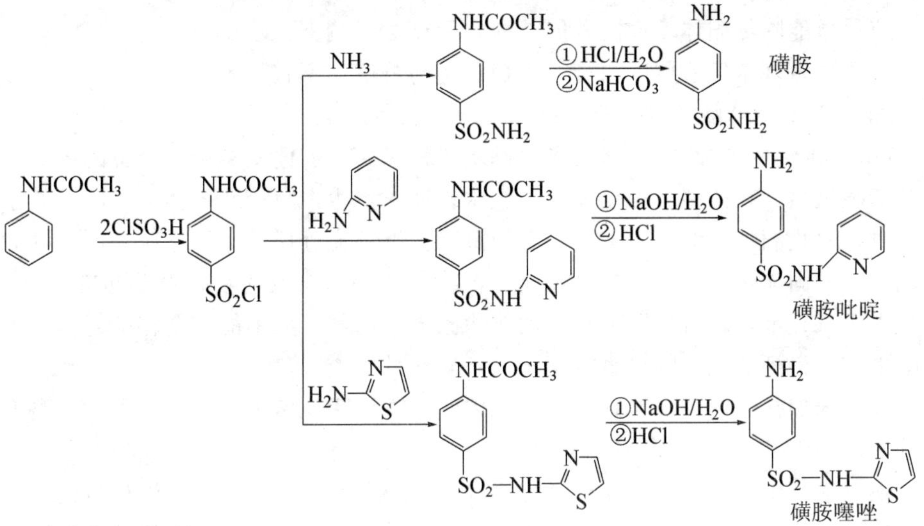

三、主要试剂与仪器

1. 试剂　乙酰苯胺 5g（0.037mol），α-氨基吡啶 2.4g（0.026mol），α-氨基噻唑 2.5g（0.025mol），氯磺酸 12.5mL，浓氨水，5%氢氧化钠，氯仿，盐酸，碳酸氢钠，乙醇，吡啶。

2. 仪器　100mL 锥形瓶，球形冷凝管，长颈玻璃漏斗，烧杯，布氏漏斗，吸滤瓶，量筒，250mL 圆底烧瓶，分液漏斗，球形冷凝管。

四、实验步骤

1. 对乙酰氨基苯磺酰氯的制备

在 100mL 干燥锥形瓶中，加入 5g 干燥的乙酰苯胺，放在石棉网上用小火加热使之融化。若瓶壁上出现少量水珠，应用滤纸擦干。取下锥形瓶在水浴中冷却，乙酰苯胺在瓶底上结成一薄层，经冰水浴冷却后，一次加入 12.5mL 氯磺酸，立即连接上氯化氢吸收装置（注意防止倒吸）。反应很快发生，若反应过于剧烈，可用水浴冷却。待反应缓和后，微微摇动锥形瓶以使固体全部反应，然后于温水浴上加热至不再有氯化氢气体产生为止。冷却后于通风橱中充分搅拌下，将反应液慢慢倒入盛有 75mL 冰水的烧杯中。用约 10mL 冷水洗涤烧瓶，并入烧杯中搅拌数分钟，出现白色粒状固体，减压过滤，用水洗净，压紧抽干。立即进行下一步制备磺胺的反应。若制备纯品，可进行提纯。

把粗品放入 250mL 圆底烧瓶内，先加入少许氯仿，加热回流，再逐渐加入氯仿直至固体全部溶解。然后将溶液迅速移入 250mL 分液漏斗中，分出氯仿层，在冰浴中冷却，即有结晶析出。减压过滤，用少量氯仿洗涤结晶，抽干，称重，得到纯品对乙酰氨基苯磺酰氯，熔点 148～149℃。

本步反应应注意以下几点。

（1）氯磺化反应常过于剧烈，难以控制，将乙酰苯胺凝结后再反应，可使反应平稳进行。

（2）氯磺酸有强烈的腐蚀性，遇水发生剧烈的放热反应，甚至爆炸，在空气中即冒出大量氯化氢气体，使人窒息，故取用时须特别小心，并注意通风。反应所用的仪器及药品皆需十分干燥，含有氯磺酸的废液不可倒入水槽，而应倒入酸缸中。

（3）必须防止局部过热，否则会造成苯磺酰氯的水解，这是做好本实验的关键。故需用大量的冰，并须充分搅拌，加入的速度要缓慢。

（4）应尽可能除尽固体表面附着的盐酸，否则会影响下一步反应。

（5）对乙酰氨基苯磺酰氯的粗产品不稳定、易分解，不宜放置过久。

2. 磺胺（对氨基苯磺酰胺）的制备

在 100mL 锥形瓶中加入 5g 对乙酰氨基苯磺酰氯，或前面实验中所制备的未经干燥的对乙酰氨基苯磺酰氯，在搅拌下慢慢加入浓氨水，此时产生白色稠状固体。当滴入氨水至固体稍有溶解时，停止滴加，约需 15mL 左右的氨水。继续充分搅拌（该反应是由一种固体化合物转变成另一种固体化合物，若搅拌不充分，将会有一些未反应物被产物包在里面），然后于其中加入 10mL 水，在石棉网上小火加热除去多余的氨。如不能完全将氨赶净，可加入微量的盐酸中和。得到的混合物可直接用于制备磺胺的反应。

也可以在未加盐酸前将混合物过滤，固体经水洗涤后压紧抽干，得粗品对乙酰氨基苯磺酰胺，然后用 50％乙醇重结晶。熔点 212～214℃。

在上述反应物中加入 5mL 盐酸、10mL 水，加热回流 50min。若溶液呈黄色，可加少量活性炭脱色。过滤，在滤液中先慢慢加固体碳酸氢钠，并不断搅拌。在快接近中性（即固体磺胺还未析出前）时，慢慢加饱和碳酸氢钠水溶液，直至溶液呈中性，此时有固体磺胺析出。放置冷却后过滤，可用少量水洗涤产品，压紧抽干，得粗品磺胺。用水重结晶后得 3～4g 产品，熔点 162～164℃。

本步实验应注意以下几点。

（1）加盐酸水解前，溶液中氨的含量不同，加 5mL 盐酸有时不够。因此，在回流至固体全部消失后，应测量一下溶液的酸碱性。若不呈酸性，应补加盐酸继续回流一段时间。

（2）中和反应中放出大量二氧化碳气体，要防止产品溢出。产品可溶于过量碱中（为什么？），中和时必须仔细控制碳酸氢钠用量。

3. 磺胺吡啶的制备

在合成磺胺吡啶的过程中，对乙酰氨基苯磺酰氯与 α-氨基吡啶反应，从而脱去一分子的氯化氢，放出的氯化氢又可以和 α-氨基吡啶中的氨基起反应而生成 α-氨基吡啶的盐酸盐。这个盐的生成，就阻止了反应顺利地进行。为了使反应顺利进行，一般使用碱性有机溶剂吡啶。吡啶既可以捕集反应中产生的氯化氢，又可以使固体有机物溶解。

称取 2.4g α-氨基吡啶，放入盛有 10mL 无水吡啶的圆底烧瓶中，加入 6g 干燥的对乙酰氨基苯磺酰氯，加热回流 15min。反应完毕，将混合物冷却，并倾入盛有 50mL 水的烧杯中，用少量水冲洗烧瓶并倾入上述混合液中。将此混合液在冰浴中边搅拌边冷却，直至油状物结晶为止。减压过滤收集粗产品。

将粗品放入圆底烧瓶中，加入 20mL 10％氢氧化钠水溶液。加热回流 40min，然后将溶液冷却，并用 1∶1 盐酸小心地进行中和，沉淀即为磺胺吡啶。

减压过滤，粗品用 95％乙醇（约 100mL）重结晶。产品干燥后称量并计算产率，熔点 190～193℃。

4. 磺胺噻唑的制备

将 2.5g α-氨基噻唑放入盛有 10mL 无水吡啶的锥形瓶中，然后称取 6.5g 对乙酰氨基苯磺酰氯，分批加入锥形瓶中，每加入一批要摇动锥形瓶，控制加入速度，以使溶液温度不超过 40℃为宜。加完后在水浴上加热 30min。将混合液冷却并倾入盛有 70mL 水的烧杯中。用水冲洗锥形瓶，将冲洗液合并，油状物用玻璃棒搅动摩擦，即行固化。减压过滤，用冷水洗涤并压干。

称量粗品，并将其溶于盛有 10％氢氧化钠溶液（每克粗品需用 10mL 溶液）的圆底烧瓶中。加热回流 1h。反应完后，将溶液冷却，用浓盐酸调节使溶液 pH＝6。如加酸过多，可用 10％氢氧化钠溶液进行调节。然后再加入固体醋酸钠使溶液刚好呈碱性（石蕊试纸），将溶液加热至沸腾，然后在冰浴中冷却，过滤。

粗产品用水进行重结晶（磺胺噻唑的溶解度在热水中很低），将滤液放置，冷至室温，过滤，将产品干燥、称量并测熔点。纯品熔点为 201～202℃。

五、思考题

1. 在对乙酰氨基苯磺酰氯的制备过程中，为什么要用乙酰苯胺来氯磺化，直接用苯胺行吗？为什么氯磺化后，要把产物倒入冰水中水解剩余的氯磺酸？如果倒入水中，会有什么副反应发生？

2. 对乙酰氨基苯磺酰胺分子中既含有羧酰胺又含有苯磺酰胺，但是水解时，为什么前者远比后者容易？

3. 如何理解对氨基苯磺酰胺是两性物质？试用反应式表示磺胺与稀酸和稀碱的反应。

4. 在磺胺吡啶的制备过程中，为什么要使用无水吡啶，其作用是什么？为什么碱性水解后要将混合液调节至中性或刚好碱性？

5. 磺胺类药物有哪些理化性质？在本实验中，是如何利用这些性质进行产品纯化的？

实验四十六　3(2H)-哒嗪酮类衍生物的合成

一、实验目的

1. 了解相关杂环反应的基本原理与实验方法。

2. 培养综合分析问题和解决问题的能力。

3. 掌握实验中涉及的基本操作。

二、基本原理

3(2H)-哒嗪酮是在1,2-二嗪环上含有羰基官能团的化合物，它的结构与生理活性使它成为重要的医药、农药及中间体。

以糠醛为起始原料，分别经卤代、氧化脱羧等反应，制备黏溴酸、黏氯酸，进一步反应制得一系列相应的哒嗪酮类衍生物。反应式如下：

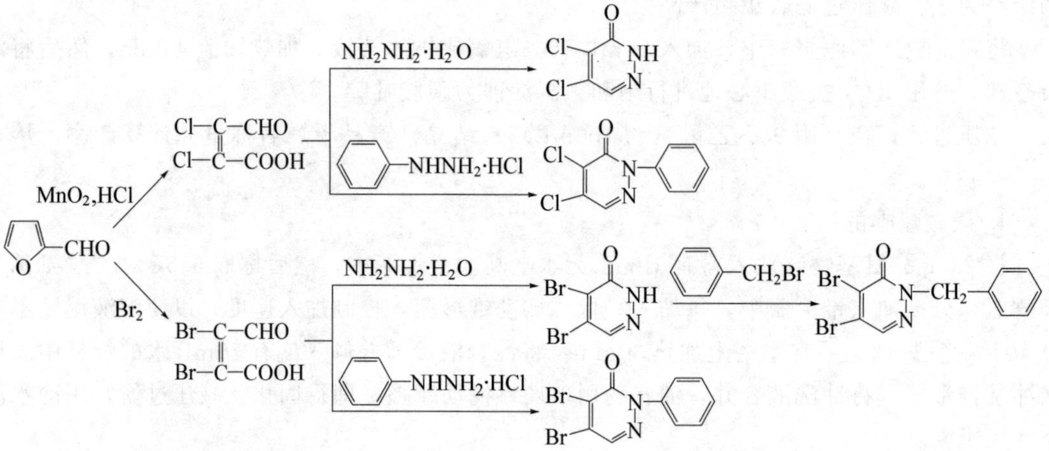

三、主要试剂与仪器

1. 试剂　糠醛，溴，盐酸，二氧化锰，肼，碳酸钾，盐酸苯肼，乙醇，冰醋酸，碳酸钠，吡啶，溴化苄，亚硫酸氢钠。

2. 仪器　250mL三口烧瓶，球形冷凝管，恒压滴液漏斗，分液漏斗，温度计，温度计套管，75°弯管，直形冷凝管，支管接引管，锥形瓶，量筒，布氏漏斗，吸滤瓶，500mL四口烧瓶，圆底烧瓶，烧杯，电动搅拌器。

四、实验步骤

本实验拟合成黏溴酸，黏氯酸，4,5-二氯-3(2H)-哒嗪酮，4,5-二氯-2-苯基-3(2H)-哒嗪酮，4,5-二溴-3(2H)-哒嗪酮，4,5-二溴-2-苯基-3(2H)-哒嗪酮，4,5-二溴-2-苄基-3(2H)-哒嗪酮七个化合物。产物分别用红外光谱、紫外光谱进行表征。

1. 黏溴酸的合成

在装有滴液漏斗、温度计、机械搅拌器的250mL三口烧瓶中，加入10.4mL (0.125mol)新蒸馏的糠醛和120mL水。剧烈搅拌均匀，用冰浴冷却三口烧瓶，使反应混合物达5℃以下。

由滴液漏斗滴加溴108g（34.56mL，0.675mol），反应放热，必须始终用冰浴控制其反应温度在5℃以下。溴加完后，撤去温度计，换上回流冷凝管，搅拌下加热煮沸30min，撤去回流冷凝管，换上75°弯管和冷凝管，安装成蒸馏装置，蒸馏除去过量的溴，直至馏出液几乎无色为止。

用水泵减压，水浴加热将上述残液蒸干，用气体吸收装置吸收蒸出的氢溴酸。

固体残渣在冰浴冷却下加8～12mL冰水，研细，并加入15mL饱和亚硫酸氢钠水溶液，使原来的浅黄色褪去。用布氏漏斗抽滤混合物，滤饼为黏溴酸固体。用少量冰水洗涤两次。粗品重30～32g。

将粗黏溴酸溶于 27mL 沸水中，加活性炭脱色。趁热过滤，滤液冷却到 0℃，析出无色黏溴酸晶体。过滤，干燥后重 24～27g，收率 74%～84%，熔点 124～125℃。

2. 黏氯酸的合成

在 500mL 四口烧瓶中，加入 227mL 浓盐酸和 52mL 水，开启搅拌器并用冰水降温，使反应瓶中的温度降至 10℃ 以下，滴加 16.6mL（0.2mol）糠醛。

分批慢慢加入 40g 二氧化锰，反应过程中的温度不得超过 10℃，加完后继续搅拌。约 3h 后，反应液基本澄清。再升温到 15～20℃，加入 20g 二氧化锰，反应 1h。

然后升温到 60℃，加入 10g 二氧化锰，反应 1h 后，再加入 10g 二氧化锰，反应 1h。

最后升温到 90℃，继续搅拌反应 1h，反应液为淡黄色的透明溶液。

冷却到室温，即有固体析出。粗产物用 100mL 水重结晶，得到闪亮的无色片状晶体，经真空干燥后，重 21g，收率 62%，熔点 125～126℃。

3. 4,5-二氯-3(2H)-哒嗪酮的合成

将 3.4g 肼（95%）和 50mL 水组成的溶液，慢慢加入装有 11mL 浓盐酸的烧瓶中。搅拌加热到沸腾。

在搅拌下，慢慢加入 16.9g（0.1mol）黏氯酸和 20mL 水组成的沸腾溶液。

混合物搅拌 15min 后，趁热过滤，得到米色的固体，真空干燥，即为 4,5-二氯-3(2H)-哒嗪酮，重 15.7g，收率 95.5%，熔点 200～202℃。

4. 4,5-二氯-2-苯基-3(2H)-哒嗪酮的合成

取 16.9g（0.1mol）黏氯酸，5.5g 无水碳酸钠溶于 135mL 冷水中，另取 14.5g 盐酸苯肼溶于 135mL 水中，两者混合后，搅拌 1h，过滤，粗品用稀乙醇重结晶，得黏氯酸苯腙，熔点 124～125℃。

5.4g 黏氯酸苯腙溶解在 40mL 冰醋酸中，加热回流 15min，再加入少量冷水，冷却后，得到 4.6g 沉淀物，收率 90%。用 90% 的乙醇溶液重结晶提纯，得到 4,5-二氯-2-苯基-3(2H)-哒嗪酮，为闪亮的棱柱状白色晶体，熔点 163～164℃。

5. 4,5-二溴-3(2H)-哒嗪酮和 4,5-二溴-2-苯基-3(2H)-哒嗪酮的合成

4,5-二溴-3(2H)-哒嗪酮和 4,5-二溴-2-苯基-3(2H)-哒嗪酮可参照相应的氯代产物来合成。

6. 4,5-二溴-2-苄基-3(2H)-哒嗪酮的合成

将 10g（0.04mol）4,5-二溴-3(2H)-哒嗪酮溶于 48mL 吡啶中，在搅拌下滴加 6.0mL 溴化苄，控制反应温度不高于 40℃。溴化苄加完后，继续搅拌 1h。将反应液倒入冰水中，析出淡黄色固体。

粗产物用 95% 的乙醇重结晶，得 4,5-二溴-2-苄基-3(2H)-哒嗪酮 10g，收率 73%，熔点 250～252℃。

五、注意事项

1. 用滴液漏斗滴加溴时，一定要注意实验室的通风，防止溴的泄漏，以免污染环境和灼伤皮肤。

2. 黏溴酸制备过程中，一定要控制好温度，反应温度高于 10℃，则产率很低，并有焦油生成。反应结束后，必须除尽全部氢溴酸，否则会增加产品黏溴酸的损失。

六、思考题

1. 在制备黏溴酸的过程中，如何安全量取和使用溴？在制备黏氯酸的过程中，为什么二氧化锰要如此分批加入？

2. 3(2H)-哒嗪酮环上取代基的种类、位置不同时，其生物活性有很大的不同，如 6 位衍生物具有诸如抗惊作用、对血小板聚集的抑制作用、强心作用等，在医药领域得到广泛的应用；4 位或 5 位衍生物则在农药领域有广泛的应用，包括植物生长调剂剂、除草剂、杀菌剂、杀虫（杀螨）剂、昆虫生长调节剂等方面。请查阅有关文献，列举出若干 3(2H)-哒嗪酮的 6 位衍生物和 4 位或 5 位衍生物的用途实例。

实验四十七　1-(4-甲基）苯基-3-苯基-3-(N-苯基)氨基-1-丙酮的制备

一、实验目的

1. 学习 1-(4-甲基)苯基-3-苯基-3-(N-苯基)氨基-1-丙酮的制备原理及方法。

2. 掌握 Friedel-Crafts 酰基化反应、Claisen-Schmidt 缩合反应以及 α,β-不饱和酮加成反应的原理。

二、基本原理

1-(4-甲基)苯基-3-苯基-3-(N-苯基)氨基-1-丙酮及其合成过程中的中间产物是配制金合欢、紫丁香香型香精的原料，在日用化学品中有广泛的用途。本实验以甲苯为原料，经中间产物对甲基苯乙酮、对甲基查尔酮，合成 1-(4-甲基)苯基-3-苯基-3-(N-苯基)氨基-1-丙酮。本实验包括下述三步：

1. 由 Friedel-Crafts 酰基化反应制备对甲基苯乙酮：

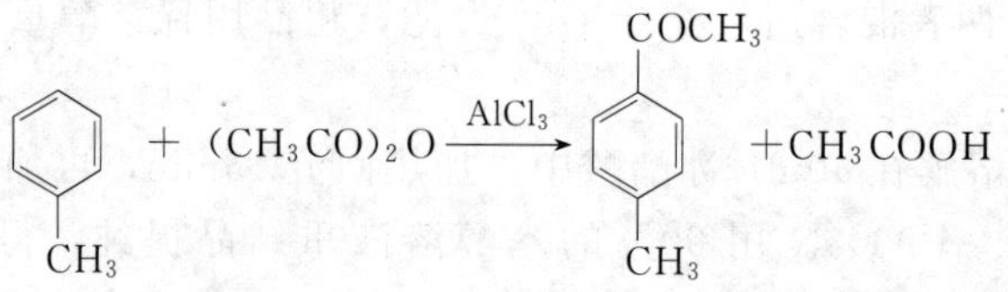

$$\text{+ } (CH_3CO)_2O \xrightarrow{AlCl_3} \quad + CH_3COOH$$

可能的副产物邻甲基苯乙酮与主产物产量之比，一般不超过 1：20。

2. 由 Claisen-Schmidt 缩合反应制备 1-对甲苯基-3-苯基丙烯-1-酮（以下均以俗名对甲基查尔酮称之）：

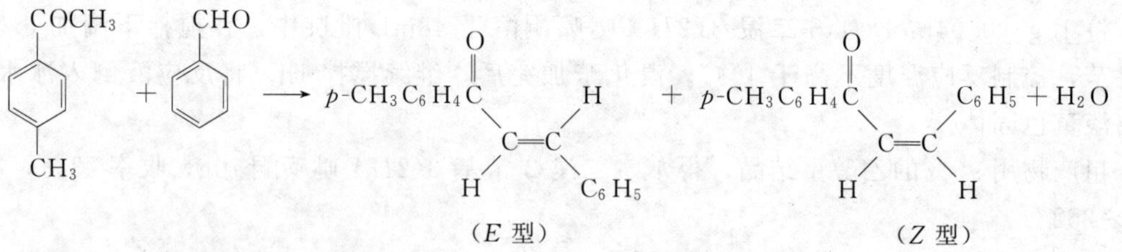

（E 型）　　　　（Z 型）

形成 E 型结构的空间位阻比 Z 型小，应为主要产物。

3. 对甲基查尔酮与苯胺加成制备 1-(4-甲基)苯基-3-苯基-3-(N-苯基)氨基-1-丙酮：

（E 型）

142

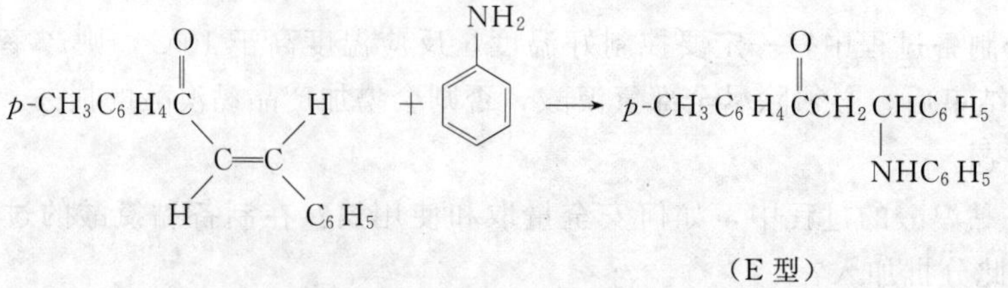

该反应若不用催化剂，则反应速率很慢，有时甚至经长时间放置亦无产物。而用微量碱催化则可在数小时内完成。

三、主要试剂与仪器

1. 试剂　无水三氯化铝 20g（0.15mol），乙酐 4.7mL（0.05mol），甲苯 26.5mL（0.25mol），苯甲醛 2.6mL（0.025mol），浓盐酸，95%乙醇，苯胺，氢氧化钠，乙醚，无水硫酸镁。

2. 仪器　三口烧瓶，球形冷凝管，温度计，二口连接管，滴液漏斗，直形冷凝管，干燥管，烧杯，分液漏斗，锥形瓶，圆底烧瓶，蒸馏头，克氏蒸馏头，支管接引管，量筒。

电动搅拌器，X-4 型数字显示熔点测定仪，WAY 2W 型阿贝折射仪，傅里叶变换红外光谱仪，核磁共振仪。

四、实验步骤

1. 对甲基苯乙酮的制备

在 250mL 三口烧瓶上，分别装置机械搅拌器、温度计及二口连接管。二口连接管上再分别装置滴液漏斗和冷凝管，冷凝管上口装一氯化钙干燥管，后者再与氯化氢气体吸收装置相连。

迅速称取 20g（0.15mol）无水三氯化铝放入三口烧瓶中，再立即加入 26.5mL 无水甲苯。在搅拌下，滴加 5.1g（4.7mL，0.05mol）新蒸乙酐，调节滴加速度，控制反应温度在 60℃左右，加料约需 15min。加毕，缓缓加热 30min，控制反应温度在 90～95℃。冷却，在搅拌下将反应物倒入盛有 40g 碎冰和 30mL 浓盐酸的烧杯中，再将水解物转移到分液漏斗中，分出有机层，水层用 40mL 乙醚分两次萃取。乙醚萃取液与有机层合并后，用 10%氢氧化钠溶液 10mL 洗涤，再用水 10mL 洗涤，用无水硫酸镁干燥。水浴加热蒸去大部分乙醚，再用水泵减压下蒸去甲苯，最后用油泵减压蒸馏，收集 93～94℃/933Pa 馏分，产量约6g，产率 90%，测得折射率为 1.5309。

2. 对甲基查尔酮的制备

在三口烧瓶中加入 12.5mL 10%的氢氧化钠溶液、12.5mL 95%的乙醇和 3.4g（0.025mol）对甲基苯乙酮。在冰浴冷却和搅拌下滴加 2.6mL（0.025mol）苯甲醛。滴加完毕，继续在冰浴中搅拌 30min，再在室温下反应 1h，即有黄色油状物析出。用晶种或摩擦瓶壁的方法对油状物进行诱导结晶，并用冰浴冷却使结晶完全。抽滤，晶体先后用少量冷水和冷乙醇洗涤，粗产物约为 5g（产率约 90%）。粗品用 95%的乙醇重结晶（1g 粗品约用 3mL 乙醇），得淡黄色晶体，熔点 72～73℃（文献值 75℃）。

3. 1-(4-甲基)苯基-3-苯基-3-(N-苯基)氨基-1-丙酮的制备

在 100mL 锥形瓶中将 2g（9.0mmol）对甲基查尔酮在约 60℃水浴温热下溶于 55mL 70%的乙醇中，加入 0.86mL（9.5mmol）苯胺，摇匀，再加入 4 滴 5%的氢氧化钠溶液后加塞摇匀。在室温下放置约 1h 后即有白色细颗粒状晶体析出，继续放置 1h 后置冰浴中冷却使结晶完全。收集晶体，用少量乙醇洗涤，粗产物约为 2.5g（产率约 88%）。粗品用 70%的乙醇重结晶，得到目标产物 1-(4-甲基)苯基-3-苯基-3-(N-苯基)氨基-1-丙酮。熔点 141～142℃（文献值 141℃）。用 KBr 压片法测定产物的红外光谱（图 5-8），以氘代氯仿为溶剂测定产物的核磁共振谱（图 5-9）。主要谱带及归属见表 5-2 及表 5-3。

五、注意事项

无水三氯化铝的质量是实验成败的关键之一。称量、投料都要迅速，避免长时间暴露在空气中。为此，应在通风橱中用带塞的干燥锥形瓶称量。

六、思考题

1. 制备对甲基苯乙酮实验中无水三氯化铝为何要过量？反应为何要搅拌？仪器若不够

干燥，将会产生什么后果？

2. 在第二步 Claisen-Schmidt 缩合反应中，可能会发生哪些副反应？它们如何被抑制的？为什么该反应以 E 型产物为主？

3. 在第三步加成反应中，为什么加入微量碱作催化剂即可大大加快反应速率？

附图

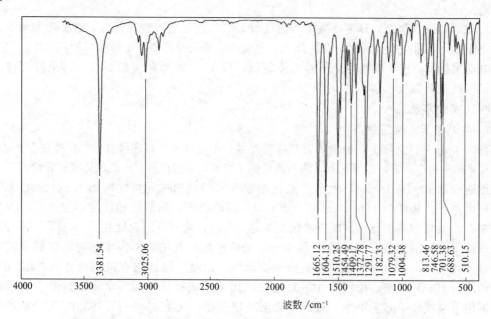

图 5-8　1-(4-甲基)苯基-3-苯基-3-(N-苯基)氨基-1-丙酮的红外光谱图

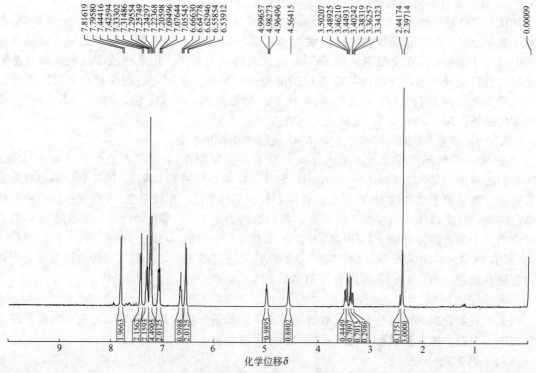

图 5-9　1-(4-甲基)苯基-3-苯基-3-(N-苯基)氨基-1-丙酮的核磁共振谱图

表 5-2　1-(4-甲基)苯基-3-苯基-3-(N-苯基)氨基-1-丙酮的红外光谱各主要谱带及归属

谱带位置/cm⁻¹	归属	谱带位置/cm⁻¹	归属	谱带位置/cm⁻¹	归属	谱带位置/cm⁻¹	归属
3381	ν_{NH}	2929	ν_{CH_3}	1604、1510	ν_{Ph-H}	869、813、	$\gamma_{CH(Ar-H)}$
3025	ν_{Ph-H}	1665	$\nu_{C=O}$	1291	ν_{C-N}	751、701	

表 5-3　1-(4-甲基)苯基-3-苯基-3-(N-苯基)氨基-1-丙酮的核磁共振谱峰及归属

化学位移 δ_H	峰型	归属	化学位移 δ_H	峰型	归属
2.397	单峰(3H)	—CH₃	3.343~3.502	多重峰(2H)	—CH₂
4.564	单峰(1H)	—NH	4.983	三重峰(1H)	—CH
6.539~7.816	多重峰(14H)	Ar—H			

实验四十八　α-苯乙胺外消旋体的拆分

一、实验目的

1. 了解外消旋体拆分的方法及原理。

2. 掌握分步结晶法。

3. 熟悉旋光仪的使用。

二、基本原理

对外消旋体进行拆分的方法很多，一般有播种结晶法、非对映异构盐拆分法、酶拆分法、色谱拆分法等。

播种结晶法是在外消旋体的饱和溶液中加入其中一种纯的单一光学异构体（左旋或右旋）结晶，使溶液对这种异构体呈过饱和状态。然后在一定温度下该过饱和的光学异构体优先大量析出结晶，迅速过滤得到单一光学异构体。再往滤液中加入一定量的外消旋体，则溶液中另一种异构体达到饱和，经冷却过滤后得到另一种单一光学异构体。经过如此反复操作，连续拆分便可以交叉获得左旋体和右旋体，此法又称为交叉诱导结晶法。

具有一个手性碳的外消旋体的两个异构体互为对映体，它们一般都具有相同的物理性质，用重结晶、分馏、萃取及常规色谱法不能分离，通常采用使其与一个旋光的化合物或某一光学活性化合物（即拆分剂）作用生成两种非对映异构盐，再利用它们的物理性质（如在某种选定的溶剂中的溶解度）不同，用分步结晶法来分离它们，最后去掉拆分剂，便可以得到光学纯的异构体，这种方法就是实验室里常用的非对映异构盐拆分法。

非对映异构盐拆分法的关键是选择一个好的拆分剂。一个好的拆分剂必须具备以下特点：（1）必须与外消旋体容易形成非对映异构盐，而且又容易除去；（2）在常用溶剂中，形成的非对映异构盐的溶解度差别要显著，两者之一必须能析出良好的结晶；（3）价廉易得或拆分后回收率高；（4）光学纯度必须很高，化学性质稳定。

常用的酸性拆分剂有酒石酸、苯乙醇酸、樟脑磺酸等；碱性拆分剂有马钱子碱、番木鳖碱、奎宁、辛可宁、麻黄碱、苯基丙胺、α-氨基丁酸。

（±）-α-苯乙胺的两个对映体的溶解度是相同的，但当用 D-(＋)-酒石酸进行处理时，可以产生两个非对映体的盐。这两个盐在甲醇中的溶解度有显著差异，用分步结晶法可以将它们分离开来，然后再分别用碱对这两个已分离的非对映异构盐进行拆分，就能将具有不同旋光方向的 α-苯乙胺游离出来，从而获得纯的（＋）-α-苯乙胺和（－）-α-苯乙胺。

$$
\text{(±)-α-苯乙胺} \quad B(-) \quad B(+) \qquad \text{右旋酒石酸} \quad A(+) \qquad \longrightarrow \qquad
\begin{array}{c} B(-)A(+) \\ + \\ B(+)A(+) \end{array}
$$

（±)-α-苯乙胺　　　右旋酒石酸　　　两个非对映异构体

$$
B(-) \quad A(+) \xrightarrow{2OH^-} \text{(−)-α-苯乙胺} + A(+)
$$

在 CH_3OH 中溶解度较小的盐　　　（−)-α-苯乙胺 $[\alpha]_D^{22}=-40.3°$

$$
B(+) \quad A(+) \xrightarrow{2OH^-} \text{(+)-α-苯乙胺} + A(+)
$$

在 CH_3OH 中溶解度较大的盐　　　（+)-α-苯乙胺 $[\alpha]_D^{22}=+40.3°$

三、主要试剂与仪器

1. 试剂　（±)-α-苯乙胺 3g(0.025mol)，D-(+)-酒石酸 3.8g(0.025mol)，甲醇，乙醚，粒状氢氧化钠，氢氧化钠溶液（500g/L)。

2. 仪器　250mL 锥形瓶，烧杯，温度计，温度计套管，量筒，漏斗，玻璃棒，培养皿，放大镜，吸滤瓶，布氏漏斗，圆底烧瓶，蒸馏头，克氏蒸馏头，直形冷凝管，支管接引管，水泵，电加热套，托盘天平，圆盘旋光仪。

四、实验步骤

1. 分步结晶

在盛有 50mL 甲醇的锥形瓶中，加入 3.8g(约 0.025mol)D-(+)-酒石酸，搅拌并用热水浴使其溶解，水浴温度应低于甲醇的沸点，然后小心地溶入 3g（约 0.025mol)（±)-α-苯乙胺，室温下放置 24h，即可生成白色棱柱状晶体，过滤，滤液留待分出（+)-α-苯乙胺。晶体用少量甲醇洗涤，干燥后得（+)-酒石酸-(−)-α-苯乙胺盐，称质量并计算产率。

2. 拆分

(1)（−)-α-苯乙胺的拆分

将上述所得（+)-酒石酸-(−)-α-苯乙胺盐晶体溶于 10mL 水中，加入 2mL 500g/L 氢氧化钠溶液，搅拌至固体全部溶解，然后各用 10mL 乙醚萃取氢氧化钠溶液两次，合并萃取液并用粒状氢氧化钠干燥，将干燥后的乙醚溶液转入蒸馏瓶，在水浴上蒸去乙醚后，继续进行加热蒸馏，收集 180～190℃馏分，称量并计算产率。测定（−)-α-苯乙胺的比旋光度，计算产物的光学纯度。

（2）（＋)-α-苯乙胺的拆分

上述析出（＋)-酒石酸-(－)-α-苯乙胺盐的母液中含有甲醇，故应先在水浴中尽量蒸出甲醇，所得白色的残留物固体便是（＋)-α-苯乙胺-(＋)-酒石酸盐，按（1）的操作方法，用水、氢氧化钠溶液来处理该盐，用乙醚萃取，粒状氢氧化钠干燥，蒸去乙醚，然后进行减压蒸馏，收集 85～86℃/2800Pa（21mmHg）馏分（b.p.187℃/0.1MPa），称量并计算产率，测定（＋)-α-苯乙胺的比旋光度。

纯（＋)-α-苯乙胺的 $[\alpha]_D^{22}=+40.3°$，计算产物的光学纯度。

五、注意事项

1. 若析出的结晶是光学纯度较差的 α-苯乙胺针状结晶而不是棱柱状时，可以加热溶解结晶，然后再将溶液慢慢冷却至棱柱状结晶析出。

2. 旋光度的测定可以用来鉴定光活性物质的光学纯度。

光学纯度＝（实际测得的比旋光度/纯物质的比旋光度)×100%

六、思考题

1. 什么叫外消旋体？拆分它们有哪些方法？

2. 简述非对映异构盐拆分法的原理。

实验四十九　从茶叶中提取咖啡碱

一、实验目的

1. 学习从茶叶中提取咖啡碱的原理和方法。

2. 进一步掌提升华操作和索氏提取器的原理及使用方法。

二、基本原理

茶叶中含有生物碱，其主要成分为含量约占 3%～5% 的咖啡碱（又称咖啡因，Caffeine）和含量较少的茶碱和可可豆碱。此外，茶叶中还含有 11%～12% 的单宁酸（又称鞣酸），以及叶绿素、纤维素、蛋白质等。咖啡因的化学名称是 1,3,7-三甲基-2,6-二氧嘌呤，其结构式如下：

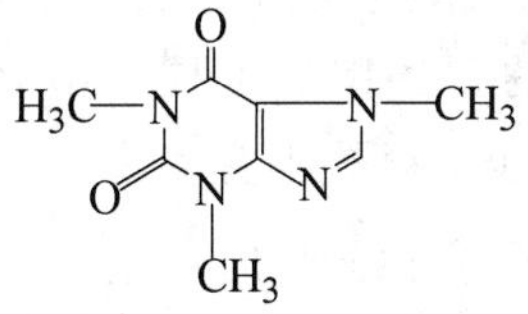

咖啡碱是在咖啡、茶和可可等植物中天然含有的有机化合物。它有特别强烈的苦味，能刺激中枢神经系统、心脏和呼吸系统。它还是利尿剂，也是复方阿司匹林（APC）等药物的组分之一。在部分无酒精饮料（如红牛饮料、可乐饮料）中也可找到。目前一般食品添加剂所用的咖啡因主要是人工合成品。近年来，人们追求回归自然、饮用绿色饮料的时尚，引起了对从茶叶及其副产品中提取纯天然咖啡碱的研究和重视，现在已经出现了许多提取工艺及其相关产品。

纯的咖啡碱是白色针状晶体，易溶于水、乙醇、丙酮、氯仿等，在 100℃ 时失去结晶水，并开始升华，178℃ 时升华得很快。无水咖啡碱的熔点为 238℃。

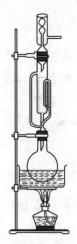

图 5-10　索氏
提取装置

本实验从茶叶中提取咖啡碱是用适当的溶剂（95％乙醇）在索氏提取器中连续抽提，然后浓缩、焙炒而得粗制咖啡碱，最后通过升华提纯。

三、主要试剂与仪器

1. 试剂　干茶叶或茶叶末 10g，95％乙醇 120mL，无水氧化钙。

2. 仪器　索氏提取器，回流冷凝管，250mL 圆底烧瓶，200mL 量筒，水浴锅，蒸馏烧瓶，温度计，蒸馏头，直形冷凝管，接引管，锥形瓶，酒精灯，三脚架，蒸发皿，刮刀，表面皿。

四、实验步骤

1. 仪器的装配　按照图 5-10 所示装配好索氏提取器。

装配过程中要注意：（1）滤纸套筒要紧贴器壁，其高度介于虹吸管和蒸气上升的侧管口之间，滤纸套筒上部要折成凹形，以保证回流液均匀浸透被萃取物；（2）接口部位要注意密封；（3）加热容器要与大气相通（否则危险）。

2. 回流萃取　称取 10g 茶叶（或茶叶末），放入索氏提取器的滤纸套筒内，注意茶叶末不可以漏出而堵塞虹吸管。然后在 250mL 圆底烧瓶中加入 120mL 95％的乙醇和几粒沸石，接通冷凝水，水浴加热。观察从虹吸管流出的萃取液的颜色。当萃取液颜色较浅，刚刚虹吸下去时立即停止加热。连续抽提时间大约为 2h（虹吸 7～8 次）。

3. 回收溶剂和浓缩　将索氏提取装置改为蒸馏装置并将圆底烧瓶接入其中，蒸馏回收提取液中的大部分乙醇（约 100mL），烧瓶中的残液即为浓缩的粗咖啡碱溶液。将残液趁热倒入蒸发皿中，可用少量的回收的乙醇将烧瓶洗涤 1～2 次，再将洗涤液倒入蒸发皿中。

4. 焙炒　往蒸发皿的残液中拌入 3～4g 研细的无水氧化钙（起吸水、中和、去杂质如单宁等部分酸性杂质的作用），搅拌成浆状。再将蒸发皿在水蒸气浴上蒸干后，将蒸发皿移至两层相隔约 10mm 的石棉网的上层，用火焰加热下层石棉网，用热空气浴焙炒，火焰不宜太大，务

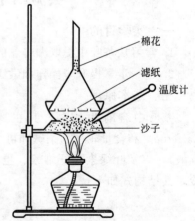

图 5-11　常压升华装置（少量）

（棉花、滤纸、温度计、沙子）

必使水分全部除去。如留有少量水分会在升华时产生一些烟雾污染器皿。炒至变为墨绿色粒状物后，再用洁净的器具将其碾成粉末。冷却后，擦去粘在蒸发皿边上的粉末，以免升华时污染产物。

5. 升华精制　按图 5-11 装配好升华装置。在蒸发皿上盖一张刺有十余个孔径约 3mm 小孔的滤纸，孔刺向上。再罩上一个合适漏斗，其直径既小于蒸发皿，又小于滤纸。漏斗颈部塞一小团疏松棉花，以减少蒸气外逸。用沙浴或石棉网上的空气浴（酒精灯或煤气灯）小火加热，逐渐升高温度；适当控温，使其高于咖啡因的沸点 178℃（升华），而低于其熔点 238℃，如 220～230℃ 范围内。如果温度太高，会使产物炭化。当滤纸上出现白色针状结晶时，适当控制火焰以降低升华速度，当温度达到 230℃（或发现有棕色烟雾时），这时可认为

148

升华完毕，立即停止加热。冷至100℃左右，小心揭开滤纸和漏斗，仔细地把附在纸上和器皿周围的咖啡因晶体用小刀刮下。如果残渣仍为绿色，可再次升华，直到残渣变为棕色为止。

合并两次所得之咖啡因，称量，产量约为60～70mg。测其熔点，实测熔点范围应在236～237℃。

6. 咖啡因的定性测定

（1）提取液的定性检验：取样品液2滴于干燥的白色瓷板上，喷上酸性碘-碘化钾试剂，可见到棕色、红紫色和蓝紫色化合物生成。

（2）咖啡因的定性检验：取上述任一样品液2～4mL置于瓷皿中，加热蒸去溶剂，加盐酸1mL溶解，加入0.1g $KClO_3$，在通风橱内加热蒸发，待干，冷却后滴加氯水数滴，残渣即变为紫色。

（3）利用红外光谱仪测定样品的光谱并与标准样的红外光谱相比较。

五、注意事项

在萃取回流很充分的情况下，纯化产物的升华操作是本实验成败的关键。在升华过程中始终都必须小火加热，严格控制加热温度。如采用沙浴加热，为节省实验时间，沙浴可预先加热至接近100℃。

六、思考题

1. 采用索氏提取器来提取某些物质中的化学成分有哪些优点？哪些物质不宜采用这种方法？

2. 采用升华法对物质进行分离、提纯需要什么条件？升华法有何优缺点？升华操作有哪几种类型？

实验五十　3,5-二苯基异噁唑啉的绿色合成

一、实验目的

1. 学习［3+2］环合反应的原理。

2. 利用薄层色谱（TLC）跟踪反应和分离产物，掌握操作方法。

3. 巩固半微量有机合成操作。

二、基本原理

异噁唑啉杂环化合物是一类重要的有机化合物和反应中间体，许多天然产物和药物中都包含此五元杂环结构。在众多已知的异噁唑啉合成方法中，最常用和直接的合成3,5-二取代异噁唑啉的方法是在氧化剂存在下通过醛肟与烯烃的［3+2］环合反应。

近年来，水作为反应溶剂，即水相反应引起越来越多化学家们的关注，因为水是人类生命存在的基础，且对环境友好。这与当今世界大力提倡绿色化学的理念是一致的。水资源丰富且成本低廉，对于某些有机反应，水的加入还可能有促进作用。因此，水相催化的有机反应在药物合成、精细化学品合成、石油化学品和农业化学品合成、高聚物和塑料的合成等方面都有广阔的应用前景。在水相中进行有机反应操作比较简单，如果设计合理，有可能通过简单的相分离，即可得到产物。此外，采用水作为反应介质来替代易燃、易爆或者有毒的有机溶剂更能突现安全环保等优点。

3,5-二苯基异噁唑啉的绿色合成方法为：在常温条件下水溶液中，苯甲醛肟与苯乙烯在氯化钾和氧化剂 Oxone（商品名，组成为 $2KHSO_5 \cdot KHSO_4 \cdot K_2SO_4$）作用下，搅拌反应，经简单后处理和分离，以较高产率得到 3,5-二苯基异噁唑啉。反应方程式如下：

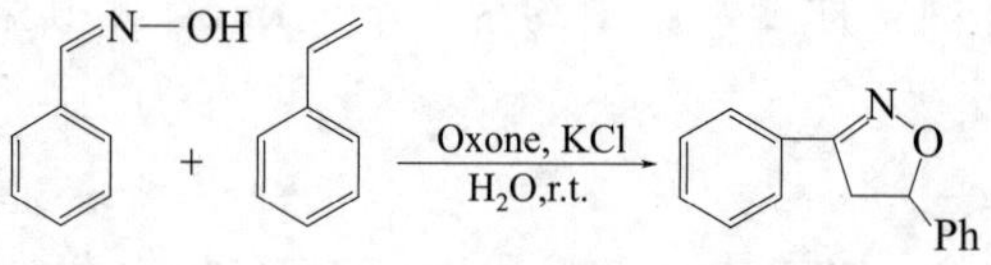

反应机理推测如下：

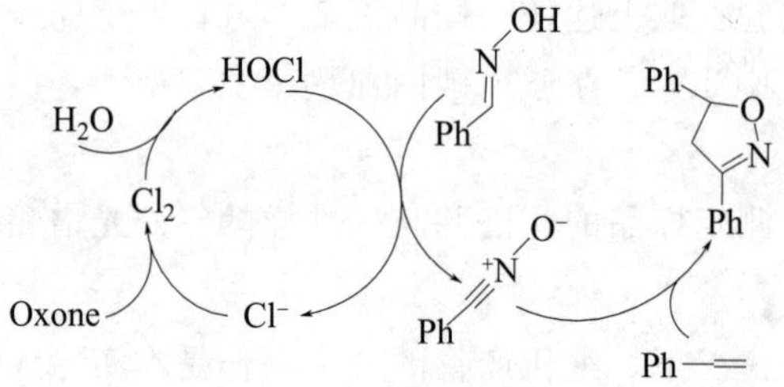

三、主要试剂与仪器

1. 试剂　苯甲醛肟，苯乙烯，氯化钾，氧化剂 Oxone，二氯甲烷，乙酸乙酯，石油醚（60～90℃），薄层色谱硅胶板（GF$_{254}$），无水硫酸钠。

2. 仪器　50mL 圆底烧瓶，磁力搅拌器，分液漏斗，量筒，烧杯，锥形瓶，玻璃层析缸，紫外灯检测仪，旋转蒸发仪。

四、实验步骤

1. 在 50mL 圆底烧瓶中依次加入 1mmol 苯甲醛肟（121mg），1.5mmol 苯乙烯（156mg），1mmol 氯化钾（75mg）和 10mL 水，然后再加入 1.5mmol 氧化剂 Oxone（922mg，分子量 614.7），放搅拌磁子。

2. 开启搅拌器，在常温下搅拌 1h 后，用薄层色谱小板跟踪反应进程，如反应已完成，则进行分离步骤。

3. 加入 10mL 二氯甲烷于圆底烧瓶中搅拌 3min，将混合物转移至分液漏斗中，分出有机层，水层用二氯甲烷萃取两次（每次 10mL）。合并有机层，用 10mL 水洗 1 次。有机层经无水硫酸钠干燥后过滤，用旋转蒸发仪浓缩得大约 2mL 待分离混合液。

4. 在事先制作好的薄层硅胶板（20cm×20cm）离开边线约 1.5cm 处画一条直线，用滴管将待分离混合液均匀分布于直线上，将薄层板放入装有 80mL 乙酸乙酯：石油醚（1：10）展开液的玻璃缸内展开。

5. 待展开结束后（约 1h），对照小板在紫外灯下用铅笔画出比移值约为 0.4 的组分，用刮刀取下硅胶粉后，转移至锥形瓶中用 20mL 二氯甲烷浸泡 20min，过滤后滤液浓缩即得到目标产物 3,5-二苯基异噁唑啉。

五、思考题

1. 氧化剂 Oxone 有什么作用，主要是哪个组分起作用？

2. 如果不用氯化钾，其他氯化物能否进行反应？

3. 在用薄层色谱小板跟踪反应进程时，应采用何种展开剂？

4. 在薄层色谱分离时，如果薄层硅胶板做得太薄，是否影响分离效果？

实验五十一　2-亚氨基噻唑啉类化合物的合成

一、实验目的

1. 学习 2-亚氨基噻唑啉类化合物的合成原理。
2. 巩固薄层色谱法跟踪反应进程的操作。
3. 学习运用柱层析技术分离产物。
4. 巩固半微量有机合成操作。

二、基本原理

2-亚氨基噻唑啉是一类重要的含氮、硫原子五元杂环化合物，该类化合物具有明显的生理活性和药用价值，因此受到有机化学家的高度重视。经典的合成方法是以取代硫脲和 α-溴代酮通过 Hantzsch 法来制得，而求法以取代硫脲和炔丙基溴为原料，在磷酸钾的作用下，经过亲核取代、环化和异构化等反应过程，可以较高的收率得到 2-亚氨基噻唑啉类化合物。该方法具有原料易得，操作简便，条件温和以及收率高等优点，为合成 2-亚氨基噻唑啉类化合物提供了一种实用的新方法。

反应方程式如下：

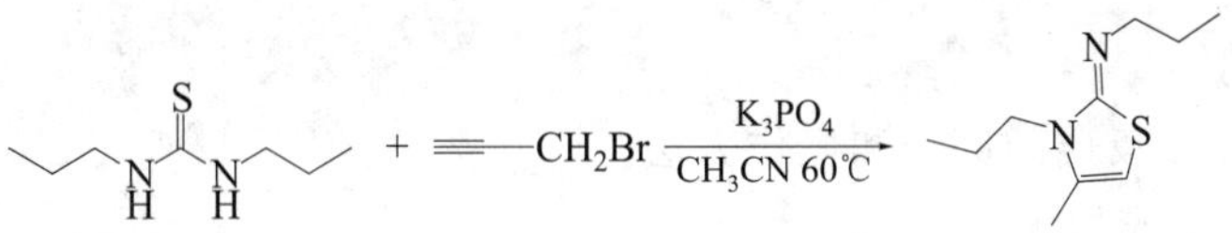

可能的反应机理如下：

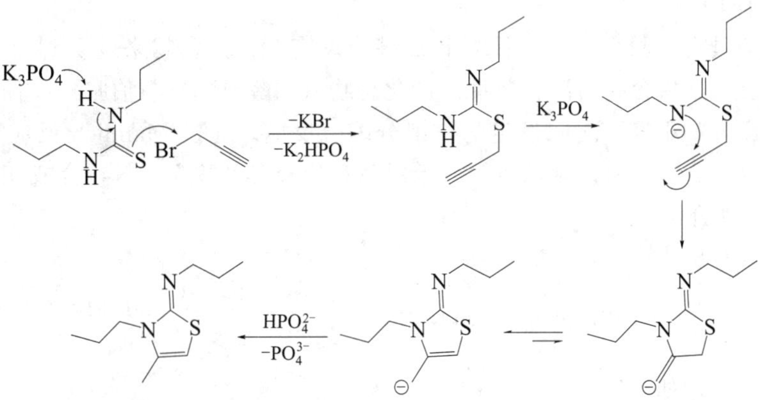

三、主要试剂与仪器

1. 试剂　1,3-二丙基硫脲，炔丙基溴，磷酸钾，乙腈，乙酸乙酯，石油醚（60～90℃），三乙胺，饱和氯化铵溶液，薄层色谱硅胶板（GF$_{254}$），柱色谱硅胶，无水硫酸钠。

2. 仪器　50mL 圆底烧瓶，磁力搅拌器，球形冷凝管，分液漏斗，量筒，烧杯，紫外灯检测仪，圆底烧瓶，旋转蒸发仪，层析柱。

四、实验步骤

1. 在 50mL 圆底烧瓶中依次加入 1.0mmol 1,3-二丙基硫脲（160mg），1.4mmol 炔丙基溴（167mg），1.1mmol 磷酸钾（233mg），10mL 乙腈，放入搅拌磁子。

2. 安装回流冷凝管后，开启搅拌器，在60℃下搅拌2h后，用薄层色谱法跟踪反应进程（展开液为石油醚：乙酸乙酯：三乙胺＝5：0.5：1），如反应已完成，则进行以下分离步骤。

3. 加入10mL饱和氯化铵溶液于圆底烧瓶中搅拌3min，将混合物转移至分液漏斗中，用乙酸乙酯萃取三次（每次15mL）。合并有机层，用无水硫酸钠干燥后过滤，用旋转蒸发仪浓缩得大约4mL待分离混合液。

4. 按基本操作实验六，预先装一根25～30cm长的硅胶柱，用滴管将上述待分离混合液吸附在硅胶柱上。先用15mL石油醚淋洗，再用300～350mL石油醚：乙酸乙酯：三乙胺（50：10：1）混合溶剂淋洗，随时用毛细管蘸取流出液在紫外灯下跟踪分离过程，直至带有目标产物的组分流出，用锥形瓶收集流出液后，用旋转蒸发仪浓缩，得到黄色油状目标产物2-亚氨基噻唑啉类化合物。

五、思考题

1. 若以1,3-二苯基硫脲和炔丙基溴反应，产物是什么。

2. 通过网络查阅什么是 Hantzsch 噻唑合成法，请从原子经济性角度比较它和本合成方法的优劣。

实验五十二　Mannich 碱的合成

一、实验目的

1. 学习 Mannich 反应的原理和操作方法。

2. 了解多组分反应的优点。

3. 巩固利用薄层色谱法跟踪反应进程。

二、基本原理

多组分反应具有步骤少、经济性好和成键效率高等优点，越来越受到化学工作者的关注。Mannich 反应是指含有活泼 α-氢原子的化合物（如醛或酮）与伯胺（或仲胺）以及不可烯醇化的醛或酮（如甲醛）之间发生的三组分缩合反应。通过 Mannich 反应通常可以得到 β-氨基羰基化合物。本实验以苯乙酮、三聚甲醛和盐酸二甲胺为原料，合成相应的 Mannich 碱。反应方程式如下：

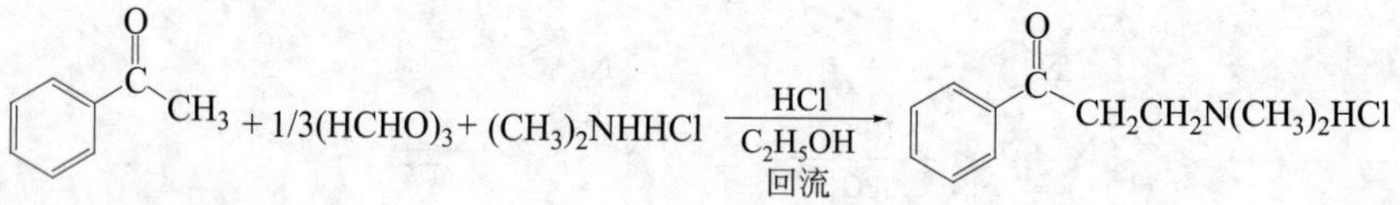

可能的反应机理如下：

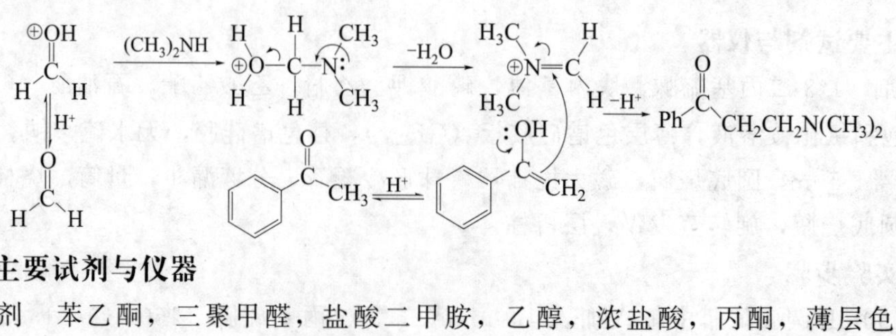

三、主要试剂与仪器

1. 试剂　苯乙酮，三聚甲醛，盐酸二甲胺，乙醇，浓盐酸，丙酮，薄层色谱硅胶板（GF_{254}）。

2. 仪器　50mL 圆底烧瓶，磁力搅拌器，量筒，球形冷凝管，布氏漏斗，吸滤瓶，紫外灯检测仪。

四、实验步骤

1. 在 50mL 圆底烧瓶中依次加入 1.2g（10mmol）苯乙酮，1.2g（13mmol）三聚甲醛，1.1g 盐酸二甲胺（13mmol），3mL 乙醇，1 滴浓盐酸，放入搅拌磁子。

2. 安装回流冷凝管后，开启搅拌器，加热回流 2h 后，用薄层色谱法跟踪反应进程（展开液为石油醚∶乙酸乙酯＝4∶1），如反应已完成，则进行后续步骤。

3. 冷却至室温后，向反应瓶中加入 10mL 丙酮，放置片刻至有晶体析出。

4. 用布氏漏斗过滤，用 3mL 丙酮洗涤固体，晾干后得到产物。

五、思考题

1. 计算产率时按哪个原料作为标准？

2. 从绿色化学角度看 Mannich 反应有哪些优点？

实验五十三　乙酰二茂铁的制备及柱色谱分离

一、实验目的

1. 通过乙酰二茂铁的制备，理解 Friedel-Crafts 酰基化反应原理。

2. 掌握机械搅拌、旋转蒸发仪的使用等操作。

3. 掌握用柱色谱分离和提纯化合物的原理和技术。

二、实验原理

二茂铁及其衍生物是一类很稳定的有机过渡金属络合物。二茂铁是橙色的固体，又名双环戊二烯基铁，是由两个环戊二烯负离子和一个二价铁离子键合而成，具有夹心型结构。二茂铁具有类似苯的一些芳香性，比苯更容易发生亲电取代反应。以乙酸酐为酰化剂，三氟化硼、氢氟酸或磷酸为催化剂，二茂铁可以发生 Friedel-Crafts 酰基化反应，主要生成一元取代物及少量 1,1'-二元取代物。二茂铁及其衍生物可作为火箭燃料的添加剂、汽油的抗爆剂、硅树脂和橡胶的防老剂及紫外线吸收剂等。

制备乙酰二茂铁的反应式如下：

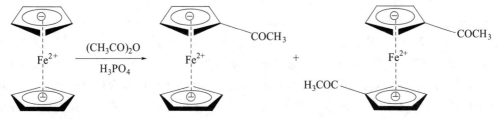

柱色谱是基于样品中各组分在吸附剂上吸附能力的差异，使之在吸附剂上反复进行吸附、解吸、再吸附、再解吸的过程而完成的。在色谱柱中装入吸附剂作为固定相，在固定相的顶端加入样品，然后采用薄层色谱中摸索的能分离各组分的溶剂作流动相（洗脱剂），从色谱柱顶端流经色谱柱。由于混合样中的各组分与吸附剂的吸附作用强弱不同，各组分随流动相在柱中的移动速度也不同，一般吸附能力较弱的组分先流出，吸附能力较强的组分后流出，最终各组分按顺序从色谱柱中流出。分步接收流出来的洗脱液，蒸发掉洗脱剂后即可分别得到各组分，达到混合物分离的目的。对于柱上不显色的混合物分离时，可按一定体积逐

份接收，然后通过薄层色谱中紫外线照射等办法逐份加以确定。

本实验主要根据二茂铁、乙酰二茂铁和1,1′-二乙酰二茂铁在色谱柱中对硅胶吸附能力的差异而进行分离提纯。

三、主要试剂及仪器

1. 试剂　二茂铁，乙酸酐，磷酸，碳酸钠，石油醚（60～90℃），乙酸乙酯，硅胶（100～200目），石英砂。

2. 仪器　三口烧瓶（100mL），恒压滴液漏斗，球形冷凝管，二口连接管，温度计（100℃），表面皿，空心塞，烧杯（250mL、25mL各1个），锥形瓶（4个），圆底烧瓶（100mL），量筒（50mL），加料漏斗，玻璃钉，滴管，角匙，色谱柱（30cm，19#），机械搅拌器，熔点测定仪，旋转蒸发仪，红外灯，分析天平。

四、实验装置

制备及分离乙酰二茂铁的实验装置图如图5-12和图5-13。

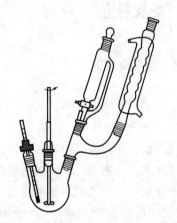

图5-12　合成乙酰二茂铁的反应装置

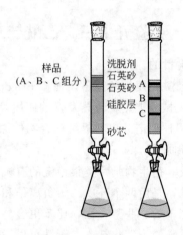

图5-13　柱色谱示意图

五、实验步骤

1. 乙酰二茂铁的制备

在100mL三口烧瓶中，加入1.5g（8.05mmol）二茂铁和10mL（10.8g，0.105mol）乙酸酐，在恒压滴液漏斗中加入2mL 85%磷酸。将三口烧瓶置于冰水浴中冷却，开启搅拌，慢慢滴加磷酸。滴加过程中，控制反应温度不要超过20℃。滴加完毕后，在室温下搅拌5min，再升温到55～60℃，恒温搅拌15min。然后，趁热将反应混合物倾入盛有40g碎冰的400mL烧杯中，并用少量冷水涮洗三口烧瓶，将涮洗液并入烧杯。在搅拌下，分批加入固体碳酸钠，到溶液呈中性为止（pH＝7），约需10g碳酸钠。将中和后的反应混合物置于冰浴中冷却，抽滤收集析出的橙黄色固体，用冰水洗涤两次，压干后在红外灯下干燥。

2. 乙酰二茂铁的柱色谱分离

（1）拌样

称取上述粗产品0.1g置于干燥的25mL小烧杯中，滴加乙酸乙酯使其溶解，加入1.0g硅胶（100～200目），搅拌均匀得橘黄色浆状物，在红外灯下干燥得松散的粉末状固体。

154

（2）湿法装柱

将色谱柱（30cm）垂直固定在铁架台上，向柱中加入石油醚（60～90℃）至柱高的1/3。柱活塞下接一干净的锥形瓶。

在烧杯中称取约30g硅胶（100～200目），加入石油醚（60～90℃）调匀成糊状物。

打开柱下活塞，控制流出速度为1～2滴/秒。将烧杯中的硅胶糊状物快速加入柱内，硅胶自然沉降。将流下的石油醚倒入上述沾有硅胶糊状物的烧杯中，搅匀后再倒入柱中，反复多次。待所有的吸附剂全部转移完毕，用滴管吸取流下的石油醚，将沾在柱内壁的硅胶淋洗下去。然后用皮管轻轻敲击柱身，使柱面平整、无气泡，装填紧密而均匀，在顶部加一层约3mm厚的石英砂。

（3）上样

当石英砂上面留有少量石油醚时（约1.5cm高度，能使粉末状样品正好浸没在其中），将上述拌有粗产品的粉末状固体装入柱中，轻敲柱身，使柱面平整，上层再覆以3mm厚的石英砂。

（4）洗脱

用石油醚：乙酸乙酯＝5∶1（体积比）作洗脱剂（100～150mL）从柱顶沿柱内壁慢慢加入，控制洗脱剂的滴速为1～2滴/秒，逐渐展开，得到黄色、橙色分离的色谱带。待色带分离明显后，可在柱顶加压，以加速分离。黄色的二茂铁色带首先流出，用干燥的锥形瓶收集洗脱溶液。当黄色色带完全洗脱下来后，用另一只已干燥的锥形瓶收集黄色与橙色之间的洗脱液。当橙色色带快要洗脱下来时，用已干燥和称重的100mL圆底烧瓶收集洗脱液。

为减少溶剂用量，洗脱时黄色色带流出前的大部分洗脱液可作为纯石油醚回收使用。

（5）收集产品

收集到的黄色洗脱液中有未反应完的原料二茂铁。橙色洗脱液中主要是产物乙酰二茂铁，旋转蒸发除去溶剂，烘干后称重，测定熔点为83.5～84.5℃。

六、注意事项

1. 实验中，磷酸既是催化剂又是氧化剂，当磷酸与二茂铁-乙酸酐溶液接触时，一方面会促使酰基负离子的生成，另一方面又可能氧化二茂铁。将磷酸加入二茂铁-乙酸酐溶液的过程中会大量放热，因此，滴加磷酸时一定要在冷却并且充分搅拌下慢慢滴加，否则易产生深棕色黏稠氧化聚合物。

2. 制备乙酰二茂铁时，一定要严格控制温度在55～60℃，反应结束后，反应物呈暗红色。温度高于85℃，反应物即发黑、黏稠，甚至炭化。

3. 乙酰二茂铁在水中有一定的溶解性，用冰量不可太多，洗涤时要用冰水，洗涤次数也切忌过多。

4. 用碳酸钠中和粗产物时，应小心操作，防止因加入过快产生大量泡沫而使产物溢出，并且每次加入时，要观察烧杯底部，碳酸钠是否全部作用完毕，防止不溶的碳酸钠固体与产品混在一起。当碳酸钠粉末加入后，应在其周围产生的气泡很少时再检测混合物的pH值，直至中性。

5. 装柱要紧密，无断层、无缝隙、无气泡，装柱、洗脱过程中应始终保持有溶剂覆盖吸附剂。

七、思考题

1. 二茂铁酰化时形成二酰基二茂铁时，第二个酰基为什么不能进入第一个酰基所在的环？

2. 二茂铁比苯更容易发生亲电取代，为什么不能用混酸进行硝化？

3. 乙酰二茂铁的纯化为什么要用柱色谱法？可以用重结晶法吗？它们各有什么优缺点？

4. 本实验采用柱色谱分离二茂铁和乙酰二茂铁的原理是什么？

5. 解析乙酰二茂铁红外光谱图中有关吸收峰的归属（图5-4）。

附图

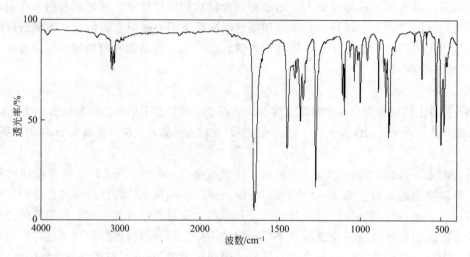

图 5-14　乙酰二茂铁的红外光谱图

实验五十四　对溴苯胺的绿色合成

一、实验目的

1. 学习合成对溴苯胺的原理和方法。

2. 掌握控温滴加和过滤操作，熟练溶解、移液和常压蒸馏等实验操作技术。

二、实验原理

本实验以乙酰苯胺为原料，采用氢溴酸作为溴源，双氧水作为氧化剂，制备对溴乙酰苯胺，再经水解制得对溴苯胺。该方法改变了传统反应中用液溴作溴化剂的弊端，提高了溴原子的利用率，环境污染小，反应产率高，后处理简便。反应式如下：

1. 合成对溴乙酰苯胺：

$$\text{苯基—NH—C(=O)—CH}_3 \xrightarrow[\text{EtOH}]{\text{HBr/H}_2\text{O}_2} \text{Br—苯基—NH—C(=O)—CH}_3$$

2. 合成对溴苯胺：

$$\text{Br—苯基—NH—C(=O)—CH}_3 \xrightarrow[\text{H}_2\text{O}]{\text{H}^+} \text{Br—苯基—NH}_2$$

对溴乙酰苯胺是有机合成原料，可以制退热止痛药，对溴苯胺是染料原料（如偶氮染料、喹啉染料等）、医药及有机合成中间体。

三、主要试剂及仪器

1. 试剂　乙酰苯胺，溴化氢（40%），双氧水（30%），95%乙醇，氢氧化钠，浓盐酸。

2. 仪器　三口烧瓶（150mL），锥形瓶，蒸馏头，温度计，温度计套管，直形冷凝管，球形冷凝管，接引管，烧杯（100mL、500mL），量筒（10mL、25mL），布氏漏斗，抽滤瓶，恒压滴液漏斗，普通漏斗，磁力搅拌器，熔点测定仪等。

四、实验装置

合成对溴乙酰苯胺、对溴苯胺的实验装置如图 5-15 和图 5-16 所示。

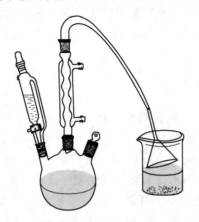

图 5-15　合成对溴乙酰苯胺装置图

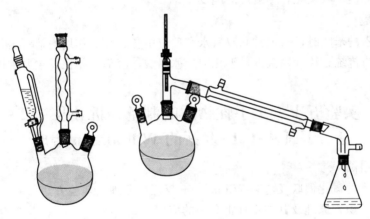

图 5-16　合成对溴苯胺装置图

五、实验步骤

1. 由乙酰苯胺合成对溴乙酰苯胺

（1）按照图 5-15，在磁力搅拌器上固定好 150mL 三口烧瓶，安装好球形冷凝管、恒压滴液漏斗，并在球形冷凝管上连接乳胶管和倒置的普通漏斗，以吸收反应中产生的废气。

（2）先向 150mL 三口烧瓶中加入 10g（74mmol）乙酰苯胺和 60mL 95％乙醇，搅拌使乙酰苯胺溶解，然后再加入 17g（84mmol）40％ 氢溴酸。室温下，缓慢滴加 17g（150mmol）30％的双氧水。

（3）滴加完毕后，反应液升温至 40℃并在此温度下搅拌 1h，使用薄层色谱跟踪反应，直到反应液褪成很浅的黄色。停止搅拌，使其自然冷却，即可析出晶体。用布氏漏斗抽滤反应混合物，并用冷水洗涤滤饼并抽干，烘干后称重，得对溴乙酰苯胺约 12.6g，产率 80％。

纯对溴乙酰苯胺，熔点为 167～168℃，浅黄色结晶或粉末状结晶。

2. 由对溴乙酰苯胺合成对溴苯胺

(1) 在 150mL 三口烧瓶上，安装球形冷凝管和恒压滴液漏斗，加入上述制备的对溴乙酰苯胺 12.6g、35mL 95%乙醇和几粒沸石，用电热套加热至沸，慢慢滴加浓盐酸 15mL。

(2) 待浓盐酸滴加完毕后，回流 30min 后加入 50mL 水稀释反应混合物。回流装置改装成蒸馏装置，加热蒸馏反应混合物，共收集约 80mL 馏出液。

(3) 将残余物对溴苯胺盐酸盐倒入盛有 250mL 冰水的烧杯中，在搅拌下滴加 20% 氢氧化钠溶液，用 pH 试纸检验，使之刚好呈弱碱性。混合物表面析出物呈油状，不久即见固化（即对溴苯胺）。经布氏漏斗抽滤，水洗，抽干后置于表面皿上晾干，得对溴苯胺约 8g，产率 78%。

纯对溴苯胺为白色晶体，熔点为 65～66℃。

六、注意事项

1. 在制备对溴乙酰苯胺时，因氢溴酸、双氧水在长期存放后浓度会下降，故乙酰苯胺、氢溴酸、双氧水的投料物质的量之比为 1∶1.14∶2，氢溴酸和双氧水过量。但如果氢溴酸过量太多，会有二溴代的副产物，本反应中过量控制在 14% 以内。滴加双氧水时，速度要慢，避免氧化生成的溴来不及同乙酰苯胺作用就发生逸散，降低产率，污染环境。

2. 对溴乙酰苯胺在酸性条件下去保护生成对溴苯胺，但滴加浓盐酸不宜太快，否则反应过于剧烈，会导致溶液暴沸。由于对溴苯胺易被氧化，故采用自然晾干的方式，不能烘干，否则会使对溴苯胺氧化，影响产品纯度。

七、思考题

合成对溴乙酰苯胺时，氢溴酸和双氧水在反应中各起什么作用？请写出相应的反应方程式。这种方法与传统方法（用液溴作溴化剂，冰醋酸作溶剂）相比，主要的优点是什么？

实验五十五　手性物质的制备、拆分及 2,2′-二丁氧基-1,1′-联萘的 Williamson 合成

一、实验目的

1. 学习酚类的氧化偶联反应和 Williamson 反应的原理、实验方法。

2. 了解分子识别原理及其在手性拆分中的应用。

3. 掌握制备光学纯 (R)-(+)-1,1′-联-2-萘酚和 (S)-(+)-1,1′-联-2-萘酚的方法。

4. 学习相转移催化剂的应用。

二、实验原理

1. 1,1′-联-2-萘酚（BINOL）的合成及拆分

手性是构成生命世界的重要基础，手性合成已经成为当前有机化学研究中的热点和前沿领域之一。在各种手性合成方法中，不对称催化是获得光学物质最有效的手段之一，因为使用很少量的光学纯催化剂就可以产生大量的所需要的手性物质，并且可以避免无用的对映异构体的生成，符合绿色化学的要求。

在众多类型的手性催化剂中，以光学纯 1,1′-联-2-萘酚（BINOL）及其衍生物为配体的金属络合物是应用最为广泛和成功的一类化合物。商品化的光学纯 BINOL 价格昂贵，成为制约国内有机合成化学工作者进行这方面研究的瓶颈。

外消旋 BINOL 的合成主要通过 2-萘酚的氧化偶联获得，常用的氧化剂有 Fe^{3+}、Cu^{2+}、Mn^{3+} 等，反应介质大致包括有机溶剂、水和无溶剂三种情况。本实验采用 $FeCl_3 \cdot 6H_2O$ 作

为氧化剂，水作为反应介质，使 2-萘酚固体粉末悬浮在盛有 Fe^{3+} 水溶液的锥形瓶中，在 50～60℃下搅拌 2h，收率可达 90% 以上。此反应不需要特殊装置，比在有机溶剂中均相反应时速率更快、效率更高，而且 $FeCl_3 \cdot 6H_2O$ 和水价廉易得、反应产物分离回收操作简单，无污染。

考虑到 2-萘酚不溶于水，反应可能通过固-液过程发生在 2-萘酚的晶体表面上。2-萘酚被水溶液中的 Fe^{3+} 氧化为自由基后，二聚或与其另一中性分子形成新的 C—C 键，然后消去一个 H·，恢复芳环结构，H· 可被氧化为 H^+，生成外消旋 BINOL。由于水中的 Fe^{3+} 可以充分接触高浓度的 2-萘酚的晶体表面，在水中反应比在均相溶液中效率更高、速率更快。

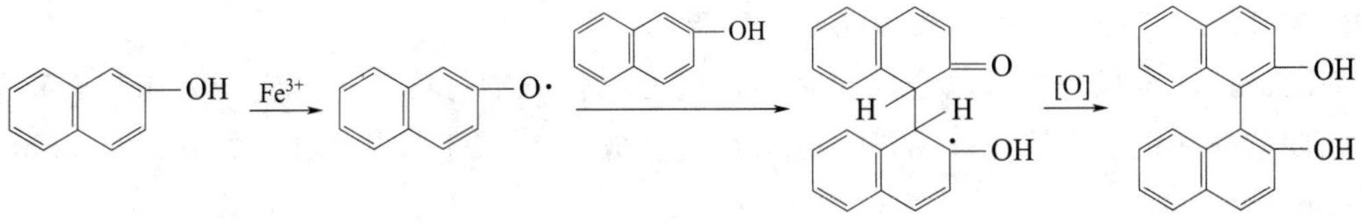

BINOL 由于邻位 2 个羟基的立体位阻作用，使得 1,1′ 之间 C—C 键的自由旋转受阻，分子中两个萘环不是处于同一平面上，存在一定夹角（通常在 80°～90° 之间），从而使分子具有手性。分子中没有对称面，在垂直于 1,1′ C—C 键有-C_2 对称轴，因此，BINOL 是具有 C_2 对称轴的手性分子。

光学纯联萘酚可通过化学法、生物法或色谱法等对外消旋联萘酚进行拆分而获得。BINOL 的拆分方法有 20 余种，在众多类型的拆分方法中，通过手性分子识别的方法，对映选择性地形成主-客体（或超分子）络合物，已经被证实是最有效、实用而且方便的手段之一。本实验采用容易制备的 N-苄基氯化辛可宁（BCNC）作为拆分试剂（Host），选择性地与 （±）-BINOL 中的 （R）-对映异构体形成稳定的分子络合物晶体，而 （S）-BINOL 则被留在母液中，从而实现 （±）-BINOL 的光学拆分。

rac-BINOL + BCNC ⟶ (R)-(+)-BINOL·BCNC + (S)-(−)-BINOL

分子晶体　　　　　母液中

(R)-BINOL　　　　(S)-BINOL

N-苄基氯化辛可宁与 （R）-BINOL 的分子识别模式如下图所示，两者间主要通过分子间氢键作用以及氯负离子与季铵正离子的静电作用结合，包括一个 （R）-BINOL 分子的羟基氢与氯负离子间以及临近的另一个 （R）-BINOL 分子的羟基氢与氯负离子间的氢键作用，氯负离子在两个 （R）-BINOL 分子间起桥梁作用，同时氯负离子与 N-苄基辛可宁正离子的静电作用以及 N-苄基辛可宁分子中羟基氢与 （R）-BINOL 分子中的一个羟基氧间的氢键作用，使 BINOL 部分与 N-苄基辛可宁部分结合起来。

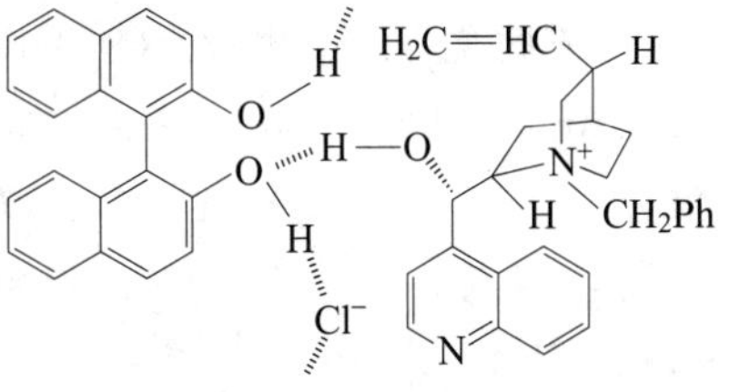

(R)-BINOL　　　N-苄基氯化辛可宁

2. 2,2′-二丁氧基-1,1′-联萘的 Williamson 合成

威廉姆逊合成（Williamson 合成）是制备混合醚的一种方法，由卤代烃与醇钠或酚钠作用而得，是一种双分子亲核取代反应（S_N2）。

卤代烃与醇钠在无水条件下反应生成醚：

$$RONa + R'X \longrightarrow R—O—R' + NaX$$

如果使用酚类反应，则可以在氢氧化钠水溶液中进行：

$$ArOH + RX \xrightarrow[H_2O]{NaOH} ArOR + NaX$$

卤代烃一般选用较为活泼的伯卤代烃（一级卤代烃）、仲卤代烃（二级卤代烃）以及烯丙型、苄基型卤代烃，也可用硫酸酯或磺酸酯。

Williamson 合成法既可以合成对称醚，也可以合成不对称醚。本实验采用相转移催化法，由联萘酚和正溴丁烷进行 Williamson 反应合成 2,2′-二丁氧基-1,1′-联萘（2,2′-dibutoxy-1,1′-binaphthyl）。

三、主要试剂及仪器

1. 试剂　$FeCl_3 \cdot 6H_2O$，2-萘酚，N-苄基氯化辛可宁，正溴丁烷，四丁基溴化铵，乙醇，乙腈，乙酸乙酯，盐酸，无水 $MgSO_4$，固体 Na_2CO_3，NaOH，甲苯，苯，饱和食盐水。

2. 仪器　圆底烧瓶（50mL、100mL），三口烧瓶（100mL），锥形瓶（50mL），球形冷凝管，直形冷凝管，布氏漏斗，抽滤瓶，分液漏斗，熔点测定仪，折光仪，磁力搅拌器，机械搅拌器。

四、实验步骤

1. （±）-BINOL 的合成

在 100mL 带有搅拌子的圆底烧瓶中，将 $FeCl_3 \cdot 6H_2O$（11.5g，0.0425mol）溶解于 50mL 水中，然后加入粉末状的 2-萘酚（3.0g，0.0208mol），加热悬浮液至 50～60℃，并在此温度下搅拌 1h。冷却至室温后过滤得到粗产品，用蒸馏水洗涤以除去 Fe^{3+} 和 Fe^{2+}。用 30mL 甲苯重结晶，得到白色针状晶体 2.78g，理论产量 3.0g。用 X-6 型显微熔点测定仪测定熔点，熔程为 216.3～218.1℃。本部分实验需 2～3h。

2. （±）-BINOL 的拆分

在一装有球形冷凝管的 50mL 圆底烧瓶中，加入（±）-BINOL（1.0g，3.5mmol）和 N-苄基氯化辛可宁（0.884g，2.1mmol）以及 20mL 乙腈。加热回流 2h，然后冷却至室温，过滤析出的白色固体并用乙腈洗涤 3 次（3×5mL）。固体是 (R)-(+)-BINOL 与 N-苄基氯化辛可宁形成的 1：1 分子络合物，熔点 248℃（分解）。母液保留，用于回收 (S)-(−)-BINOL。

将白色固体悬浮于由 40mL 乙酸乙酯和 30mL 稀盐酸（1mol/L）、30mL H_2O 组成的混

合体系中，室温下搅拌 30min，直至白色固体消失。分出有机相，水相用 10mL 乙酸乙酯再萃取一次，合并有机相，并用饱和食盐水洗涤，无水 $MgSO_4$ 干燥。蒸去有机溶剂，残余物用苯重结晶，得到 0.3～0.4g 无色柱状晶体，即 (R)-(+)-BINOL，收率60％～80％，熔点208～210℃。用旋光仪测定 (R)-(+)-BINOL 的 THF 溶液的旋光度，计算其比旋光度，与标准值对照。$[\alpha]_D^{27}=+32.1°(c=1.0，THF)$。

将母液蒸干，所得固体重新溶于乙酸乙酯（40mL）中，并用 10mL 稀盐酸（1mol/L）和 10mL 饱和食盐水各洗涤一次，有机层用无水 $MgSO_4$ 干燥。以下操作同上，得到 0.3～0.4g (S)-(-)-BINOL，收率 60％～80％，熔点 208～210℃。用旋光仪分别测定 (S)-(-)-BINOL 的 THF 溶液的旋光度，计算其比旋光度，与标准值对照。$[\alpha]_D^{27}=-33.5°(c=1.0，THF)$。

上述萃取后的盐酸层（水相）合并后用固体 Na_2CO_3 中和至无气泡放出，得到白色沉淀，过滤，固体用甲醇-水混合溶剂重结晶，得到 N-苄基氯化辛可宁，回收率大于90％，可重新用来拆分且不降低效率。本部分实验需 5～6h。

3. 2,2′-二丁氧基-1,1′-联萘的合成

在带有机械搅拌的 100mL 三口烧瓶中，分别加入 NaOH（0.5g，0.0125mol）、水（10mL）和联萘酚（1.4g，4.89mmol），快速搅拌 30min，再滴加由正溴丁烷（2.0g，0.0146mol）、四丁基溴化铵（0.10g，0.310mmol）和 5mL 乙醇组成的混合溶液。于 65℃ 水浴中反应 4h，反应结束后，趁热将白色产物倒在盛有 50g 碎冰的烧杯中，继续搅拌 10min。抽滤，滤饼分别用稀碱（1mol/L 的 NaOH）和冰水反复洗涤，得亮黄色颗粒固体，用乙醇（10mL）重结晶，得黄白色晶体，产量 1.51g，理论产量 1.95g。用 X-6 型显微熔点测定仪测定熔点，熔程为 86.0～87.7℃。

五、注意事项

1. N-苄基氯化辛可宁由辛可宁和氯化苄在无水 N,N-二甲基甲酰胺中反应制得。

2. (R)-(+)-1,1′-联-2-萘酚的红外光谱图如图 5-17 所示。

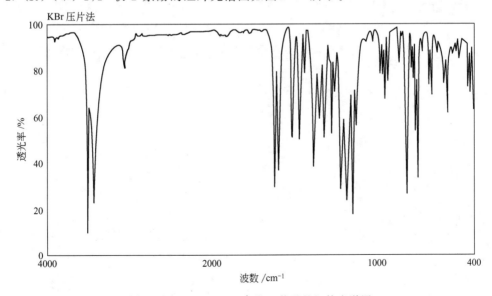

图 5-17 (R)-(+)-1,1′-联-2-萘酚的红外光谱图

3. 外消旋 BINOL 与光学纯 BINOL 的熔点有明显区别，晶体外形也明显不同，外消旋 BINOL 为针状晶体，而光学纯 BINOL 容易形成较大的块状晶体。

六、思考题

1. 外消旋体的拆分有哪些方法？

2. 为什么外消旋 BINOL 与光学纯 BINOL 的熔点有明显区别？

第六章　有机化学研究性与设计性实验

实验五十六　乙醇酸的合成

一、实验背景

乙醇酸（glycollic acid）又称羟基乙酸（hydroxyacetic acid）、甘醇酸，是最简单的 α-羟基酸。Stecker 于 1848 年第一次用甘氨酸经亚硝酸氧化制得了乙醇酸，1851 年 Sokolov 和 Stecker 证实其为 α-羟基酸结构。乙醇酸在自然界尤其是甘蔗、甜菜以及未成熟的葡萄汁中存在，但其含量甚低，且与其他物质共存，难以分离提纯，工业生产都采用合成法。

乙醇酸是一种重要的有机合成中间体和化工产品，其应用范围很广。国家在"十五"计划中把乙醇酸列为主要基础化工产品来开发，足以说明其在化工生产中的重要性。近年来，由于乙醇酸能用于医学工程材料和高分子降解材料等许多领域，使得乙醇酸的需求量逐年增加。提高乙醇酸的产量和开发新的合成路线，降低产品成本成为开发的重点。

乙醇酸的合成方法很多，主要有：

1. 早期的乙醇酸合成方法

（1）甘氨酸的亚硝酸氧化法

$$NH_2CH_2COOH \xrightarrow{HNO_2} HOCH_2COOH$$

（2）羟基乙腈的酸性水解法

$$HOCH_2CN \xrightarrow{H^+} HOCH_2COOH$$

（3）氯乙酸在碳酸钙或碳酸钡存在下水解法

$$ClCH_2COOH + H_2O \longrightarrow HOCH_2COOH + HCl$$

（4）氧化和还原法

2. 工业化生产乙醇酸

（1）氯代乙酸水解法合成乙醇酸

$$ClCH_2COOH + NaOH \longrightarrow HOCH_2COOH + NaCl$$

（2）甲醛羰化法合成乙醇酸

$$HCHO + H_2O + CO \xrightarrow{H^+} HOCH_2COOH$$

3. 乙醇酸合成的新方法

甲醛与甲酸甲酯在酸催化作用下偶联合成乙醇酸、羟基乙酸甲酯和甲氧基乙酸甲酯。羟基乙酸甲酯很容易水解得到乙醇酸，后者氢化可合成乙二醇，而甲氧基乙酸甲酯也是一个很重要的药物合成原料。

$$HCHO + HCOOCH_3 \xrightarrow{H^+} HOCH_2COOCH_3 + CH_3OCH_2COOCH_3 + HOCH_2COOH$$
$$HOCH_2COOCH_3 + H_2O \longrightarrow HOCH_2COOH + CH_3OH$$

二、实验要求

1. 查阅相关文献，比较各种合成方法，设计可行的实验方案，合成 5g 乙醇酸。

2．采用合适的方法提纯产品。

3．对合成的乙醇酸结构进行表征。

三、实验提示

1．设计可行的合成方案和实验装置，考察反应物浓度、反应时间、反应温度对反应的影响。

2．建立方便、简单、准确的分析方法，监测反应进程，检验产品纯度。

3．选择合适的方法表征产品结构。

四、参考文献

［1］ 陈栋梁，瞿美臻，白宇新，等．乙醇酸的合成与应用．合成化学，2001，9(3)：194.

［2］ 王玉萍，彭盘英，孙春霞．氯乙酸水解生产羟基乙酸的中控分析方法．南京师范大学学报（工程技术版），2002，2(3)：76.

［3］ 化学工业部科学技术情报研究所．化工产品手册：上册．有机化工原料．北京：化学工业出版社，1985：454.

实验五十七　苯巴比妥的合成

一、实验背景

苯巴比妥是巴比妥类药物，具有镇静、催眠、抗惊厥作用，并可抗癫痫，对癫痫大发作与局限性发作及癫痫持续状态有效。苯巴比妥有多种合成方法，如下列方法就是其中比较成熟的方法之一。通过苯乙酸乙酯与草酸二乙酯 Claisen 缩合，加热脱羰得 2-苯基丙二酸二乙酯。再引入乙基，与尿素缩合得到苯巴比妥。反应式如下：

$$C_6H_5CH_2COOC_2H_5 + \begin{matrix} COOC_2H_5 \\ | \\ COOC_2H_5 \end{matrix} \xrightarrow{C_2H_5ONa} C_6H_5CH \begin{matrix} COCOOC_2H_5 \\ \\ COOC_2H_5 \end{matrix} \xrightarrow{\triangle} C_6H_5CH \begin{matrix} COOC_2H_5 \\ \\ COOC_2H_5 \end{matrix}$$

$$\xrightarrow[C_2H_5ONa]{C_2H_5Br} \begin{matrix} C_6H_5 & COOC_2H_5 \\ & C \\ C_2H_5 & COOC_2H_5 \end{matrix} \xrightarrow[C_2H_5ONa]{H_2NCONH_2} \text{（苯巴比妥结构式）}$$

二、实验要求

1．查阅相关文献，比较不同的合成方法，设计可行的实验方案，合成 2g 苯巴比妥。

2．采用合适的方法提纯产品。

3．对合成的苯巴比妥进行结构表征。

三、实验提示

1．设计可行的合成方案和实验装置，考察反应物浓度、反应时间、反应温度对反应的影响。

2．建立方便、简单、准确的分析方法，监测反应进程，检验产品纯度。

3．选择合适的方法表征产品结构。

四、参考文献

［1］ 李正化主编．药物化学．第 3 版．北京：人民卫生出版社，1990：179.

［2］ Arai Kenji, Tamura Shohei, Kawai Kenichi, Nakajima Shoichi. A novel electro-

chemical synthesis of ureides from esters. Chemical & Pharmaceutical Bulletin，1989，37
(11)：3117-3118.

［3］ Pinhey John T，Rowe Bruce A. The α-arylation of derivatives of malonic acid with
aryllead triacetate. New syntheses of ibuprofen and phenobarbital. Tetrahedron Letters，
1980，21(10)：965-968.

［4］ Lafont Olivier，Cave Christian，Menager Sabine，Miocque Marcel. New chemical
aspects of primidone metabolism. European Journal of Medicinal Chemistry，1990，25
(1)：61-66.

实验五十八　盐酸普萘洛尔的合成

一、实验背景

心律失常是心血管系统疾病中最为常见的症状之一。正常成人的心率为 60～100 次/分，
比较规则。在心脏搏动之前，先有冲动的产生与传导，心脏内的激动起源或激动传导不正常
引起整个或部分心脏的活动变得过快、过慢或不规则，或者各部分的激动顺序发生紊乱，引
起心脏跳动的速率或节律发生改变，这就叫心律失常。引起心律失常的原因很多，有的是器
质性的，有的是因为电解质紊乱造成的，也有的是因为疲劳或不良嗜好引起的。抗心律失常
药是一类抑制心脏自律性药物，主要通过影响 Na^+、K^+ 或 Ca^{2+} 的转运，纠正电生理紊乱
而发挥作用。

盐酸普萘洛尔，学名：1-异丙氨基-3-(1-萘氧基)-2-丙醇盐酸盐，俗称心得安，可用于治
疗各种心律失常、心绞痛，对部分高血压病人有中度降压作用。其结构式为：

普萘洛尔为白色结晶性粉末，熔点 96℃，其盐酸盐的熔点为 163～164℃。

二、实验要求

1. 用所学过的逆合成分析法，初步设计合成路线和起始原料。

2. 查阅相关文献，比较各种合成方法，设计可行的实验方案，合成 2g 盐酸普萘洛尔。

3. 选择合适的方法表征产品结构。

三、实验提示

普萘洛尔分子中有氨基和羟基存在，且相对位置是 1,2 位，可以考虑用环氧化合物与胺
的加成反应来合成该化合物。

四、参考文献

［1］ Frederick Crowther Albert，Harold Smith Leslie. 3-Naphthyloxy-2-hydroxyprop-
ylamines. US 3337628. 1967.

［2］ Frederick Crowther Albert，Harold Smith Leslie. Homocyclic Compounds. US 3520919.
1970.

［3］ Wendel L Nelson，John E Wennerstrom，S Raman Sankar. Absolute configuration of
glycerol derivatives，3. Synthesis and Cupra A circular dichroism spectra of some chiral 3-aryloxy-

1,2-propanediols and 3-aryloxy-1-amino-2-propanols. J Org Chem，1977，42(6)：1006-1012.

[4] Bevinakatt H S, Banerji A A. Practical chemoenzymic synthesis of both enanti-omers of propranolol. J Org Chem，1991，56(18)：5372-5375.

实验五十九　2-氨基-3,5-二硝基苯腈的合成

一、实验背景

染料工业是化学工业中的一个重要组成部分，2-氨基-3,5-二硝基苯腈是制造亮蓝等染料的重要中间体，其分子结构式如下：

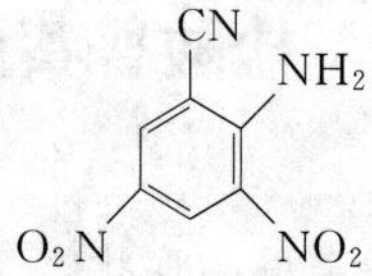

2-氨基-3,5-二硝基苯腈的分子量为 208.14，黄色结晶，熔点 219～220℃。其合成方法较多，主要有以下几条。

第一条路线：以邻氯苯甲酸为原料，经硝化、酰胺化、脱水、取代得到产物。

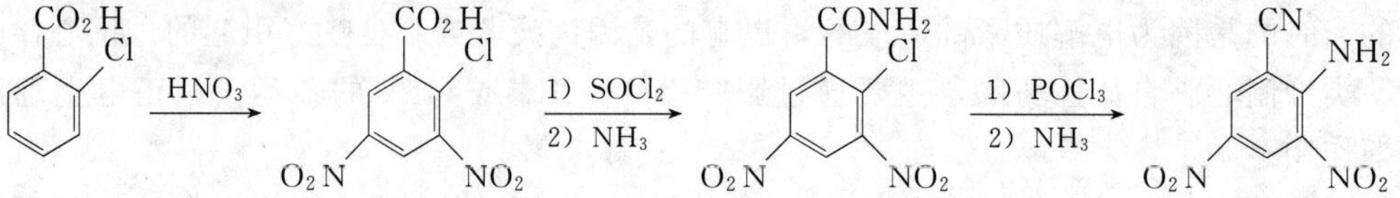

第二条路线：以 2,4-二硝基氯苯为原料，经傅-克反应、酸化，再经酰胺化、脱水、取代得到最终产物。

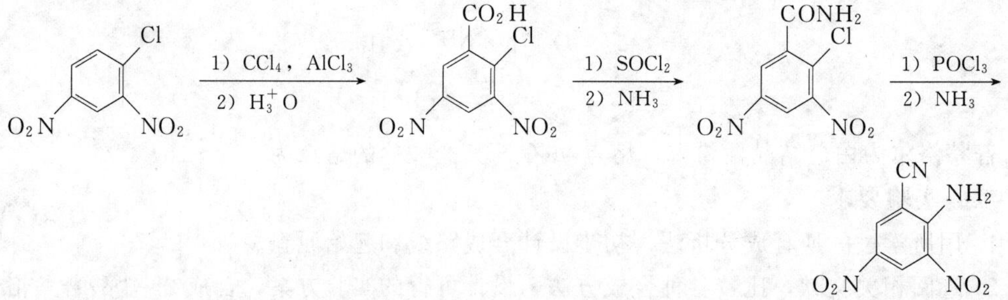

第三条路线：以水杨酸为起始原料，经硝化、酰胺化、脱水、取代，得到产物。

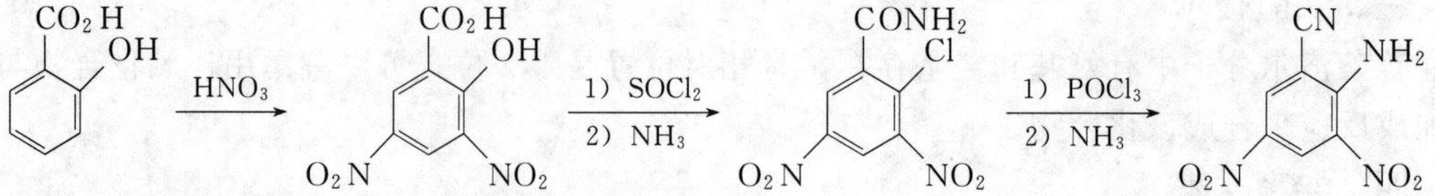

二、实验要求

1. 查阅相关文献，比较各种合成方法，综合考虑原料的易得程度和价格、产率等因素，设计可行的实验方案，合成 8g 2-氨基-3,5-二硝基苯腈。

2. 用熔点仪器测定产物的熔点并与文献值进行比较。

三、实验提示

1. 设计可行的合成方案和实验装置，设计合理的加料顺序和温度控制方法。

2. 用薄层色谱法跟踪该反应的进程。

四、参考文献

［1］ Eilingsfeld Heinz DR，Bantel Karl-Heinz. Aminobenzonitrile prepn-from halogen-substd triphenylphosphine phenylimines and metal cyanides，esp cuprous cyanide，and hydrolysis：DE 2137719. 1973.

［2］ Wayland E Noland，Kent R Rush. The Polynitration of Indolines. 5，7-Dinitration. J. Org. Chem.，1964，29(4)：947-948.

实验六十　取代邻溴苯乙炔的多步合成

一、实验背景

苯乙炔类化合物是重要的化工原料和有机合成中间体，其衍生物邻溴苯乙炔在精细化工和生物制药上都有广泛的应用[1]。由于在邻溴苯乙炔分子中有碳碳三键和溴原子，所以它同时具有端炔和芳卤的化学性质。除了能发生一些常见反应外，近年来邻溴苯乙炔参与的新反应不断地被报道。邻溴苯乙炔中的炔基可以和醇、不饱和烃等发生加成反应[2~3]，可以和三丁基锡化氢发生锡氢化反应[4]，和硼化试剂发生硼氢化反应[5]，还可以与许多试剂发生偶合反应[6]。邻溴苯乙炔中的溴除了可以发生典型的偶合反应外[7]，还可以与炔基一起发生成环反应以及多组分反应[8~9]。虽然取代的苯乙炔制备方法有不少，但有效合成取代邻溴苯乙炔的方法却报道不多[10~13]。

二、实验要求

1. 利用网络和期刊资源，查阅邻溴苯乙炔的制备方法，比较已有合成方法，设计一条以邻溴苯甲醛为原料的合成路线。

2. 设计实验方案，包括原料、试剂及产物的物理常数，原料、试剂、仪器和装置准备，以及各步产物的表征方案。

3. 通过实验合成1g邻溴苯乙炔。

三、参考文献

［1］ Toshihiro O，Kenichi K，Atsushi W，et al. General synthesis of thiophene and selenophene-based heteroacenes. Org Lett，2005，7：5301-5304.

［2］ Jana U，Biswas S，Maiti S. Iron（Ⅲ）-catalyzed addition of benzylic alcohols to aryl alkynes—A new synthesis of substituted arylketones. Eur J Org Chem，2008，34：5798-5804.

［3］ Takahiro N，Yosuke W，Sakae U. Ruthenium/halide catalytic system for C-C bond forming reaction between alkynes and unsaturated carbonyl compounds. Adv Synth Catal，2007，349：2563-2571.

［4］ Hamze A，Veau D，Provot O，et al. Palladium-catalyzed Markovnikov termina-larylalkynes hydro-stannation：Application to the synthesis of 1，1-diarylethylenes. J Org Chem，2009，74：1337-1340.

［5］ Iwadate N，Suginome M. Synthesis of B-protected styrylboronic acids via iridium catalyzed hydroboration of alkynes with 1,8-naphthalenediaminatoborane leading to iterative synthesis of oligo(phenyl-enevinylene)s. Org Lett，2009，11：1899-1902.

[6] Zhang Wen-xiong, Nishiura M, Hou Zhao-min. Synthesis of (Z)-1-aza-1,3-enynes by the cross-coupling of terminal alkynes with isocyanides catalyzed by rare-earth metal complexes. Angew Chem Int Ed, 2008, 47: 9700-9703.

[7] Manolikakes G, Hernandez C M, Schade M A. Palladium and nickel catalyzed cross- couplings of unsaturated halides bearing relatively acidic protons with organozinc reagents. J Org Chem, 2008, 73: 8422-8436.

[8] Sanji T, Shiraishi K, Kashiwabara T, et al. Base-mediated cyclization reaction of 2-alkynyl-phenylphosphine oxides: Synthesis and photophysical properties of benzo[b]phosphole oxides. Org Lett, 2008, 10: 2689-2692.

[9] Kim J, Lee S Y, Lee J, et al. Synthetic utility of ammonium salts in a Cucatalyzed three-component reaction as a facile coupling partner. J Org Chem, 73: 9454-9457.

[10] Alabugin I V, Gilmore K, Patil S, et al. Radical cascade transformations of tris (o-arylene-ethynylenes) into substituted benzo[a]indeno[2,1-c]fluorenes. J Am Chem Soc, 2008, 130: 11535-11545.

[11] Ghaffarzadeh M, Bolourtchian M, Fard Z H. One-step synthesis of aromatic terminal alkynes from their corresponding ketones under microwave irradiation. Synth Commun, 2006, 36: 1973-1981.

[12] Quesada E, Raw S A, Reid M, et al. One-pot conversion of activated alcohols into 1,1-dibromoalkenes and terminal alkynes using tandem oxidation processes with manganese dioxide. Tetrahedron, 2006, 62: 6673-6680.

[13] 吴志，金红卫，杨振平，蒋栋，高建荣. 取代邻溴苯乙炔的合成新方法. 浙江工业大学学报，2011，39：376-379.

实验六十一　离子液体中 4,6-二取代氨基-1,3,5-三嗪类衍生物的合成

一、实验背景

除草剂 4,6-二取代氨基-1,3,5-三嗪类衍生物的合成通常是以三聚氯氰、不同取代基的胺为原料，经两步取代反应制得。通常，根据所用溶剂的不同，分为水相法、溶剂法及均相混合法。

水相法以水作为介质。由于三聚氯氰化学性质活泼，容易发生水解反应。环境温度升高，水解反应加快。溶剂法是最早的生产方法，以氯苯等为溶剂。由于采用大量的溶剂，相应地增加了成本，在生产时设备投资增加，污染严重。

均相混合法是 20 世纪 90 年代的技术，即采用水加溶剂混合介质，在多种助剂的作用及相对低温下，使三聚氯氰均匀乳化在混合液中。既避免了水相法的不均匀分散问题，又大大减少了溶剂的使用量，具有较好的反应效果，收率大于 94%。但由于水和有机溶剂（如氯苯）几乎不溶，而且存在密度的差异，必须选用合适的复合助剂，达到水油乳化均相混合，并减少密度差异，以求共混。

文献 [1] 开发了在离子液体中合成除草剂 4,6-二取代氨基-1,3,5-三嗪类衍生物的新方法，避免工业化生产中对环境的污染，具有较高的应用价值。

离子液体（ionic liquid）是在室温及相近温度下完全由离子组成的有机液体物质，所以又称室温离子液体（room or ambient temperature ionic liquid）或室温熔融盐（room temperature molten salt or fused salt）。离子液体是优良的溶剂，可溶解极性、非极性的有机物、无机物和聚合物，具有易于与其他物质分离，可以循环利用等优良特性。它最吸引人的特点是：虽然在室温下离子液体是液态，但无蒸气压、不挥发、不会逃逸损失、不会对环境造成污染，因而这种"熔盐"可作为化学反应和分离中所用溶剂的替代物。许多离子液体具有很宽的液态温度范围，从 $-70℃$ 到 $300\sim400℃$，这就意味着在此温度范围内都可以使用。

离子液体的种类繁多，改变正离子和负离子的不同组合，可以设计得到众多不同的离子液体。如果以正离子的不同对离子液体进行分类，最为常见的一般有四种类型：普通季铵盐离子液体（正离子部分可记作 $[NR_xH_{4-x}]^+$）、普通季鏻盐离子液体（正离子部分可记作 $[PR_xH_{4-x}]^+$）、咪唑盐离子液体（正离子部分可记作 $[R_1R_2IM]^+$）和吡啶盐离子液体（正离子部分可记作 $[RP_y]^+$）。如果以负离子的不同对离子液体进行分类，大致可以分为两种类型：一类是"正离子卤化盐＋$AlCl_3$"型的离子液体，如 $[BMIM]AlCl_4$，该体系的酸碱性随 $AlCl_3$ 的摩尔分数的不同而改变，此类离子液体对水和空气都相当敏感；另一类可称为"新型"离子液体，体系中与正离子匹配的负离子有多种选择，如 BF_4^-、PF_6^-、SbF_6^-、AsF_6^-、OTf^-（即 $CF_3SO_3^-$）、NTf_2^- ［即 $N(CF_3SO_2)_2^-$］、CF_3COO^-、Cl^-、Br^-、I^-、NO_2^- 等，这类离子液体与 $AlCl_3$ 类不同，其具有固定的组成，对水和空气是相对稳定的[2]。

二、实验要求

1. 采用 1-溴丁烷合成 1-丁基-3-甲基咪唑（[bmim]Br），并在水溶剂中与四氟硼酸钠（$NaBF_4$）进行离子交换，制备 1-丁基-3-甲基咪唑四氟硼酸盐（[bmim]BF_4）。

2. 以该离子液体作溶剂，合成一系列 4,6-二取代氨基-1,3,5-三嗪类衍生物。

离子液体[bmim]BF_4的制备

R^1, R^2＝$-CH_2CH_3$, $-CH(CH_3)_2$, $-CH_2(CH_2)_4CH_3$, ⬡ , △

4,6-二取代氨基-1,3,5-三嗪类衍生物的合成

根据不同的取代胺，合成以下 9 个 1,3,5-三嗪类衍生物。

2-氯-4,6-二乙氨基-1,3,5-三嗪（西玛津），熔点 $222\sim224℃$。

2-氯-4,6-二异丙氨基-1,3,5-三嗪（扑灭津），熔点 $215\sim216℃$。

2-氯-4-乙氨基-6-异丙氨基-1,3,5-三嗪（阿特拉津），熔点 $172\sim174℃$。

2-氯-4,6-二正己氨基-1,3,5-三嗪，熔点 $191\sim193℃$。

2-氯-4,6-二环己氨基-1,3,5-三嗪，熔点 $238\sim240℃$。

2-氯-4,6-二环丙氨基-1,3,5-三嗪，熔点 $208\sim209℃$。

2-氯-4-乙氨基-6-环丙氨基-1,3,5-三嗪，熔点 198～200℃。

2-氯-4-异丙氨基-6-环丙氨基-1,3,5-三嗪，熔点 165～167℃。

2-氯-4-环丙氨基-6-环己氨基-1,3,5-三嗪，熔点 152～154℃。

3. 离子液体的循环利用。

4. 对合成的产品结构进行表征。

三、实验提示

1. 离子液体 [bmim]BF₄ 的合成采用两步法。在本实验中，其中间体溴化二烷基咪唑的合成不采用任何溶剂，可避免后处理的麻烦，但因反应时放热，温度不太容易控制，操作需十分小心。合成 [bmim]BF₄ 时采用水作溶剂，充分体现绿色化学的理念，但反应时间较长，许多文献报道采用微波法可提高反应效率。

2. 设计可行的合成方案和实验装置，考察反应物浓度、反应时间、反应温度对反应的影响。

由于三聚氯氰化学性质活泼，容易发生水解反应，因此投料要迅速。离子液体循环利用作溶剂时，一定要干燥彻底，用旋转蒸发仪浓缩（80℃）2h 后，可以除去溶剂和水分。

反应温度对三聚氯氰与胺的一取代反应影响很大。温度低时，一取代产物含量明显偏高；温度高时，生成的副产物较多，影响产物纯度。但温度过低，一取代反应的时间要延长，因此，一般控制在 0℃左右为宜。在二取代反应时，反应温度越高，产物的含量越高，但温度过高，胺的挥发性增加，因此，一般控制在 20℃左右为宜。

3. 建立方便、简单、准确的分析方法，跟踪反应进程，检验产品纯度。

4. 选择合适的方法表征产品结构

四、参考文献

[1] 强根荣，裴文，盛卫坚. 4,6-二取代氨基-1,3,5-三嗪类衍生物的合成方法：CN101041642. 2009-7-29.

[2] 包伟良，王治明. 离子液体的研究现状与发展趋势. 中国科协第 143 次青年科学家论坛——离子液体与绿色化学，北京，2007.

实验六十二　安息香的绿色催化氧化

一、实验背景

苯偶酰即二苯基乙二酮，又叫联苯酰、联苯甲酰，是合成药物苯妥英钠的中间体，亦可用于杀虫剂及紫外线固化树脂的光敏剂，在医药、香料、日用化学品生产中有着广泛的应用。

苯偶酰的合成常用安息香（苯偶姻）氧化合成，常见的氧化方法有：铬酸盐氧化法、硝酸氧化法、高锰酸盐氧化法、氯化铁氧化法、硫酸铜氧化法等。这些氧化方法，存在的主要问题是：铬酸盐氧化法，反应时间长达十多小时并且反应液中含有高价铬，铬污染不可避免；硝酸氧化法，不但反应剧烈，放出大量氧化氮气体危害健康，而且反应后产生大量废酸，回收则增加成本，排放则污染环境；高锰酸盐氧化法，反应相对剧烈，难以控制，得到的产物中副产物比较多；氯化铁氧化法中，$FeCl_3 \cdot 6H_2O$ 是优良氧化剂，然而该工艺反应时间比较长，且 $FeCl_3 \cdot 6H_2O$ 易吸潮，难于保存，又易与水溶液形成胶体，给后处理带来不便；硫酸铜氧化法，氧化剂一次性消耗，反应操作繁杂，分离提纯困难，污染物排放量大。

而且这些氧化剂被还原后，一般都不回收，增加了生产成本。

文献［4］从绿色化学的理念出发，用双水杨醛缩乙二胺合金属配合物［M（Salen）］（M＝Co，Cu，Zn）作催化剂，用空气氧化安息香合成苯偶酰，并对催化剂的回收利用做了研究，从而降低了生产成本，减少了废液的排放，开辟了绿色合成苯偶酰的新途径。

二、实验要求

1. 研究用双水杨醛缩乙二胺合金属配合物［M(Salen)］（M＝Co，Cu，Zn）作催化剂，用空气氧化安息香合成苯偶酰。

双水杨醛缩乙二胺合金属配合物[M(Salen)]的制备方程式

催化剂为Co(Salen)、Cu(Salen)和Zn(Salen)

Salen催化剂催化氧化安息香的反应方程式

2. 研究 Salen 催化剂的循环利用，减少废液的排放。

3. 对合成的产品结构进行表征。

三、实验提示

1. 设计可行的合成方案和实验装置，考察反应物浓度、反应时间、反应温度对反应的影响。

已有的研究结果表明，Co(Salen) 催化剂的活性最好，反应进行 45min 后，产物收率达到 78％，再延长时间，收率反而下降，可能是氧化的副产物增加。Cu（Salen）和 Zn（Salen）催化剂的活性相对较差，反应时间要长一些，产物的收率也相对低一些。

选用活性最好的 Co(Salen) 作催化剂，反应时间为 45min，寻求最佳反应温度，产率在 80℃时最高。随着温度提高，产物收率略有下降，但相差很小。因此，为节省能源，Co（Salen）在 80℃下便可得到良好的催化效果。

2. 催化剂套用对安息香催化氧化反应的影响。三种催化在利用到第四次后，收率都明显下降。主要原因是催化剂的催化效率下降，转化率低，反应很不完全，产品中含有大量原料。因此，此类催化剂最佳利用次数为两次，在第三次利用时，收率有所降低。

3. 建立方便、简单、准确的分析方法，跟踪反应进程，检验产品纯度。

4. 选择合适的方法表征产品结构。

四、参考文献

［1］ M. B. Smith. Organic Synthesis. 2nd Ed. Singapore：McGrawHill，2002，186-305.

［2］ G. Cainelli，G. Cardillo. Chromium Oxidations in Organic Chemistry. Berlin：Springer，1984.

［3］ 邢春勇，李记太，王焕新. 微波辐射下蒙脱土 K10 固载氯化铁氧化二芳基乙醇酮. 有机化学，2005，25(1)：113-115.

[4] 丁成,倪金平,唐荣等.安息香的绿色催化氧化研究.浙江工业大学学报,2009,37(5):542-544.

实验六十三　水杨醛缩肼基二硫代甲酸苄酯类 Schiff 碱的合成

一、实验背景

Schiff 碱是指由含有羰基和氨基的两类物质通过缩合反应而形成的含亚氨基或取代亚氨基的一类有机化合物。它涉及加成、重排和消去等过程,反应物立体结构及电子效应都起着重要作用。反应机理如下:

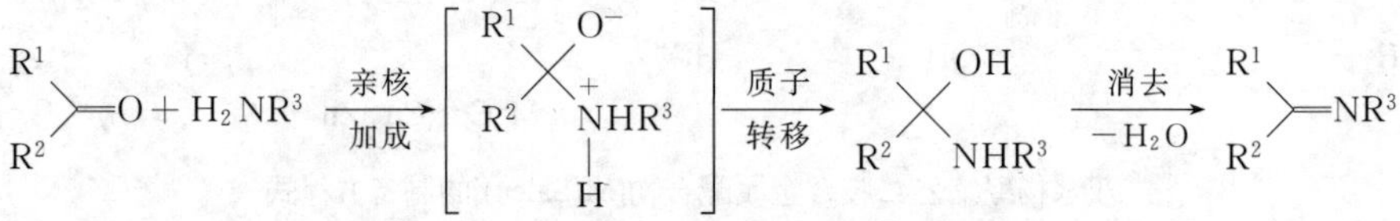

这类化合物是因 H. Schiff 于 1864 年首次发现而得名的。由于 Schiff 碱在合成上具有很大的灵活性,可以引入各类功能基团使其衍生化。在 19 世纪 60 年代又报道了它与金属形成的配合物,特别是近年来,Schiff 碱及其配合物在医药和农药、缓蚀剂、催化剂、有机合成、新材料开发和研制领域以及分析化学方面的研究取得了重大进展,并得到了广泛应用,使其成为配位化学和有机化学的研究热点。

肼基二硫代甲酸酯由于具有 N、S 等富电子原子而具有优良的配位性能,它又是合成 1,2,4-三唑类化合物的重要中间体,还可与其他的醛酮缩合形成具有各种结构的 Schiff 碱。水杨醛缩肼基二硫代甲酸苄酯类 Schiff 碱由肼基二硫代甲酸苄酯与水杨醛缩合而成。制备肼基二硫代甲酸苄酯的反应机理如下:

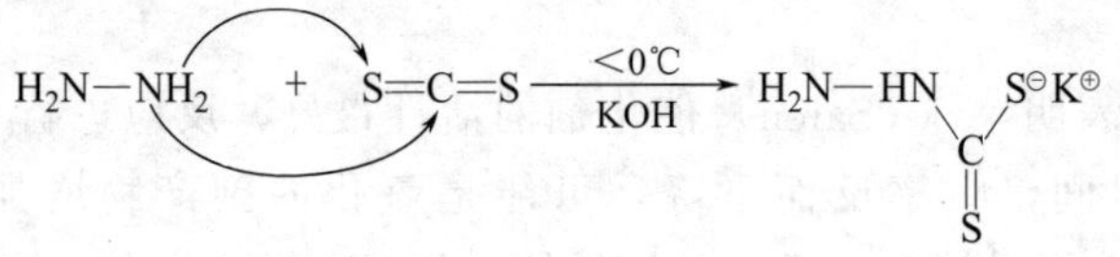

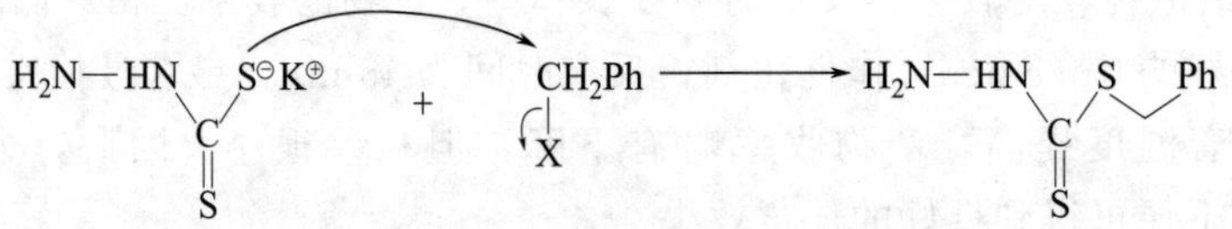

反应(1)为在碱性条件下水合肼对二硫化碳的亲核加成,反应(2)为肼基二硫代甲酸钾盐对苄卤的亲核取代,最终得到产品肼基二硫代甲酸苄酯。根据反应机理,体系应呈碱性,因此氢氧化钾应稍过量。

二、实验要求

1. 以取代的溴化苄为原料,制备水杨醛缩肼基二硫代甲酸苄酯类 Schiff 碱配体,总收率达到 60% 以上。

2. 查阅相关文献,拟定合理的制备路线。

3. 设计可行的实验方案和实验装置,考察原料配比、反应时间、溶剂等对反应的影响。

4. 建立合适的产品提纯方法,以及简便、准确的分析检测方法。

5. 分析影响产品色度的因素及改进的办法。

6. 提出实验中可能出现的问题及应对的处理方法。

三、实验提示

1. 产品是含有 N、O、S 配位原子的新型 Schiff 碱类化合物（2a～2h），反应式如下：

化合物　　1a　1b

R^1　　H　NO$_2$

化合物	2a	2b	2c	2d	2e	2f	2g	2h
R^1	H	H	H	H	NO$_2$	NO$_2$	NO$_2$	NO$_2$
R^2	H	5-Cl	5-Me	5-OMe	H	5-Cl	5-Me	5-OMe

2. 建立方便、简单、准确的分析方法，跟踪反应进程，检验产品纯度。

3. 产品结构可用紫外光谱、红外光谱、质谱及元素分析等仪器进行表征。

四、参考文献

[1] 游效曾，孟庆金，韩万书. 配位化学进展. 北京：高等教育出版社，2000.

[2] 朱万仁，陈渊，李家贵. 含水杨基新型希夫碱的合成与表征. 化学世界，2008（5）：282-285.

[3] ShoichiroYamada. Advancement in stereochemical aspects of schiff base metal complexes. Coordination Chemistry Reviews，1999，190-192：537-555.

[4] 贾真，戚晶云，贺攀，等. N-（2-水杨醛缩氨基）苯基-N′-苯基硫脲的合成研究. 化学试剂，2010，32（4）：359-361.

[5] 郑启升，赵吉寿，王金城，等. 一锅法合成肼基二硫代甲酸苄酯的研究. 化学试剂，2007，29（11）：684-686.

[6] 苏新立，贾真，刘秋平，等. 水杨醛缩肼基二硫代甲酸苄酯类 Schiff 碱配体的合成. 化学试剂，2011，33（6）：500-502.

实验六十四　水杨酸双酚 A 酯的合成

一、实验背景

双酚 A[2，2-bis（4-hydroxyphenyl）propane，bisphenol A]，学名 2，2-二（4-羟基苯基）丙烷，简称二酚基丙烷。白色针状晶体，分子量 228，熔点 156～158℃，不溶于水、脂肪烃，溶于丙酮、乙醇、甲醇、乙醚、醋酸及稀碱液，微溶于二氯甲烷、甲苯等。双酚 A 是世界上使用最广泛的合成化合物之一，主要用于生产聚碳酸酯、环氧树脂、聚砜树脂、聚苯醚树脂、不饱和聚酯树脂等多种高分子材料；也可用于生产增塑剂、阻燃剂、抗氧剂、热稳定剂、橡胶防老剂、农药、涂料等精细化工产品。在塑料制品的制造过程中，添加双酚A可以使其具有无色透明、耐用、轻巧和显著的防冲击性等特性，尤其能防止酸性蔬菜和水果从内部侵蚀金属容器，因此广泛用于罐头食品和饮料的包装，奶瓶、水瓶、牙齿填充物所用的密封胶、眼镜片以及其他数百种日用品的制造过程中。

水杨酸双酚A酯（bisphenol A disalicylate），商品名称为光稳定剂BAD或紫外线吸收剂BAD，化学名称：4,4'-亚异丙基双酚双水杨酸酯，为白色的无臭、无味粉末，细度为1~5μm。分子量468，熔点158~161℃，易溶于苯、甲苯、氯苯、二甲苯、石油醚等惰性有机溶剂，不溶于水、酒精。水杨酸双酚A酯除用作纺织品防紫外线外，还大量应用于聚丙烯、聚乙烯和聚氯乙烯等塑料，可吸收波长为350nm以下的紫外线，提高制品的耐候性。因其能有效地吸收对植物有害的短波紫外线（波长小于350nm），透过对植物生长有利的长波紫外线，既抗老化又不影响作物生长，所以特别适用于生产农用薄膜。

合成双酚A的工艺技术主要有：①硫酸法；②盐酸法或氯化氢法；③树脂法。前两种方法由于自身存在缺陷已趋于淘汰。树脂法常采用磺酸型阳离子交换树脂作催化剂，巯基化合物为助催化剂，此法具有腐蚀性小、污染少、催化剂易分离、产品质量高等优点，但成本费用高，丙酮单程转化率低，对原料苯酚要求较高。近年开发的以固体有机酸作催化剂，对设备的腐蚀比硫酸小，环境污染小，使用量小，不易引起副反应，价廉易得，是适用于工业化生产的有效催化剂。室温离子液体作为一种环境友好的溶剂和催化剂体系，也正在被人们认识和接受，并被用在双酚A的合成中。

传统工艺合成水杨酸双酚A酯需在氯化亚砜作用下进行酯化反应，在工业上对设备造成严重腐蚀，同时产生大量废气、废水，严重污染环境。新工艺生产水杨酸双酚A酯是以水杨酸先与醇进行酯化反应，再与双酚A进行酯交换反应，对设备无腐蚀，对环境无污染，后处理简单，无三废生成，属绿色环保工艺。

二、实验要求

1. 查阅相关文献，比较各种合成方法，设计可行的实验方案，合成水杨酸双酚A酯。
2. 采用合适的方法提纯粗产品。
3. 对合成的水杨酸双酚A酯结构进行表征。

三、实验提示

1. 本实验可先通过苯酚和丙酮缩合，制备2,2-二(4-羟基苯基)丙烷（简称双酚A，BPA），再用水杨酸乙酯和双酚A为原料，以二丁基氧化锡为催化剂，合成水杨酸双酚A酯。反应式如下：

2. 合成双酚 A 时，丙酮过量有利于有效利用苯酚，提高收率，但易发生乳化现象。通过加热、加表面活性剂及加盐等办法可以破乳。合成水杨酸双酚 A 酯的过程中，必须采用减压蒸馏装置除尽生成物中的乙醇，并将水杨酸乙酯蒸出，以提高反应速率和产物的纯度。

3. 水杨酸双酚 A 酯的表征

（1）水杨酸双酚 A 酯的红外光谱分析

用 KBr 压片对产品进行红外扫描，产品中主要基团的红外特征吸收峰（cm^{-1}）：3598，3342（酚羟基振动吸收）；3068（苯环上 C—H 振动吸收）；2960，2870，1382（CH_3 振动吸收）；1598，1509，1446（苯环骨架振动吸收）；1733（酯羰基振动吸收）；1176，1218（季碳骨架伸缩振动）；1176，1245（酯的 C—O—C 伸缩振动）。

（2）水杨酸双酚 A 酯的 ^{1}H NMR 分析

以 $CDCl_3$ 为溶剂，通过 300MHz 核磁共振仪对产品进行 ^{1}H-NMR 鉴定：5.23（2H，OH），7.06～7.93(16H,ArH)，1.60(6H,CH_3)。

四、参考文献

［1］ 严一丰，李杰，胡行俊 . 塑料稳定剂及其应用 . 北京：化学工业出版社，2008.

［2］ 胡应喜，刘霞，翟严菊 . 水杨酸双酚 A 酯的合成与表征 . 化学试剂，2003，25（4）：235-236，249.

［3］ 郝素娥，宋奎国，章鸿君 . 用碱性催化剂催化合成双酚 A 的研究 . 化学试剂，2000，22（2）：126-127.

［4］ Eric L Margelefsky, Ryan K Zeidan. Ve'ronique Dufaudl Organized Surface Functional Groups：Cooperative Catalysis via Thiol/Sulfonic Acid Pairing. J. Am. Chem. Soc. ，2007，129（44）：13691-13697.

实验六十五　　吗氯贝胺的合成

一、实验背景

吗氯贝胺（moclobemide），化学名 N-[2-(4-吗啉基)乙基]对氯苯甲酰胺，白色结晶或结晶性粉末，无臭，味微苦，易溶于二氯甲烷、三氯甲烷，几乎不溶于水。分子量 268.7，密度 1.206，熔点 137℃，沸点 447.7℃，闪点 224.6℃，是 Roche 公司 1990 年研制的选择性单胺氧化酶-A 的可逆性抑制剂。该药在抗抑郁、抗缺氧等方面疗效显著，尤其适用于伴有肾心疾病的老年抑郁患者。它的疗效确切，临床安全性好，适用性广，优于现在临床应用的其他抗抑郁药，问世后被 50 多个国家批准上市。

吗氯贝胺的合成路线主要有以下 4 条：（1）4-(2-氨基)乙基吗啉与对氯苯甲酰氯反应；（2）N-对氯苯甲酰氮丙啶与吗啉反应；（3）4-氯-N-(2-溴乙基)苯甲酰胺与吗啉反应；（4）2-氨基乙基硫酸氢酯与对氯苯甲酰氯反应得到 2-对氯苯甲酰氨基乙基硫酸酯钠盐，再与吗啉反应。

二、实验要求

1. 查阅相关文献，比较各种合成方法，设计可行的实验方案，合成吗氯贝胺。

2. 采用合适的方法提纯粗产品。

3. 对合成的吗氯贝胺结构进行表征。

三、实验提示

1. 本实验可采用文献［2］提供的第3条合成路线，并通过液相色谱检测产品的纯度，用质谱、元素分析和核磁共振氢谱表征产品。反应式如下：

$$HOCH_2CH_2NH_2 + 2HBr \longrightarrow BrCH_2CH_2NH_2 \cdot HBr + H_2O$$

$$BrCH_2CH_2NH_2 \cdot HBr + Cl-\text{⟨⟩}-COCl \xrightarrow{NaOH} Cl-\text{⟨⟩}-CONHCH_2CH_2Br$$

$$Cl-\text{⟨⟩}-CONHCH_2CH_2Br + HN\text{⟨}O \longrightarrow Cl-\text{⟨⟩}-CO-NHCH_2CH_2-N\text{⟨}O$$

2. 液相色谱（HPLC）法测定吗氯贝胺的含量

利用Waters1525型高效液相色谱仪及Waters2996型检测器测定吗氯贝胺的含量。色谱条件如下。

色谱柱：Waters C_{18}（4.6mm×300mm）；流动相：乙腈-0.05mol/L醋酸铵溶液-冰醋酸（25∶75∶1.5）；柱温：30℃；流速：1mL/min；检测波长：254nm；灵敏度：0.005AUFS；进样量：20μL。

3. 红外光谱和核磁共振氢谱数据

IR(KBr，ν/cm^{-1})：3281(NH)，1637(C=O)，1545，1488。

^{1}H-NMR(CDCl$_3$，δ)：2.45～2.54（t，4H，—CH$_2$—N—CH$_2$—），2.51～2.65（t，2H，$\text{\textbackslash}$N—CH$_2$—），3.45～3.61(m，2H，—NH—CH$_2$—)，3.67～3.76(t，4H，—CH$_2$—O—CH$_2$—)，6.94(s，1H，—NH)，7.32～7.79(m，4H，Ph—H)。

四、参考文献

［1］ 潘雁．抗抑郁药吗氯贝胺．国外医药：合成药、生化药、制剂分册，1994，15(5)：302-304．

［2］ 陈斌，周婉珍，贾建洪，等．吗氯贝胺的合成工艺研究．浙江工业大学学报，2004，32(6)：629-632．

［3］ 焦建宇，冯怡民，史守铺，等．吗氯贝胺的合成．中国药物化学杂志，1998，8(2)：147-148．

实验六十六　设计性实验——乙酰二茂铁的色谱分离及表征

一、实验背景

柱色谱是分离、提纯有机化合物常用的方法，在有机合成中有着广泛的应用。具体的操作中，柱色谱往往和薄层色谱联合使用，以薄层色谱为先导，选择合适的固定相和流动相，再通过柱色谱实现分离和提纯的目的。

薄层色谱中对展开剂的要求一般是：（1）对样品有良好的溶解性；（2）样品中各组分之间能得到良好的分离，待测组分的 R_f 在0.2～0.8之间；（3）不与样品或吸附剂发生化学反应；（4）沸点适中，黏度较小；（5）展开后各组分斑点圆整且集中；（6）单一组分的溶剂很难分离较复杂混合物样品时，可由两种或者两种以上的溶剂按一定的比例混合而成。

选择展开剂的一条快捷途径是在同一块薄层板上点上被分离样品的几个样点，各样点间至少相距1cm，再用滴管分别吸取不同的溶剂，各自点在一个样点上，溶剂将从样点向外扩展，形成一些同心的圆环。若样点基本上不随溶剂移动（图6-1a）或一直随溶剂移动到边沿（图6-1d），则这样的溶剂不适用。若样点随溶剂移动适当距离，形成较宽的环带（图6-1b），或形成几个不同的环带（图6-1c），则该溶剂一般可作为展开剂使用。

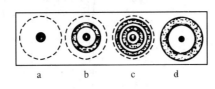

图6-1　样点扩散示意图

二、实验要求

1. 通过薄层色谱分析，设计合适的用于柱色谱法提纯乙酰二茂铁的洗脱剂。
2. 采用湿法装柱的方法制备硅胶色谱柱，并利用柱色谱分离、提纯乙酰二茂铁。
3. 通过核磁共振氢谱和红外光谱对乙酰二茂铁的结构进行表征。

三、实验提示

1. 洗脱剂的选择

待分离的乙酰二茂铁粗样，用适量乙酸乙酯溶解。用石油醚、乙酸乙酯或两者的混合物作为展开剂，在薄层板上点样、展开，计算比移值，确定用于分离提纯乙酰二茂铁的洗脱剂。为达到较好的分离效果，本实验要求乙酰二茂铁样点的比移值 R_f 为0.3～0.5，乙酰二茂铁样点与杂质样点之间的比移值差为0.4～0.5。

2. 乙酰二茂铁的柱色谱分离

本实验要求湿法装柱，干法上样。

（1）拌样

称取乙酰二茂铁粗样0.1g，置于干燥的小烧杯中，滴加乙酸乙酯使其溶解，加入硅胶（100～200目），搅拌均匀得橘黄色浆状物，在红外灯下干燥得松散的粉末状固体。

（2）湿法装柱

向色谱柱中加入石油醚（60～90℃）适量。在烧杯中称取约30g硅胶（100～200目），加入石油醚（60～90℃）调匀。将烧杯中硅胶糊状物加入柱内，使装填紧密。要求柱面平整，柱体无气泡、均匀。然后再在柱子顶部加一层约3mm厚的石英砂。

（3）上样

将拌好的粗产品固体装入柱中，使柱面平整，上层再覆以3mm厚的石英砂。

（4）洗脱

用选择好的洗脱剂进行洗脱。

（5）收集产品

将收集到的乙酰二茂铁洗脱液倒入已称重的干燥圆底烧瓶中，旋转蒸发除去溶剂，烘干后称重，计算粗样中乙酰二茂铁的含量。

（6）产品表征

乙酰二茂铁用红外光谱、核磁共振氢谱表征，并解析。

① 指出乙酰二茂铁的红外光谱图（KBr 压片，见图 6-2）中与下列官能团相对应的吸收峰的波数。

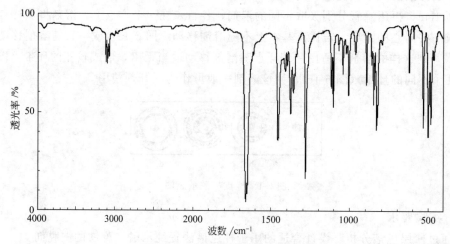

图 6-2　乙酰二茂铁的红外光谱图

C=O 伸缩振动峰：_____；Fe—C 伸缩振动峰：_____；茂环骨架碳-碳键伸缩振动峰：_____；茂环骨架=C—H 伸缩振动峰：_____。

② 指出乙酰二茂铁核磁共振氢谱图（以 $CDCl_3$ 为溶剂，TMS 为内标，见图 6-3）中各吸收峰所对应的氢的种类。

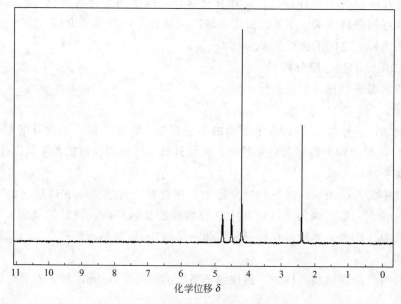

图 6-3　乙酰二茂铁核磁共振氢谱

实验六十七　邻二溴代烃的连续流合成

一、实验背景

连续流化学反应（flow chemical reaction）是以既定流速将两个或两个以上不同的气

态、液态或半固态反应物通过流泵送至微型反应器、管型反应器或小型釜式反应器内发生的化学反应。虽然采用连续流方式并不会改变化学反应的本质，但它却通过改变反应物传热和传质方式，使反应的效率和安全性得以提高。因为相对于传统的釜式反应工艺比如硝化工艺，连续流工艺里反应器中的持液量大为减少，使得反应放出的热量更容易被移走，从而降低了工艺的危险等级。同时，由于某些反应器的特殊构造，加大了反应物间的接触面，从而缩短反应时间，使得反应效率大大提高。连续流化学（flow chemistry）可以与多种其他化学如光化学、电化学以及微波化学等交叉结合，从而发展出形形色色的连续流化学工艺，以满足不同的科研和化工生产需要。同时，连续流概念还可以拓展到反应物的后处理和提纯过程中去，通过连续化的淬灭、萃取和分离甚至是提纯，结合智能化检测和控制，传统的化工制造模式正逐步被智能化连续流工艺替代。

如同《Journal of Flow Chemistry》主编 C. Oliver Kappe 在 2017 年所说的那样："The Journal of Flow Chemistry was founded in 2010 and launched in August of 2011 at a time when the flow chemistry community was still rather small. Significant achievements in the field have occurred since then and tremendous progress in many different subdisciplines has undoubtedly been made."越来越多的连续流化学工艺正在从实验室走向制药和精细化工的大生产。

二、实验要求

1. 通过一个可视化的芳香烯烃与溴单质亲电加成反应实验体验连续流合成技术的高效与便利；

2. 按照实验提示，设计并组装一个管道化的连续流反应装置和一个管道化的淬灭装置；或组装一个管道化淬灭装置与微通道连续流教学平台配套；

3. 以邻溴苯乙烯或对甲氧基苯乙烯和单质溴为原料，选择合适的有机溶剂和淬灭剂，通过连续流合成技术合成 50g 对应的二溴代芳烃。

三、实验提示

1. 一套简易的管道化连续流反应装置一般由泵、泵管、反应管道以及管道连接器等部分组成。进料泵可采用具有数显转速的蠕动泵或注射泵，以便于记录和提高实验的重现性；为实现反应过程的可视化，建议采用透明硬质聚四氟乙烯（PTFE，俗称铁氟龙）管作为反应管；泵管则应该采用耐磨抗腐蚀的软质硅胶管；管道接头则可采用与管道相匹配的 PTFE 接头连接。温度控制和补偿需要外加设备辅助。反应装置可参考图 6-4。所有实验设备和材

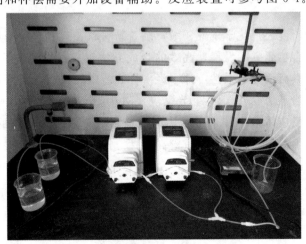

图 6-4　管道化反应装置示意图

料可通过网上搜索进行比较、选择和采购，以保证实验顺利完成。

2. 一条连续流的合成线也可通过成套的连续流教学平台和管道化后处理系统组装而成，成套连续流教学平台装置可参考图 6-5（该图片由康宁反应器技术有限公司提供）。该平台是一套包含进料系统、反应系统、温控系统和数据记录系统的集成化的微反应器系统。

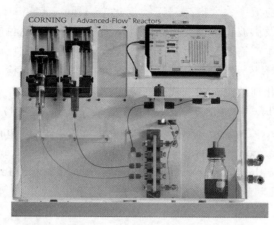

图 6-5　连续流教学平台

3. 建议物料的比例要事先通过泵速进料比进行测试，为保证管道化或微通道反应高产率完成，可适当加大溴的当量，后续再用还原剂对反应进行淬灭。

4. 后续的萃取、干燥及产品获得可按常规方法进行。

四、参考文献

［1］　Perera D，Tucker J W，et al. A platform for automated nanomolescale reaction screening and micromole-scale synthesis in flow. Science，2018，359：429-434.

［2］　Kappe C. O. A special perspectives issue on the future of flow chemistry. J. Flow Chem，2017，7（3-4）：59.

实验六十八　含氮稠杂环类化合物的多组分一锅法合成

一、实验背景

无论在基础化学研究还是化学工业领域，随着新材料、天然产物及其衍生物、药物、诊断试剂和农药等新化合物研究的发展，高效的合成方法越来越受到化学家们的青睐。因此，当代化学家致力发展具有反应高效性、原子经济性和步骤经济性的新型合成方法来代替动辄十几步甚至几十步的合成方法[1]。多组分反应（Multicomponent Reaction，MCR）是三种及以上反应物在同一反应体系中经过多步串联反应形成单一复杂产物的过程[2~5]。多组分反应具有优越的高效性，主要表现在：成键高效性（Bonding Efficiency）好，在 MCR 里通常多个化学键在"One Pot"中得到形成[6]；原子经济性（Atom Economy）高，在 MCR里各种反应物的主要分子片段都在产物中得到保留；步骤经济性（Step Economy）高，在MCR 里多个组分经过"一锅煮"完成多个反应，减少了中间体的分离和提纯的烦琐过程。可见，多组分反应不仅可以提高反应效率，还可以降低成本、减少污染。

尽管一些著名的 MCR 在一个多世纪前已经被发现，但 MCR 的一些原理及其巨大的潜力直到最近十几年随着组合化学和计算机化学的出现才完全得到认可。庞大的分子库可以通过改变多种底物的结构而得到建立[7]；利用计算反应数据库可以自动检索新型 MCR 的构建方法，从而为发展新型 MCR 提供帮助[8]。近年来，一种新型的碘化亚铜催化的由磺酰叠氮、端位炔烃和亲核试剂参与的多组分反应发展起来，这类反应不仅可以应用于合成链状分子，同时也为合成许多环状化合物提供了有效途径[9~11]。

含氮稠杂环类化合物在医药和农药等领域都有广泛的应用，高效构建各种含氮稠杂环类化合物受到了化学家和化工工作者的共同关注。在前期研究的基础上，发展了一种 2,3-Dihydro-1H-imidazo[1,2-a]indole 的高效合成方法[12]，这类化合物具有明显的生物活性，可作为拮抗药。

二、实验要求

1. 通过学习实验提示给出的信息结合参考文献，制定实验方案；

2. 通过实验了解多组分反应并巩固包括无水无氧操作技术在内的各种实验技术；

3. 合成 200mg 2-Methylene-1-tosyl-2,3-dihydro-1H-imidazo[1,2-a]indole 纯品，并对其进行熔点测定和 ^{1}H-NMR 表征。

三、原料制备

1. Preparation of Alkyne

To a three-necked flask charged with a magnetic stirring bar was added 1-bromo-2-iodo-benzene **1**（15mmol），ethynyltrimethylsilane **2**（15mmol），Pd（PPh$_3$）$_2$Cl$_2$（2％，mole fraction），CuI（1％，mole fraction）in triethylamine（50mL）under nitrogen. The mixture was stirred at 50℃ for 8 hours. The solvent was removed by rotary evaporation. The residue was treated with water and extracted with dichloromethane. The combined organic layer was concentrated under reduced pressure. The crude product was purified by column chromatography on silica gel with petroleum ether as an eluent to offer pure trimethyl（phenylethynyl）silane **3** in 95％ yield.

To a solution of trimethyl（phenylethynyl）silane **3**（10mmol）in methanol（15mL）and THF（15mL）was added K$_2$CO$_3$（4equiv.）and stirred at room temperature for 6 hours. The resulting mixture was treated with water and extracted with ethyl ether. The combined organic layer dried over anhydrous Na$_2$SO$_4$. The solvent was removed and the residue was purified by column chromatography on silica gel with petroleum ether as an eluent as an eluent to afford the pure product **A** in 90％ yield.

2. Preparation of Sulfonylazide

A 50mL round bottom flask containing a solution of sodium azide **4** (5.2mmol) in water (10mL) and was added with a solution of 4-methylbenzenesulfonyl chloride **5** (5mmol) in acetone (15mL). After stirring at room temperature for 12 hours, acetone was evaporated under reduced pressure. The residue was extracted with CH_2Cl_2, washed with water, dried over anhydrous Na_2SO_4, and concentrated under reduced pressure to give 4-methylbenzenesulfonyl azide **B** as a colorless oil in 90% yield.

3. Preparation of Amine

Potassium phthalimide **6** (5.56g, 30.0mmol) was added to a solution of 2,3-dibromoprop-1-ene **7** (5.0g, 25.0mmol) in DMF (55mL) at room temperature. The resulting mixture was stirred for 18 hours at room temperature. After that the mixture turned to dark brown and a white precipitate was observed. DCM (50mL) was added and the mixture poured into water (50mL). The aqueous phase was separated and extracted with DCM. The combined organic extract was then washed with NaOH (0.2mol/L) and dried over anhydrous sodium sulfate. The DCM was removed under vacuum and the residue was purified by column chromatography to afford 2-(2-bromoallyl)isoindoline-1,3-dione **8** in 90% yield as a white solid.

Hydrazine hydrate (0.21mL, 4.14mmol) was added to a suspension of 2-(2-bromoallyl)isoindoline-1,3-dione **8** (550mg, 2.07mmol) in ethanol (7.0mL). The resulting mixture was heated under reflux for one hour. Then HCl (6.0mL, 2.0mol/L) was added and the mixture was heated for an another hour. The reaction mixture was then cooled to 4℃ and the phthalylhydrazide removed by filtration. The ethanol was removed under vacuo and the solid residue was redissolved in 10mL NaOH (2.0mol/L). The solution was extracted with diethyl ether and the organic extract was dried over anhydrous Na_2SO_4, filtered and the solvent was removed to give oil product 2-bromoprop-2-en-1-amine **C** in 72% yield.

四、合成

In a 15mL flame-dried Schlenk tube, dry DMSO (6mL), 2-bromophenylacetylene **A** (1.0mmol), 4-methylbenzenesulfonyl azide **B** (1.2mmol), 2-bromoallylamine **C** (1.0mmol) and CuI（0.1mmol）were added sequentially under nitrogen. After stirring 5min，triethylamine（1.0mmol）was added and the mixture was stirred at room temperature for 1 hour. CuI（0.2mmol），K_2CO_3（2mmol），dimethylethylenediamine（0.6mmol）were added to the reaction mixture. The tube was sealed and stirred at 80℃ for 6h. After completion，the reaction mixture was diluted with ethyl acetate（20mL）and washed with saturated ammonium chloride（10mL）. The combined organic phase was concentrated and purified by silica gel column chromatography（Petroleum ether：Ethyl acetate＝15：1 to 7：1）to provide the product **D**（2-Methylene-1-tosyl-2,3-dihydro-1*H*-imidazo-[1,2-*a*]indole）214mg（yield，66%）. White solid，mp 140～142℃.

^{1}H-NMR（500MHz，$CDCl_3$）：$\delta = 7.76$（d，$J = 8.5$Hz，2H），7.55～7.52（m，1H），7.19（d，$J = 8.0$Hz，2H），7.10～7.05（m，2H），7.03～7.00（m，1H），6.33（s，1H），5.66（dt，$J_1 = 2.5$Hz，$J_2 = 2.5$Hz，1H），4.78（dt，$J_1 = 2.5$Hz，$J_2 = 2.5$Hz，1H），4.58（dd，$J_1 = 2.5$Hz，$J_2 = 2.5$Hz，2H），2.35（s，3H）. ^{13}C-NMR（125MHz，$CDCl_3$）：$\delta = 145.2$，142.4，141.0，133.4，131.6，130.6，129.6，127.4，120.6（overlap），120.2，108.5，95.6，83.5，46.3，21.5.

五、参考文献

[1] 吴毓林.麻生明.戴立信.现代有机合成化学进展.北京：化学工业出版社，2005.

[2] 祝介平，H.别内梅.多组分反应.北京：化学工业出版社，2008.

[3] Gary H. Posner. Multicomponent one-pot annulations forming 3 to 6 bonds. Chemical Reviews，1986，86：831-844.

[4] Lutz F. Tietze. Domino reactions in organic synthesis. Chemical Reviews，1996，96：115-136.

[5] Alexander Dömling. Recent developments in isocyanide based multicomponent reactions in applied chemistry. Chemical Reviews，2006，106：17-89.

[6] Audu Fayol，Jieping Zhu. Three-component synthesis of polysubstituted 6-azaindolines and its tricyclic derivatives. Organic Letters，2005，7：230-242.

[7] Maclean D，Baldwin J J，Ivanov V T，et al. Glossary of terms used in combinatorial chemistry. Journal of Combinatorial Chemistry，2000，2：562-578.

[8] Forstmeyer D，Bauer J，Ugi I，et al. Reaction of tropone with a homopyrrole. The result of a computer-assisted search for unique chemical reactions. Angewandte Chemie International Edition in English，1988，27：1558-1559.

[9] Yoo E J，Ahlquist M，Fokin V V，Chang S，et al. Mechanistic studies on the Cu-catalyzed three-component reactions of sulfonyl azides，1-alkynes and amines，alcohols，or water：Dichotomy via a common pathway. The Journal of Organic Chemistry，2008，73：5520-5528.

[10] Xu X L，Cheng D P，Li J H，et al. Copper-catalyzed highly efficient multicomponent reactions：Synthesis of 2-(sulfonylimino)-4-(alkylimino)azetidine derivatives. Organic Letters，

2007, 9: 1585-1587.

[11] Jin H W, Xu X L, Gao J R, et al. Copper-catalyzed one-pot synthesis of substituted benzimidazoles. Adv. Synth. Catal, 2010, 352: 347-350.

[12] Jin H W, Liu D H, Zhou B W, et al. One-Pot Copper-Catalyzed Three-Component Reaction of Sulfonyl Azides, Alkynes, and Allylamines To Access 2,3-Dihydro-1*H* imidazo[1,2-*a*]indoles. Synthesis, 2020, 52: 1417-1424.

第七章　典型实验教学指导

实验指导一　蒸馏与分馏

一、实验原理

蒸馏：$\text{liquid} \xrightarrow{\triangle} \text{gas} \xrightarrow{\text{冷凝}} \text{liquid(纯)}$

分馏：$\binom{A}{B}\text{liquid} \xrightarrow{\triangle} \text{gas} \xrightarrow{\text{分馏柱}} \xrightarrow{\text{冷凝}} \text{liquid(A)}$

拉乌尔定律表明，在一定温度下溶液上方蒸气中任意组分的分压等于纯组分在该温度下的饱和蒸气压乘以它在溶液中的摩尔分数。

对于二元互溶体系

$$p_A = p_A^{\circ} x_A \qquad p_B = p_B^{\circ} x_B$$

$$\frac{y_A}{y_B} = \frac{p_A}{p_B} = \frac{p_A^{\circ} x_A}{p_B^{\circ} x_B}$$

气相中的物质的量分数受溶液组分构成的影响。在同一温度下，气相组成中易挥发组分的含量总是高于液相中易挥发组分的含量（见图 7-1）。

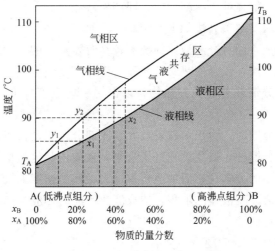

图 7-1　二组分气液平衡相图

理想溶液的相对挥发度为：$\alpha = p_A^{\circ}/p_B^{\circ}$

因 p_A°/p_B° 随温度变化的趋势基本相同，两者的比值变化不大，故可以将 α 视为常数。若 $\alpha > 1$，$p_A^{\circ} > p_B^{\circ}$，表明组分 A 比组分 B 易挥发，$\alpha$ 越大，分离越容易；若 $\alpha = 1$，$p_A^{\circ} = p_B^{\circ}$，表明组分 A 和组分 B 在气相和液相中的组成相同，则不能用普通的蒸馏方法将其分离。

对于 $\alpha \neq 1$ 的理想液体，经过一次蒸馏以后，馏出液中饱和蒸气压较大组分的含量会比原液体混合物中的比例提高。若将每一次的馏出液继续进行多次蒸馏，则可不断提高饱和蒸气压较大组分的含量，直至纯度较大，这种经过多次连续蒸馏的方法即为分馏。能够实现这种多次连续蒸馏的装置称为分馏柱。分馏过程中每一次蒸馏时蒸发与冷却所需要的柱长称为一个塔板高度，能够将两个组分完全分开所需的塔板数称为有效塔板数，其所需蒸馏柱的长度称为有效柱长或塔高。

若想经过一次蒸馏即简单蒸馏就将两组分分开，则需要两个组分的相对挥发度≫1，理论上约需沸点相差100℃。在实验中要达到比较好的分离，两组分沸点至少需相差30℃，否则，应采用分馏技术。高精密的分馏柱可以实现沸点相差1～2℃的组分分离。

二、问题研究与讨论

1. 加热温度的控制

通常热源温度高出蒸馏物沸点30℃即可进行顺利蒸馏，即使蒸馏物沸点很高，也不要将浴温超过40℃，否则，会由于浴温过高而降温不及时，沸腾剧烈，体系内蒸气压过大，没有冷凝的蒸气从支管接引管的支管口逸出，导致产品损失，或遇火发生燃烧、爆炸等事故。热源温度太低，蒸馏速度会比较慢，蒸气不连续上升，温度波动较大，特别是分馏时，波动更明显。对于沸点在80℃以下的可燃液体，宜在热水或沸水浴中加热，绝对禁止明火加热。当反应体系对温度变化较为敏感，需要把反应温度控制在一个相对较小的温度范围内，一般不选择使用电热套直接加热，而使用水浴、油浴等间接加热方法，易于使体系维持所需温度。

2. 分馏时分馏柱内液泛的问题

回流液体在分馏柱内大量生成，在分馏柱下端聚集，在一定程度上阻碍了上升气流的顺畅通过，甚至上升蒸气将液体冲入冷凝管中，即产生液泛。

出现液泛的主要原因及解决办法如下。

（1）当环境温度较低，而待分离液体的沸点较高时，蒸气的温度较高，在蒸气进入分馏柱内时，由于内外温差较大，较强的热交换导致大量蒸气迅速冷凝，积聚在分馏柱下端而造成液泛。此时，可以在分馏柱外包扎绝热物，以保持柱内温度梯度，防止蒸气在柱内快速冷凝。

（2）当使用填充柱分馏时，由于填料安装太紧或部分过于紧密而导致柱内液体聚集，造成液泛。可以重新填装分馏柱，避免填充过于密集，或使用其他类型的填充物。

（3）当使用管径较小的分馏柱，而加热功率过大、蒸出速度太快时，柱顶移去蒸气速度相对较慢，柱体就会形成冷凝液体的堆积，造成液泛。此时，应当降低加热功率，通过控制蒸馏速度就可以有效避免液泛。

3. 蒸馏头及分馏柱的保温问题

蒸馏（分馏）前期在液体沸腾后，无法收集到产品，且温度计的示数仍然接近室温，学生往往不知所措。主要原因是蒸馏时加热功率不足，仅能够使少量蒸气逸出，无法维持稳定的大量蒸气上升，遇到上方较冷的分馏柱或蒸馏头时，由于分馏柱和蒸馏头暴露在空气中的体积较大，散热较快，上升的蒸气重新凝结为液体回流到蒸馏瓶中，一般在实验室温度较低时更易出现这种情况。有时当蒸馏液体沸点较高且摩尔蒸发焓较大时，由于蒸气本身量少且与外界温差较大，极易散发蒸气自身的热量，冷凝后无法蒸出。一般情况下，使用锡纸或玻璃布包裹分馏柱、蒸馏头，减少仪器本身直接向环境热辐射散失的热量，即可解决问题。

实验指导二　1-溴丁烷的制备

一、实验原理

主反应：$NaBr + H_2SO_4 \longrightarrow HBr + NaHSO_4$

$CH_3CH_2CH_2CH_2OH + HBr \rightleftharpoons CH_3CH_2CH_2CH_2Br + H_2O$

副反应：$CH_3CH_2CH_2CH_2OH \xrightarrow{H_2SO_4} CH_3CH_2CH=CH_2 + H_2O$

$2CH_3CH_2CH_2CH_2OH \xrightarrow{H_2SO_4} C_4H_9OC_4H_9 + H_2O$

$2HBr + H_2SO_4 \longrightarrow Br_2 + SO_2 + 2H_2O$

可能的副反应：$CH_3CH_2CH=CH_2 + Br_2 \longrightarrow CH_3CH_2\overset{\displaystyle Br}{\underset{\displaystyle |}{C}}H-\overset{\displaystyle Br}{\underset{\displaystyle |}{C}}H_2$

$CH_3CH_2CH=CH_2 + HBr \longrightarrow CH_3CH_2\overset{\displaystyle Br}{\underset{\displaystyle |}{C}}H-CH_3$

反应在酸性介质中进行。开始反应时，醇首先质子化，使原来较难离去的基团—OH 变成较易离去的基团—$\overset{+}{O}H_2$：$ROH + H^+ \rightleftharpoons R\overset{+}{O}H_2$，有利于亲核试剂 X^- 的进攻，醇羟基离去生成卤代烃。

主反应为可逆反应，为了提高产率，一方面采用 HBr 过量，另一方面使用 NaBr 和 H_2SO_4 代替 HBr，使 HBr 边生成边参与反应，这样可提高 HBr 的利用率，同时 H_2SO_4 还起到催化脱水作用。由于 HBr 有毒且 HBr 气体难以冷凝，为防止 HBr 逸出，污染环境，需安装气体吸收装置。

二、操作要点

1. 投料方式

对于投料次序没有特殊要求的反应，如果反应物既有固体，又有液体时，一般先加入固体为好，可以利用液体将沾在瓶口的固体料冲入反应瓶中。

本实验加料时，不要让溴化钠沾附在液面以上的烧瓶壁上，加完物料后要充分摇匀，防止硫酸局部过浓，加热后产生氧化副反应而使颜色加深。

$$2NaBr + 3H_2SO_4 \longrightarrow Br_2 + SO_2 + 2H_2O + 2NaHSO_4$$

2. 后处理操作

（1）粗蒸馏

回流结束后进行粗蒸馏，一方面使生成的产品 1-溴丁烷分离出来，便于后面的分离提纯操作，另一方面粗蒸馏过程可进一步使醇与 HBr 的反应趋于完全。1-溴丁烷蒸馏完全与否可从以下三方面判断：①蒸馏瓶内上层油层是否蒸完；②蒸出的液体是否由浑浊变澄清；③用盛少量清水的烧杯收集馏出液，有无油滴沉在下面。

粗蒸馏时，也可将 75°弯管换成蒸馏头进行蒸馏，用温度计观察蒸气出口的温度，当蒸气温度持续上升到 105℃以上，馏出液下滴速度很慢时即可停止蒸馏，以此判断蒸馏终点比观察馏出液有无油滴更为方便准确。

（2）洗涤

粗产品中含有未反应的醇和副反应生成的醚，用浓 H_2SO_4 洗涤可将它们除去。因为两

者能与浓 H_2SO_4 形成锌盐：

$$C_4H_9OH + H_2SO_4 \longrightarrow [C_4H_9\overset{+}{O}H_2]HSO_4^-$$

$$C_4H_9OC_4H_9 + H_2SO_4 \longrightarrow \underset{H}{[C_4H_9\overset{+}{O}C_4H_9]}HSO_4^-$$

若不用浓硫酸洗涤粗产物，蒸馏时会形成沸点较低的前馏分（1-溴丁烷和正丁醇的共沸混合物沸点为 98.6℃，含 1-溴丁烷 87％，正丁醇 13％），而导致产品收率降低。

用浓硫酸洗涤粗产品时，一定要事先将油层与水层彻底分开，否则浓硫酸被稀释而降低洗涤的效果。如果粗蒸馏时蒸出的 HBr 洗涤前未分离除尽，加入浓硫酸后就被氧化生成 Br_2，而使油层和酸层变为橙黄色或橙红色。在随后水洗时，可加入少量 $NaHSO_3$，充分振摇而除去。

$$Br_2 + 3NaHSO_3 \longrightarrow 2NaBr + NaHSO_4 + 2SO_2 + H_2O$$

粗产品用浓硫酸洗涤后，不能直接用碳酸钠溶液洗涤而要先用水洗，再加碳酸钠溶液洗涤。因为刚用浓硫酸洗过的液体中还含有不少浓硫酸（包括漏斗壁），若直接用碳酸钠溶液中和，则由于酸的量太多，酸碱中和产生大量的热，并有较多的二氧化碳产生，容易在洗涤时冲出液体，造成产品的损失。

（3）蒸馏

最后蒸馏收集 99～102℃的馏分，但是，由于干燥时间较短，水如果不能完全除尽，和产品形成的共沸物会在 99℃以前就被蒸出来，这称为前馏分，要另用瓶接收。等温度上升到 99℃后，再用事先称重的干燥的锥形瓶接收产品。

三、问题研究与讨论

1. 硫酸的浓度

制备 1-溴丁烷通常采用 $NaBr$-H_2SO_4 法。本实验中，H_2SO_4 浓度是一个非常重要的因素。提高 H_2SO_4 浓度，加热回流时有大量的 HBr 气体从冷凝管顶端逸出生成酸雾，且 H_2SO_4 对 HBr 的氧化性也增强。降低硫酸的浓度，可使逸出的 HBr 气体大大减少，但硫酸浓度如果太低，不利于醇的质子化，影响亲核取代反应的进行。研究发现，本实验采用 63.5％的 H_2SO_4（10mL 浓硫酸＋10mL 水）加热回流时，基本上没有 HBr 气体从冷凝管顶端逸出。硫酸配制以后，一定要充分冷却，否则加入反应瓶后，颜色即会加深。

2. 加热回流

本实验产品收率不高，一般为 30％～40％，因此，要规范操作，尽可能减少损失。对反应温度来说，开始反应时不要太高，否则反应生成的 HBr 来不及反应就会逸出，可以明显看到用于气体吸收的烧杯中的水有气流波动，检测发现水的酸性很强，另外，反应混合物的颜色也会很快变深，操作情况良好时，反应瓶中油层呈浅黄色，如果油层为棕色或棕黑色，说明副反应较为严重。过高的反应温度也会加快 1-丁醇分子脱水生成 1-丁烯、正丁醚。

在加热回流过程中，逐渐分成油层、水层两相。如果回流温度过高，因发生氧化还原反应生成 Br_2，油层的颜色由淡黄色（黄色）逐渐变成棕色（深棕色），随着反应的进行，颜色又会变浅一些，变成黄色（淡黄色）。其中的原因，除了部分 Br_2 挥发逸出外，有可能是 Br_2 与副产物 1-丁烯发生了加成反应，使颜色褪去。

3. 粗蒸馏

馏出液分两层，通常下层为粗 1-溴丁烷，上层为水相，若未反应的正丁醇较多及生成较多的副产物丁醚，或因蒸馏过久蒸出一些溴化氢恒沸物，则液层的相对密度发生变化，油层可能悬浮或变为上层，遇此现象，可加清水稀释使油层下沉。

四、教学法

1. 本实验包括加热回流、有害气体吸收、洗涤、干燥、蒸馏等基本操作，步骤较多，时间较长，对初学有机合成的学生来说，困难也很多，实验产率也不会很高。

从实验效果、实验安全两方面来要求，教学中有以下问题一定要厘清：

（1）根据反应原理，本实验有哪些副反应？操作中如何避免？

（2）常用有害气体吸收装置有哪些？各有什么优缺点？

（3）洗涤操作时要特别注意上下层的判别，掌握正确的洗涤操作。本实验多次洗涤的目的各是什么？

（4）液体的干燥程度从哪些方面来判别？液体透明澄清是不是一定不含水了？

（5）蒸馏时产品的沸程如何来确定？

（6）实验中的废液如何处理？

2. 在条件许可时，可分组进行研究性实验，如分别采用不同的醇（正丁醇、仲丁醇、叔丁醇），并采用不同的回流时间、反应温度、浓硫酸与水的配比等条件考察对反应的影响。

实验指导三　乙酰苯胺的制备及重结晶

一、实验原理

1. 苯胺的乙酰化反应

芳胺可用酰氯、酸酐或与冰醋酸加热来进行酰化，酸酐一般来说是比酰氯更好的酰化试剂，用游离胺与纯乙酸酐进行酰化时，常伴有二乙酰胺 [$ArN(COCH_3)_2$] 副产物的生成。但如果在醋酸-醋酸钠的缓冲溶液中进行酰化，由于酸酐的水解速率比酰化速率慢得多，可以得到高纯度的产物。但这一方法不适合于硝基苯胺和其他碱性很弱的芳胺的酰化。另外，酸酐的价格较高，所以一般选羧酸。

胺的酰化在有机合成中有着重要的用途。作为一种保护措施，一级和二级芳胺在合成中通常被转化为它们的乙酰基衍生物，以降低胺对氧化降解的敏感性，使其不被反应试剂破坏；同时氨基酰化后降低了氨基在亲电取代反应（特别是卤化）中的活化能力，使其由很强的第Ⅰ类定位基变为中等强度的第Ⅰ类定位基，使反应由易发生多元取代变为较易控制的一元取代，由于乙酰基的空间位阻，往往选择性地生成对位取代物。如在胃复安（图 7-2）等药物的合成过程中用到了氨基保护的方法。

2. 乙酰苯胺的红外光谱鉴定

红外光谱是基于分子中原子的振动。由于有机分子不是刚性结构，分子中的共价键就像弹簧一样，在一定频率的红外线辐射下会发生各种形式的振动，如伸缩振动（以 ν 表示）、弯曲振动（以 δ 表示）等，伸缩振动又分为对称伸缩振动（以 ν_a 表示）和不对称伸缩振动（以 ν_{as} 表示）。不同类型的化学键，由于它们的振动能级不同，所吸收的红外线的频率也不同，因而通过分析吸收频率谱图（即红外光谱图）就可以鉴别各种化学键。

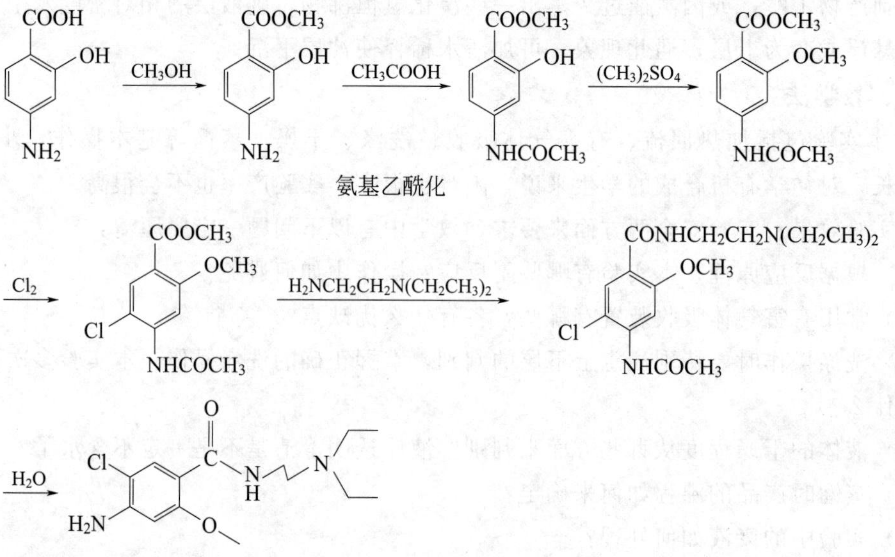

氨基乙酰化

4-氨基-5-氯-*N*-[(2-二乙氨基)乙基]-2-甲氧基苯酰胺

图 7-2　胃复安药物的合成

乙酰苯胺的红外光谱中的振动频率如下：

$3200\sim3300cm^{-1}$	ν_{NH}
$1560cm^{-1}$	δ_{NH}（难以检测，被苯环 $1450\sim1600cm^{-1}$ 带所掩蔽）
$1360\sim1250cm^{-1}$	ν_{CN}
$1670cm^{-1}$	$\nu_{C=O}$
$3030cm^{-1}$	苯环的 ν_{CH}
$1450\sim1600cm^{-1}$	苯环的骨架振动
$760cm^{-1}$，$699cm^{-1}$	苯环一取代的 δ_{CH}

二、操作要点

1. 反应物量的确定

本反应是可逆的，可采用乙酸过量和从反应体系中分出水的方法来提高乙酰苯胺的产率，但随之会增加副产物二乙酰苯胺的生成量。二乙酰苯胺很容易水解成乙酰苯胺和乙酸，在产物精制过程中通过水洗、重结晶等操作，经过滤可除去乙酸，不影响乙酰苯胺的产率和纯度。

苯胺极易氧化，久置后会变成棕红色，使用时必须重新蒸馏除去其中的杂质。锌粉在酸性介质中可使苯胺中的有色物质还原，反应过程中加入少许锌粉，可防止苯胺继续氧化。在实验中可以看到，锌粉加得适量，反应混合物呈淡黄色或接近无色，但锌粉如果加得太多，一方面消耗乙酸，另一方面在精制过程中乙酸锌水解成氢氧化锌，很难从乙酰苯胺中分离出来。

2. 合成反应装置的设计

水沸点为 100℃，乙酸沸点为 117℃，两者仅差 17℃，若要分离出水而不夹带更多的乙酸，必须使用分馏反应装置，而不能用蒸馏反应装置。

一般有机反应用耐压、耐液体沸腾冲出的圆底烧瓶作反应器。由于乙酰苯胺的熔点为

114℃，稍冷即固化，不易从圆底烧瓶中倒出，因此，本实验用锥形瓶作反应器更方便一些。

分出的水量很少且容易冷凝，另外，蒸出的不是目标产物，蒸馏头可以不连接冷凝管，在蒸馏头支管口上直接连接引管，使装置更简单。

3. 反应温度的控制

反应开始时缓慢加热，反应进行一段时间有水生成后，再调节反应温度使蒸气缓慢进入分馏柱，保持分馏柱顶温度低于105℃的稳定操作。只要生成水的速度大于或等于分出水的速度，柱顶温度就比较稳定，要避免一开始就强烈加热。

反应终点可由下列参数决定：①反应进行40～60min；②分出水量超过理论水量（1g），但这和操作情况及分馏柱的效率有关，如果乙酸蒸出量大，分出的"水量"就应该多；③反应液温度较高时，瓶内出现白雾。

4. 重结晶操作

要注重重结晶操作的各个环节，掌握操作要诀（表7-1），了解各种影响因素。

表 7-1　重结晶操作相关知识和技能

重结晶步骤	相关问题	操作要诀
1. 粗品溶解，制备饱和（近饱和)溶液	1. 溶剂如何选择？ 2. 溶剂量多少适宜？ 3. 溶解时的装置？	1. 在选择溶剂时，除了遵循"相似相溶"的基本原则外，还要遵循的基本要求有：(1)不要与被提纯物质起化学反应；(2)随着温度的改变，被提纯物质在该溶剂中的溶解度要有显著的改变；(3)杂质与被提纯物质在该溶剂中的溶解度要有显著的差别(让学生思考：杂质的溶解度比产物的溶解度大很多或小很多，分别在重结晶的哪一步去除了杂质)；(4)溶剂的沸点要适当；(5)被提纯物能够形成完整的晶体；(6)溶剂的价格、毒性要低，易回收，绿色环保，操作安全；(7)单一物质不能满足要求时，可选择混合溶剂。 2. 一般溶剂的量可根据溶解度来计算，新物质可先取少量，加热到所需的温度时刚好全部溶解，再过量20%～30%。 3. 用水作溶剂时，可直接在烧杯中溶解，但用有机物质作溶剂时，必须采用回流装置
2. 脱色	1. 活性炭的量多少适宜？ 2. 粗产物无色要不要加活性炭？ 3. 活性炭如何加入？	1. 一般加入活性炭的量是粗产物量的1%～5%，实际操作时视粗产物的颜色而定，适当增减。 2. 一般情况下，粗产物无色时也可加入活性炭吸附一些无色的杂质。 3. 活性炭一定要在溶液稍冷以后再加入，以免暴沸，切不可向正在沸腾着的溶液中加入活性炭
3. 热过滤	1. 热过滤的目的是什么？ 2. 如何熟练、高质量地做好热过滤操作？	1. 热过滤除了过滤活性炭以外，还要过滤去除未溶解的杂质。 2. 熟练、高质量地做好热过滤，要把握好三个关键字： (1)热。一是溶液要热，二是仪器(布氏漏斗、抽滤瓶)要预热，否则要么在布氏漏斗中析出，造成产品损失，要么在抽滤瓶就析出，直接影响晶体大小和外观。 (2)快。一方面溶液要快速地倒入布氏漏斗中，否则，由于溶液冷却而析出产品，混在活性炭中；另一方面，抽滤瓶中的滤液要尽快地倒入干净的烧杯或其他结晶容器中，以免在抽滤瓶中析出。 (3)紧。抽滤时，滤纸的直径比布氏漏斗的内径略小，并用溶剂润湿，同时，塞紧布氏漏斗的橡皮塞，抽紧滤纸，以免穿滤
4. 冷却结晶	如何得到好的结晶？	抽滤得到的饱和溶液先静置在室温下，慢慢冷却，让晶体自然"养成"，等到大部分晶体析出后，再放置到冷水浴或冰水浴中冷却，使结晶完全
5. 抽滤、洗涤	洗涤操作有什么要求？	由于晶体析出时，可能表面附带了溶液中的一些杂质，必须洗涤。洗涤时，一般先用母液洗，再用少量溶剂洗，切不可用大量的或多次用溶剂洗涤。洗涤时一定要断开抽气泵，等母液或溶剂充分润湿晶体，布氏漏斗下端有液滴滴下时，再接上抽气泵，抽干

三、教学法

1. 乙酰苯胺制备的反应装置是一个简化了的分馏装置，与常规的分馏装置相比，主要是采用锥形瓶作反应瓶，并省略了直形冷凝管。对初学有机合成实验的学生来说，对其中的"柱子填充物""回流比""柱子绝热性"等这些影响因素模棱两可。可以科研中用到的精密精馏头（图 7-3）、各种分馏柱（图 7-4）实物来介绍这些知识点，直观明了，对本实验操作起到直接的指导作用。

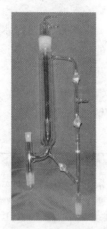

图 7-3　精密精馏头

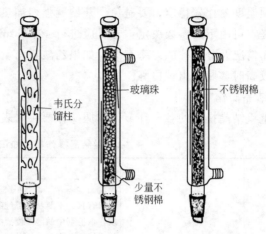

图 7-4　各种分馏柱

在实验过程中，由于加热温度没有控制好或者室温太低，出现柱顶温度波动的现象，学生错误地认为到了反应终点，从而过早地结束反应。可让学生用保温棉将分馏柱包裹，提高柱子的保温性能，使柱顶温度趋于稳定。

2. 本实验合成部分较易操作，产品精制（重结晶）时热过滤操作是关键步骤，常见的问题是：

（1）滤纸没有抽紧导致穿滤，活性炭混入滤液中；

（2）溶液饱和度太大，在滤纸上有晶体析出导致产品损失，或在布氏漏斗里析出，堵塞小孔，无法继续抽滤；

（3）溶液饱和度太大，抽滤后在抽滤瓶中就有固体析出，用冷水冲刷抽滤瓶壁，再并入饱和溶液中，冷却速度太快导致产品晶形变差，或者多次用大量水冲刷，再并入饱和溶液中，溶剂量太多导致产品无法析出。

这些问题说明对重结晶操作的原理、操作要诀没有很好地掌握。

实验指导四　环己烯的制备（微型）

一、实验原理

主反应：⬡—OH $\xrightarrow{85\%\ H_3PO_4}$ ⬡ $+H_2O$

副反应：2 ⬡—OH $\xrightarrow{85\%\ H_3PO_4}$ ⬡—O—⬡ $+H_2O$

反应历程经过一个二级碳正离子，该碳正离子可以失去质子而生成烯，也可与酸的共轭碱反应或与醇反应生成醚。

$$\text{(环己醇-OH)} \underset{\triangle}{\overset{H^+}{\rightleftharpoons}} \text{(环己醇-}OH_2^+\text{)} \rightleftharpoons \left[\text{(环己基正离子}^+\text{)}\right] + H_2O \rightleftharpoons \text{(环己烯)} + H_3O^+$$

主反应为可逆反应，为提高产率，抑制副反应的发生，本实验采用的措施是：边反应边蒸出反应生成的环己烯和水形成的二元共沸物（沸点 70.8℃，含水 10%），但是，原料环己醇也能和水形成二元共沸物（沸点 97.8℃，含水 80%），为了使产物以共沸物的形式蒸出反应体系，而又不夹带原料环己醇，本实验采用分馏装置，并控制柱顶温度不超过 73℃。

反应采用 85% 的磷酸作催化剂，而不用浓硫酸作催化剂，是因为磷酸氧化能力较硫酸弱得多，减少了氧化副反应。

共沸物指的是当两种或多种不同成分的均相溶液以一个特定的比例混合时，在固定的压力下，仅具有一个沸点，此时这个混合物即称作共沸物。在共沸物达到其共沸点时，由于其沸腾所产生的气相与液相的组成完全相同，因此无法以蒸馏方法将溶液成分进行分离。也就是说，共沸物的组成物，无法用单纯的蒸馏或分馏的方式分离。反应中环己烯与水形成共沸混合物（沸点 70.8℃，含水 10%）；环己醇与环己烯形成共沸混合物（沸点 64.9℃，含环己醇 30.5%）；环己醇与水形成共沸混合物（沸点 97.8℃，含水 80%）。

二、操作要点

1. 环己醇在常温下是黏稠状液体，温度较低时凝固，因此，若用量筒量取时应注意转移中的损失。取样时，可先将环己醇试剂瓶、量筒用温水温热一下，最好先取环己醇，后取磷酸。磷酸有一定的氧化性，加磷酸后要充分摇匀，否则，在加热过程中因局部浓度过高，反应液颜色较深，甚至炭化，使溶液变黑。

2. 反应中环己烯与水形成共沸物，但环己醇也能与水形成共沸物，因此，在加热时温度不可过高，蒸馏速度不宜太快，以减少未作用的环己醇蒸出（实验要求柱顶控制在 73℃左右，但反应速率太慢，为了加快蒸出的速度，可控制在 85℃以下）。

3. 反应终点判断可参考以下几个参数（之一）：

（1）反应进行 40min 左右；

（2）分馏出的环己烯和水的共沸物达到理论计算量；

（3）反应烧瓶中出现白雾；

（4）柱顶温度下降后又升到 85℃以上。

三、问题研究与讨论

1. 温度控制问题

在本实验中，反应时温度要求控制在 71℃左右（环己烯与水的共沸点），但由于采用微型仪器，投料量少，同时由于担心环己醇与水形成共沸物后蒸出反应体系，反应温度一直保持较低，反应速率较慢，反应瓶中环己烯的生成量很少，柱顶温度就很难控制在 71℃左右。这时，可适当提高反应温度，柱顶温度上升到 97.8℃左右，必然损失一部分环己醇。反应一段时间，待反应瓶中环己烯的量较多以后，温度自然回落到 71℃左右稳定下来。

2. 分液漏斗操作问题

初次使用分液漏斗进行洗涤或萃取时，有以下几点要特别注意：

（1）分液漏斗在长期放置时，为防止盖子的旋塞黏结在一起，一般都衬有一层纸。使用前，要先去掉衬纸，检查盖子和旋塞是否漏水。如果漏水，应涂凡士林后，再检验，直到不漏才能用。涂凡士林时，最规范的操作是在旋塞的大端涂上薄薄的一圈，在活塞孔的小端涂上薄薄的一圈，再将旋塞插入，顺着一个方向旋转几圈，直到凡士林透明均匀为止。分液漏斗活塞孔较小时，可在旋塞上涂薄薄一层，但旋塞小孔的周围不能涂，以免堵塞孔洞，插上旋转几圈。

（2）振摇时，要注意正确的操作姿势和方法，并及时放气。

（3）分液时，先把分液漏斗的盖子打开，下层液体应从下口放出，上层液体应从上口倒出。开始分离时，旋塞转动的角度可以大一些，待上下层的分界面接近旋塞小孔时，关闭旋塞，使分界面平整，再慢慢地分出下层液体。

（4）学生实验过程中，上下两层液体都应该保留到实验完毕，以防止操作失误。

3. 无水氯化钙干燥问题

干燥操作要在事先烘干的小锥形瓶中进行。取用块状的无水氯化钙放入锥形瓶，便于后面的分离，干燥效果也好。用无水氯化钙干燥的时间一般要在半个小时以上，并轻轻旋摇，判断干燥剂的用量，但实验过程中，学生干燥的时间往往不够，因此，水可能没有除净，在最后蒸馏时，必然会有前馏分（环己烯和水的共沸物）蒸出，在实验中要注意产品馏分的截取。

四、教学法

1. 本实验虽然比较简单，但牵涉的知识点较多，有共沸物、分馏、洗涤、干燥、蒸馏等，同时，又牵涉到温度的控制，特别是在做微量（半微量）实验时，反应瓶中环己烯的量比较少，柱顶温度更难控制。因此，必须要让学生理解反应的原理，从而更好地掌控实验。

2. 本实验采用边反应边蒸出环己烯（与水的共沸物）的办法，几个温度节点要把握好。

第一个节点是环己醇与水的共沸点：刚开始反应时，反应还没有开始，反应瓶中有环己醇和水，温度太高，柱顶温度必然上升到 97.8℃左右。

第二个节点是环己烯与水的共沸点：随着反应的进行，环己烯的生成量增加，反应瓶中有环己醇、环己烯和水，柱顶温度必然稳定在 71℃左右。

第三个节点是环己烯的沸点：反应一段时间后，环己醇基本作用完全，反应瓶中的水也基本带出，因此，此时如果反应瓶中还有环己烯，柱顶温度一般稳定在 83℃左右，超过这个温度，表示环己烯基本蒸完了。

实验指导五　2-甲基-2-丁醇的制备

一、基本原理

卤代烃在无水乙醚或四氢呋喃中和金属镁作用生成烷基卤化镁 RMgX，这种有机镁化合物称为格氏试剂（Grignard reagent）。格氏试剂可以与醛、酮等化合物发生加成反应，经水解后生成醇，这类反应称作格氏反应（Grignard reaction）。格氏试剂是有机合成中应用最为广泛的试剂之一，它是由法国化学家格林尼亚（V. Grignard）发现的。

$$C_2H_5Br + Mg \xrightarrow{\text{无水乙醚}} C_2H_5MgBr$$

$$H_3C-\underset{CH_3}{\overset{O}{C}} + C_2H_5MgBr \longrightarrow H_3C-\underset{OMgBr}{\overset{C_2H_5}{C}} \xrightarrow[H^+]{H_2O} H_3C-\underset{OH}{\overset{C_2H_5}{C}} + Mg\underset{Br}{\overset{OH}{}}$$

格氏试剂遇水分解，遇氧会继续发生插入反应，因此，反应必须在无水和无氧条件下进行。本实验中用无水乙醚作溶剂，由于乙醚的蒸气压较大，反应液被乙醚气氛所包围，空气中的氧对反应影响不明显。另外，乙醚不仅是生成的有机镁化合物的溶剂，乙醚分子中的氧原子具有孤对电子，它可以和格氏试剂形成可溶于溶剂的配合物，使格氏试剂相对稳定。

$$\begin{array}{c} (C_2H_5)_2O \diagdown \qquad \diagup R \\ \qquad Mg \\ (C_2H_5)_2O \diagup \qquad \diagdown X \end{array}$$

制备 Grignard 试剂的反应是放热反应，应控制溴乙烷的滴加速度，不宜太快，保持反应液微沸即可。Grignard 试剂与酮的加成以及加成物的酸性水解也是放热反应，所以要在冷却条件下进行。

二、操作要点

1. 制备格氏试剂的原料处理

制备格氏试剂的所有原料必须充分干燥。溴乙烷事先用无水 $CaCl_2$ 干燥并经蒸馏纯化。丙酮用无水 K_2CO_3 干燥亦经蒸馏纯化。镁带经砂皮纸打磨至表面光亮，或配制适当浓度的稀盐酸，将表面发黑的镁带浸泡，表面光亮时立即取出，冲洗干净后烘干。

久置的无水乙醚难免会被氧化及吸收空气中的水分，使用前也常常需要去氧化物、去水分等一系列基本操作，基本方法如下：

（1）检验是否含有过氧化物：取少量乙醚，与等体积的 2% 碘化钾-淀粉溶液混合，加几滴稀盐酸，轻轻摇动，若能使淀粉溶液呈紫色或蓝色，则证明乙醚中有过氧化物存在。

（2）除去过氧化物：如果经检验有过氧化物存在，则必须除去，否则易发生危险。取含过氧化物的乙醚于分液漏斗中，加入新配制的硫酸亚铁溶液洗涤，静置，分去水层。

（3）脱水：在三口烧瓶中，加入上述洗涤过的乙醚和几粒沸石，装上球形冷凝管，通冷却水，用恒压滴液漏斗将浓硫酸慢慢滴入乙醚中，此时乙醚会自行沸腾，加完后摇匀。

（4）待乙醚停止沸腾后，改成蒸馏装置。在支管接引管的支管口上连接氯化钙干燥管，并将与干燥管相连的橡皮管引入水槽，用热水浴加热蒸馏，蒸馏速度不宜过快，以免乙醚蒸气来不及冷凝而逸出到空气中。当蒸馏速度显著变慢时，即可停止蒸馏。瓶内残液应导入指定的回收瓶中，千万不能直接用水冲洗，以免发生暴沸。将蒸馏收集到的无水乙醚装入干燥的试剂瓶中，加入几颗钠粒，用插了干燥管的橡皮塞塞住备用。

2. 萃取操作

萃取是有机化合物分离与提纯常用的一种实验或生产技术。它是利用某一化合物在两种不相溶的溶剂中溶解度的不同，使该物质从一种溶剂转移至另一溶剂中，以达到提取目的。

液-液萃取有机溶剂的选择：①与原溶剂不相溶；②与原溶剂密度差相对较大；③被萃取的有机物在该有机溶剂中溶解度较大；④化学稳定性好；⑤易于与被萃取物分离；⑥无毒性、不易燃。

根据分配定律，用相同量的溶剂，分几次萃取要比一次萃取效率高。因此，一般情况下，分 2~4 次萃取，就可以把绝大部分被萃取物萃取出来。

例：溶有少量物质 A 的水溶液 30mL，现用乙醚萃取回收该物质 A。已知物质 A 在水和乙醚中的分配系数为 1:5，试问用 30mL 乙醚一次萃取，或用 30mL 乙醚分两次萃取，它们的萃取效率如何？

答：用 30mL 乙醚一次萃取：

留在水中的量为 $m_1 = m_0(1/5×30)/(1/5×30+30) = 1/6m_0$

效率为 $(1-1/6)m_0 = 5/6m_0 = 83.3\%$

改用 30mL 乙醚分两次萃取：

第一次萃取后留在水中的量为：

$m_1 = m_0(1/5×30)/(1/5×30+15) = 2/7m_0$

再经第二次萃取后留在水中的量为：

$m_2 = m_1(1/5×30)/(1/5×30+15) = 4/49m_0$

因此，萃取效率为 $(1-4/49)m_0 = 45/49m_0 = 91.8\%$

三、问题研究与讨论

1. 体系中水分的影响。在投料前，如果没有有效去除原料及溶剂中的水分，将直接影响反应的进行，特别是反应的引发。即使反应已经引发，但是当滴加水分较高的原料时，由于水分（或是活泼质子）的影响可能将反应淬灭，使反应不能正常进行。

2. 镁的用量和粒度的影响。镁的用量和表面积直接影响反应的进行，常用的主要有镁条、镁粒、镁屑和镁粉。本实验采用已去除氧化镁的镁条，剪成大约 0.5cm 长的镁段。

3. 引发剂的影响。当反应不能正常引发，在学生实验时，也可从旁边已发生反应的反应瓶中吸取少量格氏试剂，作为引发剂，效果非常明显。或加入一小粒碘起催化作用，反应开始后，碘的颜色立即褪去。

4. 反应温度对格氏反应的影响。温度对于引发反应非常重要，若反应初期温度太低，则反应无法引发，若卤代烃滴加过多而大量积聚，当反应一旦开始后会急剧、大量放热，造成反应瓶来不及将热量导出，造成冲料、爆炸等事故，另外，若制备过程中温度太低，则反应时间变长且反应不彻底并可能中止反应；若温度较高，则易发生偶联反应生成副产物，或造成易燃介质冲料、爆炸事故。因此，本实验一开始即在室温下（无须冷却）滴加少量溴乙烷和无水乙醚的溶液，待反应引发开始后，再慢慢滴加其余的溴乙烷溶液。

四、教学法

1. 所有的试剂及反应用仪器必须充分干燥。溴乙烷事先用无水 $CaCl_2$ 干燥并蒸馏进行纯化。丙酮用无水 K_2CO_3 干燥亦经蒸馏纯化，所用仪器在烘箱中烘干。

2. 要严格控制溴乙烷的滴加速度。镁与溴乙烷反应时放出的热量足以使乙醚沸腾，根据乙醚沸腾的情况，可以判断反应的剧烈程度，滴加太快，反应液从冷凝管上端冲出。

3. 制备的乙基溴化镁溶液不能久放，应紧接着做下面的加成反应。因为它和空气中的氧、水分、二氧化碳都能发生反应。

$$C_2H_5MgBr + H_2O \longrightarrow C_2H_6 + Mg{<}^{Br}_{OH}$$

$$C_2H_5MgBr + 1/2O_2 \longrightarrow C_2H_5OMgBr \xrightarrow{H_2O} C_2H_5OH + Mg{<}^{Br}_{OH}$$

$$C_2H_5MgBr + CO_2 \longrightarrow C_2H_5\overset{O}{\overset{\|}{C}}{-}OMgBr \xrightarrow{H_2O} C_2H_5COOH + Mg{<}^{Br}_{OH}$$

4. 粗产品干燥要彻底。2-甲基-2-丁醇能与水形成恒沸混合物，沸点为 87.4℃。如果干燥得不彻底，就会有相当量的液体在 95℃ 以下被蒸出，这部分将作为前馏分去掉而造成损失。

5. 格氏反应使用的乙醚为易燃物质，且具有较低的闪点和极低的引燃能量，在常温或较低的操作温度条件下也极易被点燃，同时具有较宽的爆炸极限范围，与空气混合后很容易发生火灾、爆炸，在保存中接触空气会生成过氧化物。同时，乙醚蒸气的密度比空气大，沉降后积聚到桌面或地面遇明火燃烧，实验中要注意操作安全。

蒸馏乙醚的注意事项：①绝对禁止明火加热；②接收瓶用冷水浴冷却；③支管接引管的支管口连一橡皮管引到室外或引入水槽，靠流动的水将未冷凝的乙醚蒸气带走。

其中，"靠流动的水将未冷凝的乙醚蒸气带走"只是未冷凝的乙醚蒸气，如果没有通冷却水，造成大量的乙醚蒸气外泄或通入下水道，将是非常危险的。

实验指导六　苯甲酸的微波合成与苯甲酸乙酯的制备　减压蒸馏

一、基本原理

本实验在微波辐射下氧化苯甲醇来合成苯甲酸，然后在浓硫酸催化下，苯甲酸和无水乙醇发生酯化反应得到苯甲酸乙酯。

合成苯甲酸乙酯的反应机理：

$$\text{PhCOH} \underset{\text{H}^+}{\rightleftharpoons} \text{PhC}\overset{\overset{+}{\text{OH}}}{-}\text{OH} \underset{\text{HÖEt}}{\rightleftharpoons} \text{Ph}\overset{\text{OH}}{\underset{\text{OH}}{-}}\overset{}{\text{C}}\overset{+}{\underset{\text{H}}{-}}\text{OEt} \rightleftharpoons \text{Ph}\overset{\overset{\cdot\cdot}{\text{OH}}}{-}\overset{}{\text{C}}\underset{\overset{+}{\text{OH}_2}}{-}\text{OEt} \rightleftharpoons \text{PhC}\overset{\overset{+}{\text{OH}}}{-}\text{OEt} \underset{-\text{H}^+}{\rightleftharpoons} \text{PhCO}_2\text{Et}$$

酯化反应经历了亲核加成-消除两步过程：首先是催化剂 H^+ 与羧酸羰基上的氧结合，使羰基质子化，提高了羰基的反应活性，即增强了羰基碳的正电性，有利于亲核试剂醇（ROH）对羰基的亲核进攻，形成醇对羰基的亲核加成中间体。该中间体中原羧酸的酰氧键断裂消去一分子水及 H^+ 而生成酯。

二、操作要点

1. 苯甲酸微波合成条件的确定

本实验中，影响反应的主要因素有反应温度、反应时间、微波加热功率等，而反应温度是决定性因素，反应条件研究结果见表 7-2。

表 7-2　苯甲酸微波合成反应条件研究

加热功率/W	设定温度/℃	设定时间/min	磁力搅拌	实验现象和结果
300	100	20	×	反应后滤液紫红色
300	105	20	×	反应后滤液紫红色
300	105	20	√	反应时实际温度恒定在 105℃左右,平稳回流,反应后滤液无色
400	100	20	×	反应后滤液紫红色
400	100	30	×	反应后滤液紫红色
500	105	10	×	反应时实际温度恒定在 105℃左右,反应后滤液紫红色
500	110	15	×	反应时实际温度恒定在 105℃左右,暴沸,反应后滤液无色

从表 7-2 中的实验现象和结果来看，有几点是非常明确的：①加大微波加热功率（如500W），有利于促进反应进行，缩短反应时间，效果显著，但回流时容易产生暴沸、冲料现

象，反应不平稳；②在同样的加热功率下，如设定温度太低（如100℃），延长反应时间对反应不起作用，提高温度促进反应进行的效果非常显著；③温度设定太高（如110℃），实际反应时恒定在105℃左右，说明该反应液的沸点是105℃，在该温度下已经回流；④在同样的加热功率和反应温度下，采用磁力搅拌能明显促进反应的进行，主要原因是反应产生的二氧化锰比较黏稠，它包裹了部分高锰酸钾黏结在反应瓶的底部，阻碍了反应的进行。因此，本实验的最佳反应条件是：微波加热功率300W，设定反应温度105℃，反应时间20min，采用磁力搅拌。

2. 高锰酸钾氧化的相关问题

在本实验加料时，加入高锰酸钾后必须先加入一部分水，一方面可以溶解高锰酸钾和碳酸钠，另一方面如果不是先加部分水，而是等苯甲醇加入后，再一起加入水，由于反应剧烈，可能引起圆底烧瓶内着火。

反应结束后，将反应瓶从微波反应器中取出，趁热抽滤，尽量抽干，直至滤饼二氧化锰产生裂缝为止，否则黏稠的二氧化锰很难倒出，粘在器壁、手上等地方很难清洗。滤液是无色透明的水溶液，如果滤液呈紫红色，可倒回反应瓶中，加几滴苯甲醇放回微波反应器中继续反应几分钟，或者，在滤液中加入饱和亚硫酸氢钠，直至无色。否则，用盐酸酸化时会发生盐酸被高锰酸钾氧化，产生氯气；同时产生的二氧化锰会混杂在析出的苯甲酸中，不易除去，影响苯甲酸的纯度。

3. 苯甲酸乙酯的制备

制备苯甲酸乙酯时，先在圆底烧瓶上装上球形冷凝管，加热回流30min，然后装上分水器回流脱水，效果会比较好，操作也方便。如果在一开始时就装上分水器，由于加热温度太高，往往会蒸出较多的乙醇，冷凝回流后溶解在分水器预先加的水中，导致反应不完全。

反应时，水-乙醇-环己烷三元共沸物的共沸点为62.1℃（即在此温度下水、乙醇和环己烷以7.0%、17.0%、76.0%的比例成为蒸汽逸出）。反应进行一段时间后，在分水器中会逐渐形成三层液体，上层、下层清亮透彻，中层略显浑浊，应控制液面位置，使得最上层液体始终为薄薄的一层。学生操作时，由于光线折射的原因，往往看不清上层，这一点要特别引起注意，否则，如果从分水器放出的水太多，冷凝在分水器中的环己烷量增大，一方面带水的效果变差，另一方面反应瓶中的浓度很高，由于浓硫酸的存在，高温下就容易发生炭化、反应不完全等后果。

回流时温度不要太高，否则反应瓶中也会颜色很深，甚至炭化。同样，回流结束后，蒸出乙醚、环己烷及多余的乙醇，蒸馏时间不要太长，否则反应瓶中很容易炭化。

4. 减压蒸馏相关问题

（1）蒸馏瓶的选择

减压蒸馏能否顺利进行，与所选用的仪器也有密切关系，必须注意：①蒸馏瓶应选用圆底烧瓶或梨形烧瓶，不能使用平底烧瓶；②蒸馏瓶的大小应使被蒸馏物质的量占其体积的1/3～1/2；③克氏蒸馏头支管与瓶颈的距离对分子量大的物质及真空度高的蒸馏有很大影响，在同样操作时，使蒸气上升到支管口所需的压力就不一样，沸点差距就较大，因此，在蒸馏分子量较大的物质时，支管口要尽可能低一点，或适当地将蒸馏瓶倾斜，使产品易于蒸出；④克氏蒸馏头支管的粗细对真空度低的蒸馏影响不大，但在高真空蒸馏（如1mmHg）时的影响较大，支管粗一些为好，一般内径应在8mm以上。

（2）毛细管的应用

为了防止暴沸，保持稳定沸腾，常用的方法是插入一根细而柔软的毛细管，空气的细流经过毛细管引入瓶底，作为汽化中心，同时又起到一定的搅拌作用。有些化合物遇空气易被氧化，在蒸馏时可由毛细管通入氮气加以保护。在蒸馏时如有固体析出，可将毛细管倒插，以免堵塞。

（3）冷凝管与接收瓶的选择

与常压蒸馏相同，减压下沸点高于140℃时，可用空气冷凝管冷却。沸点低于140℃时，应用直形冷凝管冷却，若沸点甚低，可在冷凝管中通入冰水或连接低温循环泵，接收瓶也用冰水冷却，以防产品被抽入真空泵中。接收瓶可选用圆底烧瓶、茄形瓶、尖底瓶，不可用平底烧瓶。

（4）橡皮管的清洗

一般减压蒸馏连接用的橡皮管要采用厚壁管，并经常检查是否畅通。新购置的橡皮管要进行处理，在20% NaOH溶液中煮沸，并使管内碱液流动，然后用清水洗涤数次晾干，最后将橡皮管的一端塞住，抽真空并拉动以除去附着的气体，这样做的目的是去除橡皮管中的滑石粉、硫黄等物质。

（5）真空泵的选择

在进行减压蒸馏前，首先应该决定选用哪种泵（如水泵、油泵、扩散泵等），各种泵所能达到的真空极限是不一样的。真空度越高，对冷却系统的要求也越高，否则，产品损失越多，甚至因产品没有全部冷凝被抽入真空泵中，影响泵的寿命。因此，能用低级泵正常蒸馏的没有必要用更高一级的泵。

三、问题研究与讨论

苯甲酸乙酯的制备实验主要在于所使用的催化剂不同，从而在实验时间、产品收率等方面有所区别，根据文献报道，所使用的催化剂主要有质子酸、路易斯酸和混合催化剂三大类，具体为浓硫酸、硫酸氢钠、氯化锡、无水氯化亚锡、对甲苯磺酸、固载杂多酸 PW_2/SiO_2、三［双（三氟甲基磺酰亚胺）］镱［$Yb(NTf_2)_3$］和混合催化剂（过二硫酸钾-浓硫酸-新洁尔灭）（PPDS-H-BGA）等。

根据运行实践结果，应当注意以下问题：

1. 在制备苯甲酸乙酯时，如用苯作带水剂，因苯是一种致癌物，易挥发，量取和使用时要小心，同时对苯要进行回收处理。本实验采用环己烷作带水剂，毒性较小，分层又比较容易，但环己烷的使用量比苯要多一些。

2. 选用浓硫酸作催化剂进行苯甲酸与乙醇的直接酯化，方法成熟，操作方便。但浓硫酸的腐蚀性强，选择性差，存在氧化性和炭化现象，产品的收率和质量不高。特别是在反应结束后，蒸出环己烷（或苯）和少量的乙醇时，若蒸馏时间太久，反应瓶中炭化现象非常严重。

3. 选用 $SnCl_4 \cdot 5H_2O$ 作催化剂进行酯化反应时，反应结束后，反应瓶一冷却，就有白色固体产生。其原因是四价的锡盐水解得到白色无定形的含水 SnO_2 胶状沉淀，该新鲜沉淀为 α-锡酸。它在加热回流过程中逐渐晶化，变成 β-锡酸。由于 β-锡酸不溶于浓酸、浓碱，加水稀释后，又成沉淀胶溶，给后处理带来极大的困难。因此，反应原料必须做去水处理。

四、教学法

1. 制备苯甲酸乙酯时，正确地使用分水器是实验成败的关键，要教会学生正确地使用分水器。反应结束后，反应物倒入水相中，如出现固体，说明未反应的苯甲酸较多，必须加以中和，否则，在减压蒸馏时析出的苯甲酸堵塞毛细管，无法正常蒸馏。

2. 减压蒸馏是本实验最重要的基本操作，要正确地安装仪器，掌握操作规程，比如"先减压后加热""先放空后停泵"等。每一套仪器或每一台真空泵减压的效果是不一样的，可根据苯甲酸乙酯的压力-沸点关系，查找对应的产品沸点，检查实验结果与理论是否一致。

3. 苯甲酸乙酯的反应时间较长，在反应回流稳定后，可穿插进行苯甲酸的微波合成实验，实验效率得到提高。

4. 由于苯甲酸乙酯的产量不高，减压蒸馏时操作比较困难，现象也不明显，可以每两人一组合并蒸馏，相互合作。

实验指导七　Cannizzaro 反应制备苯甲醇与苯甲酸

一、实验原理

无 α-H 的醛在浓碱溶液作用下发生歧化反应，一分子醛被氧化成羧酸，另一分子醛则被还原成醇，此反应称坎尼扎罗（Cannizzaro）反应。本实验采用苯甲醛在浓氢氧化钠溶液中发生坎尼扎罗反应，制备苯甲醇和苯甲酸，反应式如下：

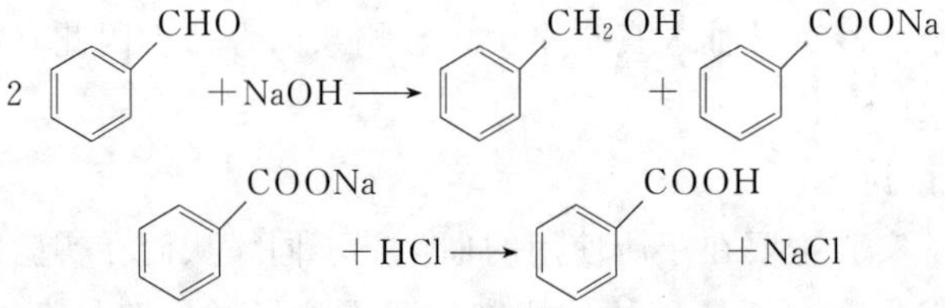

在该实验的反应过程中，大多数实验教材采用苯甲醛在浓碱条件下，振摇成蜡状后放置过夜，然后进行后处理等方法，实验时间长，实验效率不高，而采用机械搅拌，在加热回流下反应，时间可大大缩短。

二、操作要点

1. 机械搅拌

机械搅拌装置的安装要点如下。

（1）安装顺序：将搅拌桨上端用橡皮管连接一根短玻璃棒，固定在搅拌器电机上，根据加热源的高度，调节好电机高度，搅拌桨的下端距离瓶底约 0.5cm，然后自下而上，将三口烧瓶等依次安装固定。

（2）安装规范：一套反应装置都固定在搅拌器的支杆上，不要再用铁架台等来夹持玻璃仪器。

（3）安装要求：可从三个方向观察安装是否合格：从正面看搅拌桨与搅拌器立杆是否在一个平面内；从侧面看搅拌桨与搅拌器立杆是否平行；从俯视看搅拌桨和密封塞的轴心是否在一个同心圆上。

（4）启动搅拌：先用手转动搅拌桨，看转动是否灵活，再以低速开动搅拌器，调节至中速进行试验。试验运转正常后，才能加入物料进行实验。

2. 反应时间

将苯甲醛和氢氧化钠水溶液混合均匀，加热回流 40min 左右，反应混合液由浑浊逐渐变为澄清。用薄层色谱追踪反应结果，也显示澄清液中苯甲醛基本反应完全。

在强碱性介质中，OH^- 很容易将苯甲醛包裹在其中，形成乳浊液，使溶液呈现乳白色。随着反应的进行，一部分的苯甲醛转化成苯甲酸的钠盐溶在水中，另一部分的苯甲醛转化为溶解度相对较大的苯甲醇，反应液会逐渐变为澄清。因而，可以用反应液由浑浊变为澄清来判断反应的终点。

三、问题研究与讨论

1. 由反应温度引起的问题

问题与现象：由于反应温度设定较低（控温加热，加热电压设定在 110V），加热回流 50min 后反应液仍然呈浑浊状。接着进行后处理，用饱和 $NaHSO_3$ 溶液洗涤、乙醚萃取液时，发现分液漏斗中产生大量固体，最后蒸馏时得到的液体沸程很宽，为 178～202℃，接收到的液体中苯甲醛的味道很浓，而且另一个产物苯甲酸的量也很少。

原因解析：Cannizzaro 反应是连续两次亲核加成，一般需要在加热回流的条件下进行。如反应温度太低，则反应速率过慢、转化率低，反应体系中有大量的苯甲醛没有转化，但考虑到苯甲醛易氧化的特点，要避免反应温度过高。反应过程中应以适当的温度，保持正常回流。

2. 由碱的用量引起的问题

问题与现象：由于称量不够迅速，导致一部分 NaOH 固体受潮粘在称量纸上，没有全部加入反应瓶中，实验过程中其他情况正常。实验结束后，苯甲酸的收率正常略偏高（约80%），而苯甲醇的收率却很低，不足 30%。

原因解析：理论上产物苯甲酸和苯甲醇应有相同的摩尔收率，以上的实验结果中，产物苯甲酸一定有部分不是通过歧化反应生成的。从 Cannizzaro 反应的机理来看，第一步是亲核试剂 OH^- 进攻苯甲醛中的羰基发生亲核加成，生成相应的烷氧基负离子中间体，接着此中间体提供负氢离子与第二分子苯甲醛进行亲核加成得到产物。很显然，氢氧根负离子的浓度对反应有十分重要的影响。碱的浓度低，会使亲核加成反应的速率大大降低，反应不充分或难以进行，从而显著影响产物苯甲醇的产率，但在加热的情况下，苯甲醛容易被空气氧化生成苯甲酸，导致苯甲酸的收率不一定会有明显的下降。因此，Cannizzaro 反应通常使用的是 50% 左右的浓碱，其中碱的物质的量要比醛的物质的量多一倍以上。

3. 机械搅拌的问题

反应物之间的有效接触决定了反应的速率和转化程度，在苯甲醛的 Cannizzaro 反应中，氢氧化钠水溶液和苯甲醛的反应是非均相的，充分的搅拌对反应十分必要，在此反应中可采用搅拌效率高的机械搅拌装置。

问题与现象：蒸馏苯甲醇的时候，在苯甲醇的沸程范围（200～204℃）只收集到了 1mL 左右的产品，蒸馏瓶内还残留一部分液体，继续升高温度也很难被蒸出。通过减压蒸馏，在 184～185℃/2kPa 收集得到无色透明的液体。

原因解析：为了确定减压蒸馏得到的液体化合物的结构，用核磁共振氢谱进行了表征（图 7-5），分析推断此无色透明液体为苯甲酸苄酯，其亚甲基的化学位移值为 5.40（2H），苯环上氢的化学位移值为 7.37～8.12（10H），与文献报道一致。究其原因，苯甲醛在过量碱存在下进行 Cannizzaro 反应，生成的苯甲醇在碱溶液中会转化成苄氧基负离子，接着和苯甲醛发生亲核加成反应，而生成苯甲酸苄基酯。

$$C_6H_5CH_2OH + HO^- \longrightarrow C_6H_5CH_2O^-$$

Ph–CHO $+ C_6H_5CH_2O^-$ $\rightleftharpoons$ Ph–C(O⁻)(H)(OCH₂C₆H₅)

Ph–C(O⁻)(H)(OCH₂C₆H₅) $+$ Ph–CHO $\rightleftharpoons$ Ph–COOCH₂C₆H₅ $+ C_6H_5CH_2O^-$

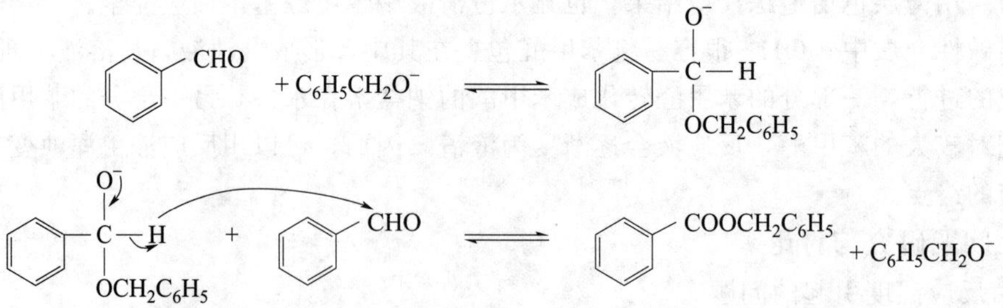

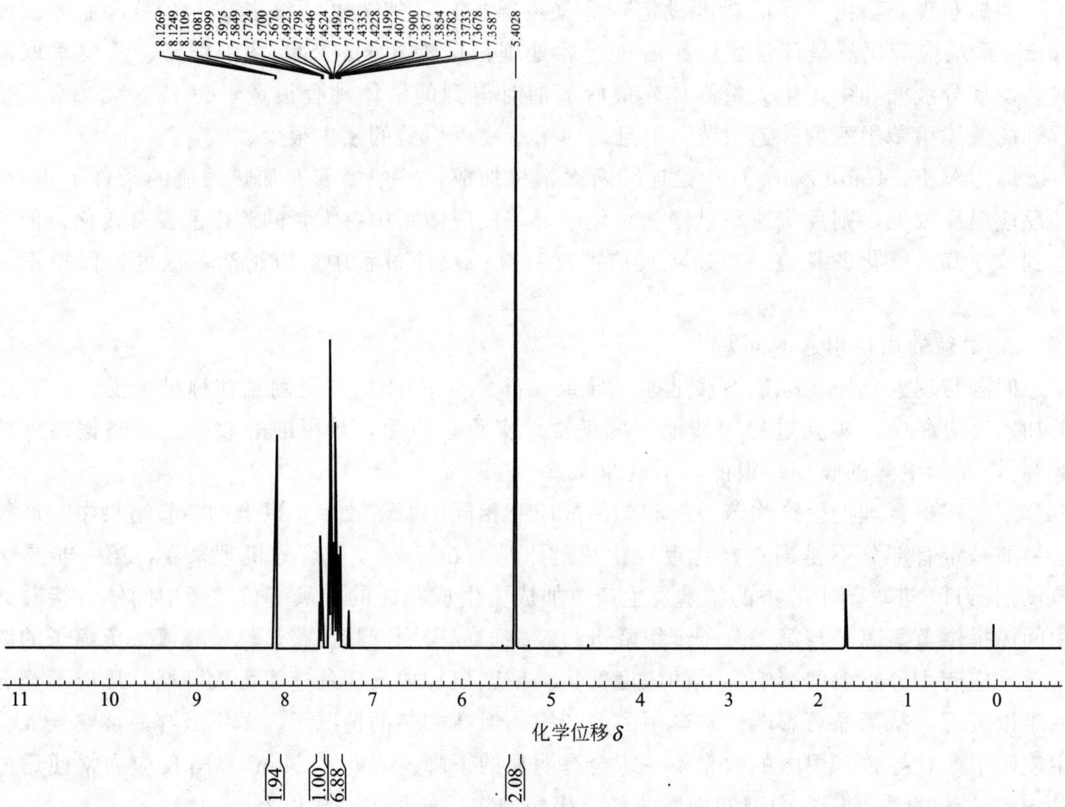

图 7-5　苯甲酸苄酯的核磁共振氢谱

操作中存在的问题是由于反应瓶的内径比较小，而搅拌桨片又比较大，造成桨片离瓶底较远，底层液体不能充分搅动，整个反应过程中搅拌不均匀，造成碱的局部浓度过高，生成的苯甲醇在碱性条件下部分转化成苄氧基负离子，接着和没有作用的苯甲醛发生反应，生成苯甲酸苄基酯。因此，在苯甲醛的 Cannizzaro 反应中，要剧烈搅拌，使反应物接触更充分，反应物浓度均匀，加快反应速率，避免副反应的发生。

4. 亚硫酸氢钠洗涤的问题

问题与现象：在后处理过程中，用饱和亚硫酸氢钠溶液洗涤乙醚萃取液时，出现了大量固体。如果没有将固体过滤掉，而是直接用 10% 碳酸钠溶液洗涤，虽然随着碳酸钠溶液的加入，固体溶解了，在后续的操作中也没有异常现象发生，但是，在最后蒸馏产物的时候，会发现苯甲醇的沸程很长，且在 180～195℃ 就接收到大量的无色透明液体，200℃ 以上的馏分反而很少。收集此无色透明液体，可闻到苦杏仁味道，用红外光谱扫描可见明显的羰基吸收峰。

原因解析：乙醚萃取液用饱和亚硫酸氢钠溶液处理后，未反应的苯甲醛和亚硫酸氢钠生成白色的加成物，与碳酸钠反应会重新析出苯甲醛。反应式如下：

$$\text{C}_6\text{H}_5\text{CHO} + \text{NaHSO}_3 \longrightarrow \text{C}_6\text{H}_5\text{CH(OH)SO}_3\text{Na}\downarrow$$

$$\text{C}_6\text{H}_5\text{CH(OH)SO}_3\text{Na} + \text{Na}_2\text{CO}_3 \longrightarrow \text{C}_6\text{H}_5\text{CHO} + \text{Na}_2\text{SO}_3 + \text{CO}_2\uparrow + \text{H}_2\text{O}$$

苯甲醛与产物苯甲醇混在一起，很难用蒸馏的方法分开，最后造成产物沸点降低，沸程变宽。因此，未作用的苯甲醛和亚硫酸氢钠加成形成的白色固体，在实验中要先过滤除去后，再进行后面的操作。

5. 苯甲酸重结晶时的溶剂问题

本实验中苯甲酸的纯化是通过重结晶来完成的，这其中的关键是重结晶溶剂（水）的用量问题。规范的重结晶操作，应该是在粗品苯甲酸干燥后称重，再根据溶解度来计算重结晶溶剂（水）的用量。但由于实验时间的限制，且苯甲酸在高温下易升华，使得干燥过程很难在短时间内完成。如果用未干燥的苯甲酸粗品的量来计算重结晶溶剂（水）的用量，往往加入溶剂过多，会影响到晶体的析出。在实验中，一般建议可根据苯甲醇的实际收率推算苯甲酸的量，然后计算溶剂（水）的用量来进行重结晶操作。

问题与现象：某同学实验时投入 10.6g（0.1mol）苯甲醛，根据理论产量计算，应得到苯甲醇 $0.05\times108.15=5.4$g，苯甲酸 $0.05\times122.12=6.1$g。在实际过程中，学生得到苯甲醇 3.6g，产率为 $3.6\div5.4\times100\%=66.7\%$，以此计算，应得到苯甲酸 $6.1\times66.7\%=4.1$g。因此，进行苯甲酸重结晶时，加入溶剂（水）的量大约应为（按 80℃时溶解计算）$4.1\div2.2\times100=186$mL。学生以此水量进行重结晶的操作，在进行热过滤操作时，发现布氏漏斗上析出了大量的白色晶体，抽滤瓶中也有大量晶体在热过滤时即析出，重结晶后产物几乎减少一半。

原因解析：造成这种现象是由于苯甲醛易氧化，往往使产物苯甲酸和苯甲醇的摩尔收率不同，苯甲酸的产率会偏高，按照上述方法计算出的溶剂（水）的用量显然是不够的。溶剂量不足，会导致重结晶时制得的热饱和溶液的饱和度太大，热过滤操作很困难，损失严重。因此，实验过程中建议在进行重结晶操作时，按照上述方法计算出溶剂（水）的大致用量的基础上，应视具体情况，少量多次补加，保证苯甲酸在溶液沸腾时全部溶解，最后再补加总水量的 20% 左右，以降低重结晶操作造成的苯甲酸损失。

6. 由苯甲醇脱水引起的问题

问题与现象：在蒸馏苯甲醇-乙醚溶液的过程中，乙醚在较低温度下首先被蒸出以后，再提高温度蒸馏提纯苯甲醇时，发现蒸馏头上有少量水雾或水珠凝结，在 $200\sim204$℃蒸出苯甲醇后，反应瓶中还残留一些淡黄色的油状物，很难蒸出。

原因解析：有学者曾对此蒸馏中的现象进行过深入的研究，并对黄色油状物的结构通过核磁共振氢谱进行了表征，确定此黄色油状物为高沸点的二苄醚（沸点 298℃）。其生成的原因应该是反应得到的部分苯甲醇在蒸馏提纯的过程中发生了分子间脱水反应。

四、教学法

1. 在蒸馏苯甲醇时，为了减少二苄醚的产生，建议学生在乙醚被蒸出后，迅速升高温度，快速蒸出苯甲醇，或者通过减压蒸馏来提纯苯甲醇。在实验中，如果温度不够高，蒸馏的时间越久，生成的二苄醚就会越多，苯甲醇的收率也就越低。

2. 该实验基本操作较多，包括萃取、洗涤、干燥、蒸馏、重结晶等，实验产品既有固体产品，又有液体产品，能比较全面地反映学生有机化学实验的基本操作技能，作为学生基本技能掌握情况的考查实验是比较理想的，反应的主要原料苯甲醛由指导教师定量分发给学生，限定在 5 小时内完成实验。

第八章　有机化学实验试卷

试卷一
（建议考试时间 40min）

一、单项选择题（50 分）

1. 为防止气体钢瓶混用，全国统一规定了瓶身、横条及标字的颜色，如氧气瓶身的颜色是：（　　）。

(A) 黑色　　　　　(B) 黄色　　　　　(C) 天蓝色　　　　　(D) 草绿色

2. 下列实验中可以使用分水器来有效提高产率的是：（　　）。

(A) 用乙醇制备乙醚　　　　　　　　(B) 用乙醇和乙酸制备乙酸乙酯

(C) 用正丁醇制备正丁醚　　　　　　(D) 用环己醇制备环己烯

3. 在纯化石油醚时，依次用浓硫酸、酸性高锰酸钾水溶液洗涤，其目的是：（　　）。

(A) 将石油醚中的不饱和有机物类除去　(B) 将石油醚中的低沸点的醚类除去

(C) 将石油醚中的醇类除去　　　　　　(D) 将石油醚中的水分除去

4. 下图为实验室中常见的交流电源插座，请问这些电源插座里通的交流电是：（　　）。

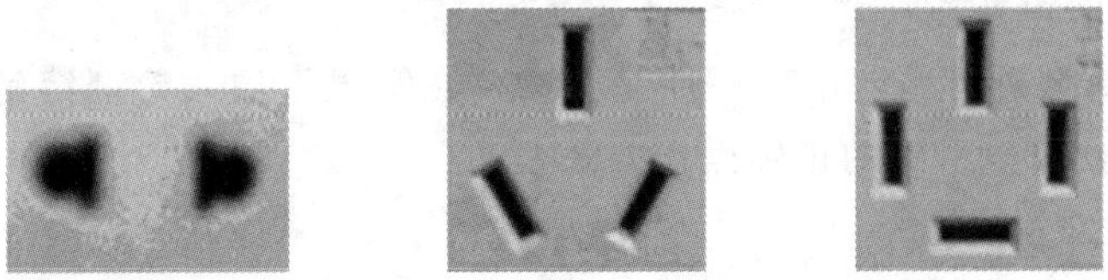

(a)　　　　　　　　(b)　　　　　　　　(c)

(A) (a) 两相电　　　　(b) 三相电　　　　　　(c) 四相电

(B) (a) 两相电　　　　(b) 两相电＋地线　　　(c) 三相电

(C) (a) 单相电　　　　(b) 两相电＋地线　　　(c) 三相电

(D) (a) 单相电　　　　(b) 单相电　　　　　　(c) 三相电

5. 下列事故处理不正确的是：（　　）。

(A) 不慎把浓硫酸沾在手上，立即用干布拭去，再用水冲洗

(B) 不慎把苯酚沾在手上，立即用70℃以上的热水冲洗

(C) 金属钠着火，用泡沫灭火器扑灭

(D) 酒精灯不慎碰翻着火，用湿布盖灭

6. 在正溴丁烷制备的加热回流装置中，采用（　　）最适宜？

(A) 直形冷凝管　　　　　　　　　　(B) 球形冷凝管

(C) 空气冷凝管　　　　　　　　　　(D) 维氏分馏柱

7. 在乙酰苯胺合成实验中，发现原料苯胺呈红棕色，可用（　　）方法精制。

(A) 过滤　　　　　　　　　　　　　(B) 活性炭脱色

(C) 蒸馏　　　　　　　　　　　　　(D) 用分液漏斗分离

8. 在蒸馏过程中，如果发现没有加入沸石，应该：（　　　）。

(A) 立刻加入沸石　　　　　　　(B) 停止加热，稍冷后加入沸石

(C) 停止加热，充分冷却后加入沸石　(D) 弃去原混合液，重新实验

9. 下列纯化样品的方法中，比较适合纯化微量液体样品的是：（　　　）。

(A) 柱色谱　　　　(B) 蒸馏　　　　(C) 过滤　　　　(D) 重结晶

10. 下列干燥剂中，哪些可用于干燥苯甲醇？（　　　）

①Na　　　　②CaCl$_2$　　　　③K$_2$CO$_3$　　　　④MgSO$_4$

(A) ①③④　　　　(B) ①②③　　　　(C) ②③　　　　(D) ③④

11. 有机实验室经常选用合适的无机盐类干燥剂干燥液体粗产物，干燥剂的用量直接影响干燥效果。在实际操作过程中，正确的操作是：（　　　）。

(A) 尽量多加些，以利充分干燥

(B) 仅加少许以防产物被吸附

(C) 向液体中先加入适量干燥剂，旋摇后放置数分钟，观察液体是否澄清，干燥剂颗粒是否黏结以及棱角、状态的变化，决定是否需要补加

(D) 按照水在该液体中的溶解度计算加入干燥剂的量

12. 乙酰苯胺制备实验中，粗产物重结晶后不能得到整齐的片状晶体，可能的原因是：（　　　）。

(A) 乙酰苯胺在水中的溶解度太大

(B) 热过滤后，饱和溶液立即用冷水冷却，晶体立即大量析出

(C) 脱色时，加入活性炭的量不够

(D) 冷却结晶时没有搅拌均匀

13. 使用有机溶剂重结晶纯化某一种化合物，在室温下加入溶剂溶解样品至刚好溶解，为了尽快析出结晶，可以采用的正确操作方法是：（　　　）。

(A) 用玻璃棒剧烈搅拌　　　　　(B) 用冰水浴冷却

(C) 浓缩除去部分溶剂　　　　　(D) 快速加入不良溶剂

14. 使用显微熔点测定仪测熔点时，升温速度太快，对测定结果的影响是：（　　　）。

(A) 熔点偏低，熔程变窄　　　　(B) 熔点偏高，熔程变宽

(C) 熔点偏高，熔程变窄　　　　(D) 不影响测定结果

15. 用水蒸气蒸馏的方法提纯苯胺（沸点：184℃）时，馏出液可能的沸点范围是：（　　　）。

(A) 95～100℃　　(B) 100～110℃　　(C) 180～185℃　　(D) 170～173℃

16. 若由于天气原因，蒸馏时的大气压值偏低，收集馏分的温度会：（　　　）。

(A) 升高　　　　(B) 降低　　　　(C) 不变　　　　(D) 不确定

17. 减压蒸馏开始时，正确的操作顺序是：（　　　）。

(A) 先抽气后加热　　　　　　　(B) 先加热后抽气

(C) 边抽气边加热　　　　　　　(D) 无限制，都不影响

18. 用硅胶薄层色谱板鉴别下列化合物时，比移值 R_f 最大的是：（　　　）。

(A) 对甲基苯甲醛　　　　　　　(B) 对二甲苯

(C) 对甲基苯甲醇　　　　　　　(D) 对甲基苯甲酸乙酯

19. 薄层色谱中，硅胶是常用的：（　　　）。

(A) 展开剂　　　　(B) 吸附剂　　　　(C) 萃取剂　　　　(D) 显色剂

20. 异戊醇与冰乙酸经硫酸催化合成乙酸异戊酯反应结束，后处理的合理步骤为：（　　）。

(A) 水洗、碱洗、酸洗、盐水洗　　　　(B) 碱洗、酸洗、水洗

(C) 水洗、碱洗、盐水洗　　　　　　　(D) 碱洗、盐水洗

21. 用甲苯或苯甲醇作原料、高锰酸钾作氧化剂，可制备苯甲酸。若改用乙苯作原料，则制得的产物是：（　　）。

(A) 苯乙酸　　　　(B) 苯甲酸　　　　(C) 苯　　　　(D) 苯乙酮

22. 从苯甲醛制备苯甲酸和苯甲醇实验中，为了除去没有反应完的苯甲醛，苯甲醇的乙醚提取液需要用下列哪种溶液来洗涤：（　　）。

(A) 饱和 Na_2CO_3　　　　　　　　(B) 饱和 $NaHSO_3$

(C) 饱和 Na_2SO_4　　　　　　　　(D) 饱和 Na_2SO_3

23. 下列有机试剂中能使 $FeCl_3$ 显色的是：（　　）。

(A) 阿司匹林　　　　(B) 肉桂酸　　　　(C) 乙酰苯胺　　　　(D) 水杨酸

24. 通过正丁醇和溴化氢反应制备 1-溴丁烷的反应中，用浓硫酸洗涤粗产物 1-溴丁烷的目的是洗去：（　　）。

(A) 1-溴丁烷　　　　(B) 碳酸钠　　　　(C) 丁醇和丁醚　　　　(D) 水

25. 以苯甲酸和乙醇发生酯化反应制备苯甲酸乙酯的实验中，加入苯的主要目的是：（　　）。

(A) 降低反应温度　　　　　　　　(B) 作反应物的溶剂

(C) 带出生成的酯　　　　　　　　(D) 带出生成的水

二、判断题（在正确表述的题目括号内√，在错误表述的题目括号内×）（10 分）

1. 在萃取和洗涤时，应当猛烈地振摇分液漏斗，以使混合均匀，同时为了避免液体冲出，不要打开活塞放气。（　　）

2. 实验时因磨口安装不严密，产生小量的火苗，为保障人身安全，应第一时间撤离实验室。（　　）

3. 液-液分离只能通过蒸馏和分馏完成。（　　）

4. 用蒸馏法、分馏法测定液体化合物的沸点，馏出物的沸点恒定，此化合物一定是纯净化合物。（　　）

5. 沸石可以通过清洗及干燥后重复使用。（　　）

6. 在水蒸气蒸馏开始时，被蒸馏物的体积不应超过蒸馏瓶容积的 1/2。（　　）

7. 进行重结晶操作时，不应一次加入太多的溶剂，应在加热回流过程中慢慢添加。（　　）

8. A、B 两种晶体的等量混合物的熔点是两种晶体的熔点的算术平均值。（　　）

9. 无机盐类干燥剂不可能将有机液体中的水分全部除去。（　　）

10. 作为薄层色谱展开剂，可以是单一溶剂，也可以是混合溶剂。（　　）

三、简答题（18 分）

以醋酸与苯胺为原料合成乙酰苯胺，请回答以下问题。

1. 下图是以醋酸与苯胺为原料制备乙酰苯胺的装置图，请指出图中玻璃仪器的名称。

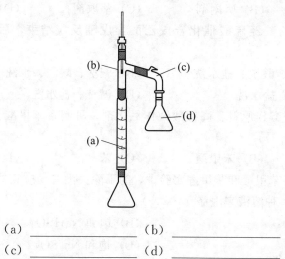

(a) _____ (b) _____

(c) _____ (d) _____

2. 写出乙酰苯胺制备的反应方程式：_____

3. 在该实验中，我们采用：(1) _____ (2) _____

(3) _____ 的方法来提高产率？

4. 随着加热反应的不断进行，接收瓶接收到的是 _____

5. 乙酰苯胺可用重结晶方法提纯，请简述重结晶的一般过程（不要求具体数据）：

(1) _____ (2) _____ (3) _____

(4) _____ (5) _____

四、综合题（22分）

某学生在你的指导下进行有机合成，拟通过下列路线，由环己酮和溴苯格氏试剂反应，再脱水合成化合物3（1-苯基环己烯）：

文献报道化合物3（1-苯基环己烯）的具体合成操作如下：

将溴苯格氏试剂的无水四氢呋喃溶液冷却至0℃，再缓慢滴加环己酮的无水四氢呋喃溶液。滴加完毕，自然升温至室温，搅拌反应4h。将反应液倾入冰水中，加入1mol/L的HCl水溶液中和至澄清。用乙醚萃取，合并有机相，依次用饱和NaHCO₃、饱和NaCl溶液洗涤，干燥，浓缩，重结晶，得产物2，产率约为90％。

将化合物2溶于甲苯中，加入催化量的对甲苯磺酸，回流分水1h，浓缩除去溶剂，减压蒸馏得到化合物3（1-苯基环己烯）。

1. 该生在实验室没有找到纯的环己酮，只找到一瓶被4-甲基吡啶（沸点：144.9℃）污染的分析纯环己酮，请你为他设计一个提纯该环己酮的简单方案，并告诉他可用什么方法检测环己酮的纯度。

2. 由于没有现成的溴苯格氏试剂溶液，该生决定自制格氏试剂。他的实验方法如下：在三口烧瓶中加入2.9g镁屑，加入80mL THF，氮气保护下，预热至沸腾，滴加11.86mL溴苯溶于40mL THF的溶液中。滴加完后，回流至镁屑基本消失。将制备的格氏试剂冷却至 0℃，按上述文献方法合成化合物 2。但遗憾的是，他实验所得化合物 2 的产率很低，请你帮助他分析导致产率偏低的可能原因。

3. 通过研究，该生解决了化合物 2 合成过程中遇到的问题，并顺利得到了产物。但在一次重复实验中，他没有按照文献方法将溴苯格氏试剂与环己酮的反应液倒入冰水中，而是倒入室温水中，并且在中和时使用了浓盐酸，后处理 TLC 发现，除产物 2 外，还有一个新的低极性化合物出现，请你推测该新产生的化合物是什么物质？并解释原因。

4. 该学生在实验过程中还遇到了许多问题，请你帮他一一解决。

（1）制备化合物 2 时，在萃取过程中出现了严重的乳化现象，请你提出解决的办法。

（2）实验操作中，用乙醚萃取。蒸馏乙醚溶剂时，要注意哪些安全事项？

（3）该生在第一次减压蒸馏化合物 3 时，在蒸馏烧瓶中加入沸石，安装好蒸馏装置后，先升温到 110℃，再减压至 0.1mmHg 时突然发生暴沸，请解释原因并纠正。

（4）请利用下图估计，若需在 50℃ 左右蒸馏出化合物 3，则至少要减压至多少 mmHg？

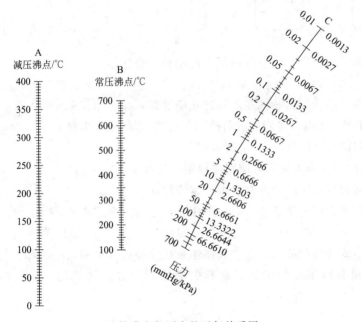

液体沸点与压力的近似关系图

试卷一参考答案

试卷二
（建议考试时间 40min）

一、单项选择题（50 分）

1. 下列四种有机物中，毒性最大的是：（　　）。

（A）二甲苯　　　　（B）甲苯　　　　　（C）乙醚　　　　（D）苯

2. 下列实验中可以使用分水器来有效提高产率的是：（　　）。

（A）用对苯二酚制备邻叔丁基对苯二酚　　（B）用乙醇和苯甲酸制备苯甲酸乙酯
（C）用苯甲醛制备肉桂酸　　　　　　　　（D）用苯胺制备乙酰苯胺

3. J. Am. Chem. Soc 是指：（　　）。

（A）美国化学通讯　　　　　　　　　　（B）美国化学会志

（C）美国化学杂志　　　　　　　　　　（D）亚洲化学通讯

4. 乙醚作为低沸点易燃有机溶剂，蒸馏时必须注意安全。要求做到：①禁止用明火加热；②接引管的支管套一根橡皮管，橡皮管的另一端引出室外或放在水槽中；③接收瓶用冷水浴冷却。以上说法正确的是：（　　）。

（A）①②　　　　（B）①③　　　　（C）②③　　　　（D）①②③

5. 制备 1-溴丁烷实验中，用倒置长颈漏斗吸收有害气体，下列图中表示的操作最合适的是：（　　）。

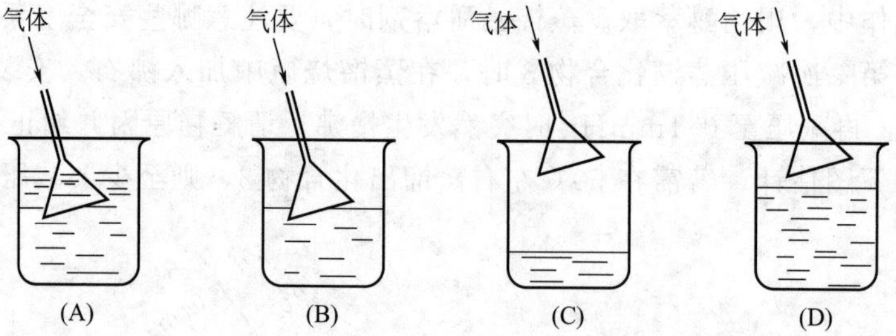

6. 液体的沸点一般高于（　　）用空气冷凝管冷凝较为合适。

（A）100℃　　　　（B）200℃　　　　（C）140℃　　　　（D）250℃

7. 对简单蒸馏和分馏，蒸出馏出物的速度叙述正确的是：（　　）。

（A）简单蒸馏以每秒 1～2 滴为宜，分馏则控制在每 2～3 秒 1 滴为宜

（B）简单蒸馏和分馏均可以以每秒 1～2 滴为宜

（C）简单蒸馏以每秒 2～4 滴为宜，分馏则应控制在每秒 1～2 滴为宜

（D）简单蒸馏和分馏的蒸出速度均没有要求，越快越好

8. 多组分液体有机物的各组分沸点相近时，采用的最适宜分离方法是：（　　）。

（A）常压蒸馏　　　（B）萃取　　　（C）分馏　　　（D）减压蒸馏

9. 无限混溶且不能形成共沸物的二元混合液体体系在蒸馏过程中的某一时刻抽样分析，对其中低沸点组分的含量有以下五种估计，则其中最可能与分析结果相一致的将会是：（　　）。

（A）在残液中最高　　　　　　　　（B）在馏出液中最高

（C）在气相中最高

（D）在馏出液中和在气相中一样高，而在残液中最低

（E）在馏出液、残液和在气相中都一样高

10. 干燥苯甲醇粗产品时，应使用下列哪一种干燥剂：（　　）。

（A）无水 $CaCl_2$　　　　　　　　　（B）无水 Na_2SO_4

（C）金属 Na　　　　　　　　　　　（D）CaH_2

11. 实验室中现有四种干燥剂，干燥后不需要过滤即可进行蒸馏的是：（　　）。

（A）无水硫酸镁　　（B）无水氯化钙　　（C）生石灰　　（D）无水碳酸钾

12. 重结晶时用活性炭进行脱色，活性炭用量应视杂质的多少来定，加多了可能会：（　　）。

（A）吸附产品　　（B）带入杂质　　（C）颜色加深　　（D）发生化学反应

13. 下列不宜用作重结晶的混合溶剂是：（　　）。

（A）水-乙醇　　　　（B）水-丙酮　　　　（C）甲醇-乙醚　　　　（D）95％乙醇-石油醚

14．制备环己烯的实验中，粗产品环己烯用饱和食盐水洗涤的目的是：（　　　）。

（A）增加质量　　　（B）增加 pH　　　（C）便于分层　　　（D）便于蒸馏

15．使用显微熔点测定仪测熔点时，若样品没有充分干燥，对测定结果的影响是：（　　　）。

（A）熔点偏高　　　　　　　　　　　　（B）熔点与正常值相同

（C）熔点偏低　　　　　　　　　　　　（D）无法判定

16．苯酚很容易硝化，与冷的稀硝酸作用，即生成邻硝基苯酚和对硝基苯酚的混合物，你认为能很好分离该混合物的方法是：（　　　）。

（A）通过减压蒸馏分离邻硝基苯酚和对硝基苯酚

（B）通过重结晶法分离邻硝基苯酚和对硝基苯酚

（C）通过水蒸气蒸馏法分离邻硝基苯酚和对硝基苯酚

（D）通过索氏提取器分离邻硝基苯酚和对硝基苯酚

17．进行减压蒸馏操作时，蒸馏烧瓶中的蒸馏液体积应控制在烧瓶的（　　　）。

（A）1/3～1/2　　　（B）1/4～1/3　　　（C）1/2～2/3　　　（D）1/3～2/3

18．关于减压蒸馏操作的一些叙述，正确的是：（　　　）。

（A）减压蒸馏时，加入沸石以防止暴沸

（B）为节省时间，可边抽真空边加热

（C）向蒸馏烧瓶中加入待蒸馏的液体物质时，其量控制在烧瓶容积的 1/2～2/3

（D）循环水式真空泵中水倒吸的可能原因之一是未解除真空而先关闭了电源

19．做薄层色谱实验时，下列化合物中展开后可在紫外灯下观察斑点的是（　　　）。

（A）正丁醇　　　（B）苯甲酸乙酯　　　（C）乙酸乙酯　　　（D）正丁醚

20．用硅胶薄层色谱板以二氯甲烷作为展开剂对下列化合物进行薄层色谱展开时，R_f值最小的是：（　　　）。

（A）苯甲醛　　　（B）苯甲醇　　　　（C）苯甲酸　　　（D）苯甲酸乙酯

21．在用对苯二酚和叔丁醇作原料制备邻叔丁基对苯二酚的实验中，叔丁醇通过滴液漏斗慢慢滴加到反应瓶中，其主要目的是：（　　　）。

（A）加得太快叔丁醇溶解性不好，不利于反应的进行

（B）降低反应体系中叔丁醇的局部浓度，减少副产物的产生

（C）叔丁醇慢慢滴加，有利于控制反应温度

（D）叔丁醇加得太快，在反应瓶中容易被分解或聚合爆炸

22．用苯甲醇作原料、高锰酸钾作氧化剂制备苯甲酸的实验中，反应结束抽滤后，如滤液呈紫红色，可加入下列哪种试剂直至无色：（　　　）。

（A）饱和 Na_2CO_3 溶液　　　　　　　（B）10％ Na_2CO_3 溶液

（3）饱和 $NaHSO_3$ 溶液　　　　　　　（D）饱和 NaOH 溶液

23．在苯甲醛歧化反应时反应液颜色过深，原因是：（　　　）。

（A）酸化时盐酸用量过多 （B）萃取时没有很好地分离有机层

（C）温度控制过高 （D）酸化时盐酸浓度过低

24. 某一有机化合物的红外光谱图中，位于 $2250cm^{-1}$ 处有一尖锐的强吸收峰，试判断该谱带属于何种官能团的特征吸收：（ ）。

（A）羰基 （B）羟基 （C）氰基 （D）氨基

25. 在以苯甲酸和乙醇为原料制备苯甲酸乙酯的实验中，加入环己烷的主要目的是：（ ）。

（A）使反应温度升高 （B）带出过量的乙醇

（C）将反应生成的水带出 （D）将反应生成的酯带出

二、判断题（在正确表述的题目括号内√，在错误表述的题目括号内×）（10分）

1. 在有机化学实验室做实验，只要对照实验书上的步骤操作就可以了。（ ）

2. 在进行常压蒸馏、回流和反应时，为减少损失，可以在密闭的条件下进行操作。（ ）

3. 分馏时，分馏柱安装倾斜与否对实验结果没有影响。（ ）

4. 当蒸馏加热到沸腾时，发现忘记通冷却水，为避免损失，尽快通上冷却水。（ ）

5. 减压蒸馏的蒸馏瓶只能选用圆底烧瓶而不能用茄形瓶。（ ）

6. 在水蒸气蒸馏的过程中，如果蒸馏瓶中积水过多，可以隔石棉网加热赶出一些。（ ）

7. 重结晶时，把粗产品加热到沸腾溶解后，为避免溶剂挥发，应尽快加入活性炭脱色。（ ）

8. 在低于被测物质熔点 10~20℃ 时，加热速度控制在每分钟升高 5℃ 为宜。（ ）

9. 乙酸酐可以代替乙酸用于制备乙酰苯胺，唯一的不足是乙酸酐的价格比乙酸高。（ ）

10. 在薄层色谱实验中，点样时如果斑点太大，往往会出现拖尾现象。（ ）

三、简答题（20分）

1. 根据下列装置图回答相关问题：

(1) 指出装置图中玻璃仪器的名称。

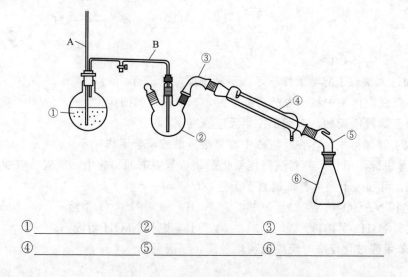

①_____ ②_____ ③_____

④_____ ⑤_____ ⑥_____

（2）装置图中，A 管的作用是＿＿＿＿＿＿＿＿＿＿，B 管的作用是＿＿＿＿＿＿＿＿＿。

2. 根据以下内容回答相关问题：

三苯甲醇的晶体应当是白色的。某同学制得的三苯甲醇粗品为淡黄色，他用 99％的乙醇将其溶解并趁热过滤，发现溶液为淡黄色，冷却后不见有晶体析出，向其中滴入数滴水，发现溶液浑浊了。他想：既然水可以使晶体析出，就多加些水吧。于是他又加了较多的水，静置后发现溶液变清了而沉于瓶底的三苯甲醇晶体仍为黄色。

（1）解释以上现象。

（2）若要获得较纯的白色三苯甲醇晶体，你选择的正确操作方法是＿＿＿＿＿＿＿＿，并叙述主要操作过程。

四、综合题（20 分）

用正丁醇和溴化钠作反应物，硫酸作催化剂制备 1-溴丁烷，请回答以下问题：

1. 反应结束后，经检验发现反应混合物中含有 1-溴丁烷、1-丁烯、正丁醚、1,2-二溴丁烷、2-溴丁烷等多种有机物，写出该实验生成这些物质的反应方程式。

2. 反应过程中，产生一种红棕色的物质，该物质是什么？如何产生的（用化学反应方程式表示）？并指出反应类型。

3. 为了减少上述红棕色物质的产生，实验过程中应采取哪些措施？

4. 本实验后处理过程中，采用浓硫酸洗涤的目的是除去什么物质？

5. 实验产品用无水氯化钙作干燥剂，优点在哪里？如何判断干燥已彻底？

试卷二参考答案

试卷三
（建议考试时间 40min）

一、单项选择题（50 分）

1. 手册中常见的符号 n_D^{20}、m.p. 和 b.p. 分别代表：（　　　）。

（A）密度、熔点和沸点　　　　　　　　（B）折射率、熔点和沸点

（C）密度、折射率和沸点　　　　　　　（D）折射率、密度和沸点

2. 为防止钢瓶混用，全国统一规定了瓶身、横条以及标字的颜色，如氢气瓶身是：（　　　）。

（A）红色　　　　　（B）黄色　　　　　（C）天蓝色　　　　　（D）草绿色

3. 清洗实验仪器时，如有下列溶剂可以用，应选用哪一种较为合理？（　　　）。

（A）乙醚　　　　　（B）氯仿　　　　　（C）苯　　　　　（D）丙酮

4. 实验室内因用电不符合规定引起导线及电器着火，此时应迅速：（　　　）。

（A）首先切断电源，并用任意一种灭火器灭火

（B）切断电源后，用泡沫灭火器灭火

（C）切断电源后，用水灭火

（D）切断电源后，用 CO_2 灭火器灭火

5. 常压蒸馏硝基苯（b.p. 210℃）时，冷凝管应该选择：（　　　）。

（A）空气冷凝管　　　　　　　　　　　（B）直形冷凝管

(C) 蛇形冷凝管　　　　　　　　　　(D) 球形冷凝管

6. 乙醇中含有（　　）物质时，不能用简单蒸馏的方法提纯乙醇。

(A) 正丁醇　　　　　　　　　　　　(B) 有色有机杂质

(C) 乙酸正丁酯　　　　　　　　　　(D) 水

7. 分馏效率与下列哪些因素有关（　　）。

①柱子绝热性　　②柱子填充物　　③回流比　　④分馏柱柱长

(A) ①②　　　　(B) ①③　　　　(C) ①②③　　　　(D) ①②③④

8. 干燥 2-甲基-2-己醇粗产品时，应使用的干燥剂是：（　　）。

(A) 无水 $CaCl_2$　　(B) 无水 Na_2SO_4　　(C) Na　　　　(D) CaH_2

9. 用无水硫酸镁干燥液体产品时，下面说法错误的是：（　　）。

(A) 由于无水 $MgSO_4$ 是高效干燥剂，所以一般干燥 5～10min 就可以了

(B) 干燥剂的用量可视粗产品的多少和浑浊程度而定，用量过多，由于 $MgSO_4$ 干燥剂的表面吸附，会使产品损失

(C) 用量过少，则 $MgSO_4$ 会溶解在所吸附的水中

(D) 一般干燥剂用量以摇动锥形瓶时，干燥剂可在瓶底自由移动，一段时间后溶液澄清为宜

10. 重结晶操作中，过滤后的热饱和溶液往往会很快析出结晶。为得到较纯净的产品和完整晶形的晶体，正确的处理方法是：（　　）。

(A) 将滤液迅速冷却至室温，再用冰水浴冷却

(B) 将滤液重新加热，结晶溶解后迅速冷却

(C) 将滤液重新加热，结晶溶解后缓慢冷却

(D) 将滤液保温，使还未析出的结晶缓慢析出

11. 重结晶时，不溶性杂质是在哪一步除去的？（　　）

(A) 制备饱和溶液　　　　　　　　　(B) 热过滤

(C) 冷却结晶　　　　　　　　　　　(D) 抽滤后的母液中

12. 用显微熔点仪测定熔点时，使熔点偏高、熔程变宽的因素是：（　　）。

(A) 试样有杂质　　　　　　　　　　(B) 试样不干燥

(C) 载玻片不干净　　　　　　　　　(D) 温度上升太快

13. 在苯甲酸的碱性溶液中，含有（　　）杂质，可用水蒸气蒸馏方法除去。

(A) $MgSO_4$　　(B) CH_3COONa　　(C) C_6H_5CHO　　(D) NaCl

14. 减压蒸馏时要用（　　）作接收器。

(A) 锥形瓶　　　(B) 容量瓶　　　(C) 圆底烧瓶　　　(D) 以上都可以

15. 减压蒸馏提纯液体有机物时，为了防止液体过热、暴沸，一般是：（　　）。

(A) 向蒸馏瓶中加入沸石

(B) 向蒸馏瓶中加入一端封闭的毛细管

(C) 控制较小的真空度

(D) 通过毛细管向蒸馏瓶中不断地引入微小气泡

16. 在二苯基乙二酮制备实验中，我们用二氯甲烷作展开剂跟踪反应进程，如果将展开剂改为甲醇，一方面将使产品与原料不能很好分离，另一方面产品的 R_f 值将：（　　）。

(A) 增大　　　(B) 缩小　　　(C) 不变　　　(D) 不能确定

17. 实验室用柱色谱来分离提纯有机化合物时，常用硅胶作为固定相，试问规格为100～200 目的硅胶，指的是：（　　）。

（A）硅胶的纯度　　　　　　　　（B）硅胶的粒径

（C）硅胶的含水量　　　　　　　（D）硅胶的吸附能力

18. 由对苯二酚与叔丁醇为原料在磷酸催化下制备邻叔丁基对苯二酚实验中，反应的主要副产物是：（　　）。

（A）

（B）

（C）

（D）

19. 由正丁醇脱水制备正丁醚的实验中，为什么洗涤粗产品时不用浓硫酸而用50％的硫酸（　　）。

（A）正丁醚溶于浓硫酸，但较少溶于50％硫酸

（B）防止产品炭化

（C）为了节约溶剂

（D）操作相对安全

20. 用下列方法制备苯甲酸的反应中，还可能得到一个副产物

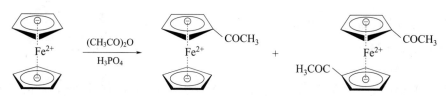

下列化合物中，哪个最可能是它的副产物？（　　　）

（A）乙苯　　　　（B）苯乙醚　　　　（C）环己烯　　　　（D）联苯

21. 苯甲酸重结晶过程中，加热溶解时产生刺激性的气味，可能的原因是：（　　）。

（A）HCl 挥发　　　　　　　　　（B）苯甲酸升华

（C）$NaHSO_3$ 分解产生 SO_2　　　（D）苯甲酸分解

22. 下面的反应属于哪种反应类型（　　）。

（A）亲核加成　　（B）亲核取代　　（C）亲电加成　　（D）亲电取代

23. 制备乙酸正丁酯时，反应所得粗产物酯需要进行洗涤，以下洗涤顺序正确的是：（　　）。

（A）酸洗-碱洗-水洗　　　　　　（B）酸洗-水洗-碱洗

（C）水洗-酸洗-碱洗　　　　　　（D）水洗-碱洗-水洗

24. 下列化合物中能与乙酸酐发生 Perkin 反应，生成不饱和酸的是：（　　）。

(A) 苯乙醛　　　　(B) 苯乙酮　　　　(C) 乙醛　　　　(D) 苯甲醛

25. 用水作溶剂对乙酰苯胺进行重结晶，溶解步骤中出现了油状物，是因为：（　　）。

(A) 存在熔点低于 100℃ 的有机杂质　　　(B) 溶剂加入量不足

(C) 部分乙酰苯胺水解成了苯胺　　　(D) 溶液温度达到了乙酰苯胺的熔点

二、判断题（在正确表述的题目括号内√，在错误表述的题目括号内×）**（14 分）**

1. 搅拌器在使用过程中突然发生停转，应将转速旋钮旋至高挡使它再转动起来。
（　　）

2. 在蒸馏产品时，为了提高产率，尽可能把样品蒸干。（　　）

3. 常压蒸馏时蒸馏装置必须与大气相通。（　　）

4. 共沸化合物不能用蒸馏分开，但可用分馏分开。（　　）

5. 在进行蒸馏操作时，液体样品的体积通常为蒸馏烧瓶体积的 1/3～2/3。（　　）

6. 为节省昂贵样品，可将测过熔点的样品冷却凝固后重复测定。（　　）

7. 做薄层色谱实验，当单一溶剂不能很好展开样品时，可以选用混合溶剂作展开剂。
（　　）

三、简答题（12 分）

1. 指出下列装置中玻璃仪器的名称。

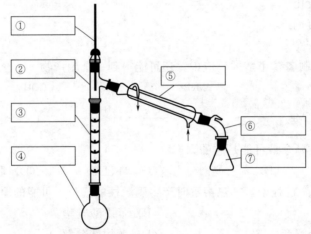

2. 上述是＿＿＿＿＿＿装置，在＿＿＿＿＿＿＿＿＿＿＿＿＿＿＿＿＿＿＿＿＿场合情况下选用这套装置。

3. 上述第③个仪器在实验中起什么作用？

四、综合题（24 分）

根据下面的叙述回答问题：

在 100mL 圆底烧瓶中加入 8.3g（0.08mol）NaBr、6.2mL（0.068mol）正丁醇和 1 粒沸石，安装好仪器。自管口加入体积比 1∶1 的硫酸，加热回流 30min。

蒸馏反应液至馏出液中无油滴为止。将馏出液中的油层分出，依次用 3mL 浓硫酸、10mL 水、5mL 10% 碳酸钠溶液和 10mL 水洗涤后，用无水氯化钙干燥。将干燥好的粗产品进行蒸馏，收集 99～102℃ 馏分。

1. 请你选择下列合适的装置进行反应：（　　）

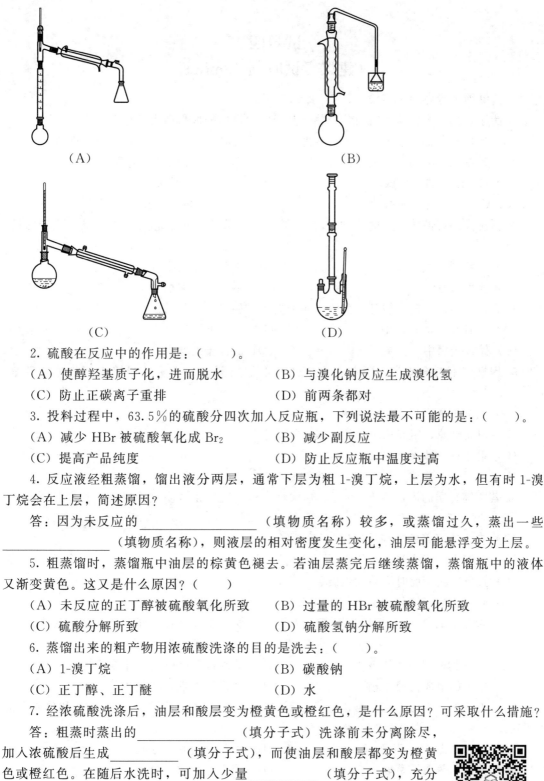

（A）　　　　　　　　　　　　（B）

（C）　　　　　　　　　　　　（D）

2. 硫酸在反应中的作用是：（　　　）。

（A）使醇羟基质子化，进而脱水　　　　（B）与溴化钠反应生成溴化氢

（C）防止正碳离子重排　　　　　　　　（D）前两条都对

3. 投料过程中，63.5％的硫酸分四次加入反应瓶，下列说法最不可能的是：（　　　）。

（A）减少 HBr 被硫酸氧化成 Br_2　　　（B）减少副反应

（C）提高产品纯度　　　　　　　　　　（D）防止反应瓶中温度过高

4. 反应液经粗蒸馏，馏出液分两层，通常下层为粗 1-溴丁烷，上层为水，但有时 1-溴丁烷会在上层，简述原因？

答：因为未反应的＿＿＿＿＿＿＿＿＿＿（填物质名称）较多，或蒸馏过久，蒸出一些＿＿＿＿＿＿＿＿＿（填物质名称），则液层的相对密度发生变化，油层可能悬浮变为上层。

5. 粗蒸馏时，蒸馏瓶中油层的棕黄色褪去。若油层蒸完后继续蒸馏，蒸馏瓶中的液体又渐变黄色。这又是什么原因？（　　　）

（A）未反应的正丁醇被硫酸氧化所致　　（B）过量的 HBr 被硫酸氧化所致

（C）硫酸分解所致　　　　　　　　　　（D）硫酸氢钠分解所致

6. 蒸馏出来的粗产物用浓硫酸洗涤的目的是洗去：（　　　）。

（A）1-溴丁烷　　　　　　　　　　　　（B）碳酸钠

（C）正丁醇、正丁醚　　　　　　　　　（D）水

7. 经浓硫酸洗涤后，油层和酸层变为橙黄色或橙红色，是什么原因？可采取什么措施？

答：粗蒸时蒸出的＿＿＿＿＿＿＿（填分子式）洗涤前未分离除尽，加入浓硫酸后生成＿＿＿＿＿＿（填分子式），而使油层和酸层都变为橙黄色或橙红色。在随后水洗时，可加入少量＿＿＿＿＿＿＿（填分子式），充分振摇而除去。

8. 某同学在最后蒸馏时，在 99℃ 之前已全部蒸完，收集不到 99～102℃ 馏分，简述原因？（可能的原因有两个）

试卷三参考答案

试卷四
（建议考试时间 40min）

一、单项选择题（50分）

1. 为了得到一个纯净的有机化合物，整个实验可以分成哪两大部分：（　　）。
(A) 反应＋蒸馏　　(B) 反应＋纯化　　(C) 反应＋洗涤　　(D) 洗涤＋蒸馏

2. 二苯基乙二酮的红外光谱图在 $1680cm^{-1}$ 处有较强的吸收峰，它可能属于：（　　）。
(A) C—H 键的伸缩振动　　　　　　(B) C＝C 键的伸缩振动
(C) C＝O 键的伸缩振动　　　　　　(D) C—H 键的弯曲振动

3. 低沸点易燃液体蒸馏时（如乙醚），除了与一般蒸馏操作相同以外，最要强调的是：（　　）。
(A) 体系通大气　　　　　　(B) 要有温度计测量沸程
(C) 要加沸石　　　　　　　(D) 不能用明火加热

4. 在储存金属锂时，应注意的一项重要防护措施是：（　　）。
(A) 封存在固体石蜡中　　　　　　(B) 储存于煤油中
(C) 储存于水中　　　　　　　　　(D) 储存于乙醇中

5. 因操作不符合规定，引起正在电热套上加热蒸馏的少量乙醚着火，此时应迅速：（　　）。
(A) 切断电源，用大量水灭火
(B) 切断电源，用湿抹布盖住火焰，隔绝空气灭火
(C) 用任意一种灭火器灭火
(D) 用湿抹布盖住火焰灭火后，再切断电源

6. 若蒸馏物质的沸点高于 140℃，通常将直形冷凝管换成空气冷凝管，其主要原因是：（　　）。
(A) 直形冷凝管的冷却效率比空气冷凝管要差
(B) 空气冷凝管能节省冷却水
(C) 直形冷凝管此时容易发生破裂
(D) 空气冷凝管能得到更多的馏出液

7. 尽管分馏的分离效能大于蒸馏，但也不能将共沸物中的组分分离开来，其原因是：（　　）。
(A) 共沸物的组成可以变　　　　　(B) 共沸物具有确定的沸点
(C) 蒸气的组成与液相相同　　　　(D) 分馏柱的理论塔板数不够多

8. 现有三组混合液：①乙酸乙酯和乙酸钠溶液；②乙醇和丁醇；③溴化钠和单质溴的水溶液。分离这三种混合液的正确方法依次是：（　　）。
(A) 分液、萃取、蒸馏　　　　　　(B) 萃取、蒸馏、分液
(C) 分液、蒸馏、萃取　　　　　　(D) 蒸馏、萃取、分液

9. 用无水氯化钙作干燥剂时，适用于（　　）类有机物的干燥。
(A) 醇、酚　　　(B) 胺、酰胺　　　(C) 酸、酯　　　(D) 烃、醚

10. 以下试剂中，（　　）所含的微量水分不能用金属钠来除去。

(A) 脂肪烃　　　　　(B) 乙醚　　　　　(C) 二氯甲烷　　　　　(D) 芳烃

11. 重结晶操作中，如果热过滤后溶液不结晶，下列方法中不适合用来加速结晶的是（　　）。

(A) 投"晶种"　　　　　　　　　　　(B) 补加少量冷溶剂

(C) 冷却　　　　　　　　　　　　　(D) 用玻璃棒摩擦器壁

12. 重结晶时，活性炭所起的作用是：（　　）。

(A) 脱色　　　　(B) 脱水　　　　(C) 促进结晶　　　　(D) 脱脂

13. 萃取和洗涤是利用物质在不同溶剂中的（　　）不同来进行分离的操作。

(A) 溶解度　　　　(B) 亲和性　　　　(C) 吸附能力　　　　(D) 沸点

14. 用显微熔点仪测固体有机物的熔点时，熔点偏高的可能原因是：（　　）。

(A) 试样中有杂质　　　　　　　　　(B) 测定时升温速度太快

(C) 试样未干燥　　　　　　　　　　(D) 载玻片未干燥

15. 水蒸气蒸馏时，被蒸馏的化合物一般要求在 100℃ 时的饱和蒸气压不小于：（　　）。

(A) 1000Pa　　　　(B) 1330Pa　　　　(C) 133Pa　　　　(D) 266Pa

16. 实验室减压蒸馏提纯液体化合物时，接收器可选用：（　　）。

(A) 锥形瓶　　　　(B) 圆底烧瓶　　　　(C) 平底烧瓶　　　　(D) 都可以

17. 在使用真空系统后，关闭真空泵的方法是：（　　）。

(A) 切断电源即可　　　　　　　　　(B) 切断电源，但维持系统真空度

(C) 先切断电源，再使真空泵通大气　(D) 先使真空泵通大气，再切断电源

18. 薄层色谱的英文缩写是：（　　）。

(A) TCL　　　　(B) CMC　　　　(C) TCC　　　　(D) TLC

19. 下列化合物在硅胶薄层板上，以石油醚：苯＝4：1（体积比）为流动相展开时，R_f 值最小的化合物是：（　　）。

(A) 苯基—N＝N—苯基

(B) 苯基—N＝N—苯基—O—

(C) 苯基—N＝N—苯基—NH_2

(D) 苯基—N＝N—苯基—OH

20. 高锰酸钾氧化苯甲醇制备苯甲酸的实验中，反应时加入碳酸钠的主要目的是：（　　）。

(A) 增强高锰酸钾的氧化性，有利于反应的进行

(B) 高锰酸钾在碱性条件下被还原成二氧化锰，便于分离

(C) 作催化剂，加快反应速率

(D) 碳酸钠吸附苯甲醇，有利于反应的进行

21. 在 2-甲基-2-丁醇的制备实验中，往反应瓶中加入镁屑和少量溴乙烷后，反应不能立即开始。下列采取的措施中，（　　）是不恰当的。

(A) 再加入大量的溴乙烷，促使反应进行

(B) 往反应瓶中加入一小粒碘引发反应

(C) 用手温热反应瓶，促使反应进行

(D) 往反应瓶滴加几滴乙基溴化镁引发反应

22. 在苯甲酸与乙醇的酯化反应中，为了提高产率，下列哪种方法最有效？（　　）。

（A）加入过量的乙醇，同时采用回流分水的办法尽可能除去产物中的小分子生成物——水

（B）加入过量的乙醇，同时尽可能延长回流时间

（C）加入过量的乙醇，同时尽可能提高反应温度

（D）加入过量的乙醇，同时尽可能延长回流时间，并提高反应温度

23. 通过正丁醇和溴化氢反应制备 1-溴丁烷的实验中，用浓硫酸洗涤粗产物 1-溴丁烷的目的是洗去：（   ）。

（A）1-溴丁烷　　　（B）碳酸钠　　　（C）丁醇和丁醚　　　（D）水

24. 苯胺乙酰化时，与以下哪种试剂反应最快？（   ）。

（A）乙酰氯　　　（B）冰醋酸　　　（C）醋酸酐　　　（D）乙酸乙酯

25. 下列说法正确的是：（   ）。

（A）蒸馏时收集到的液体具有恒定的沸点，那么这一液体一定是纯的化合物

（B）使用分液漏斗洗涤时，有机层一定要从上口倒出

（C）两个熔点相同的化合物一定为同一物

（D）大量分离邻硝基苯酚和对硝基苯酚混合物可用水蒸气蒸馏

二、简答题（20分）

1. 写出下表中常用玻璃仪器的名称（10分）

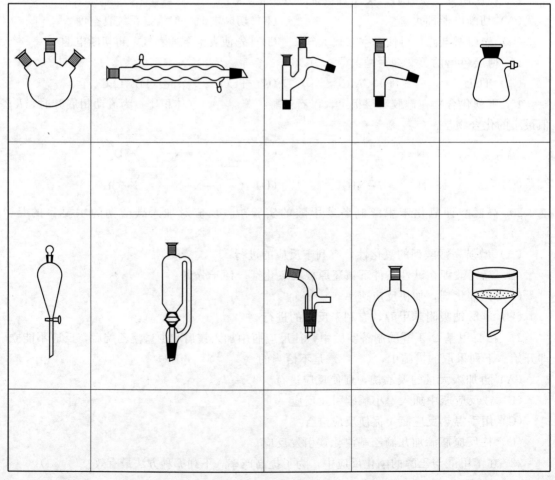

2. 请指出以下水蒸气蒸馏装置中的错误之处？如何纠正？（至少 5 处，共 10 分）

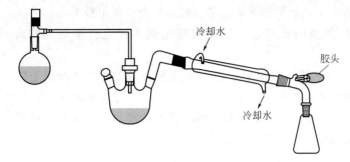

三、综合题（30 分）

根据下面的实验步骤，回答问题。

实验步骤

① 在 250mL 三口烧瓶上安装电动搅拌及球形冷凝管。加入 8.0g 氢氧化钠和 30mL 水，搅拌溶解。

② 稍冷，加入 10mL（0.1mol）苯甲醛，开启搅拌器，剧烈搅拌，加热回流约 40min。反应液透明澄清。

③ 停止加热，缓缓加入冷水 20mL，搅拌均匀，冷却至室温。

④ 倒入分液漏斗，用乙醚萃取三次，每次乙醚用量 10mL。水层保留待用。

⑤ 合并三次乙醚萃取液，依次用 5mL 饱和亚硫酸氢钠、10mL 10％碳酸钠溶液、10mL 水洗涤。

⑥ 醚层用干燥剂干燥。先缓缓加热蒸出乙醚，然后升高温度蒸馏，当温度升到 140℃时改用空气冷凝管，收集 198～204℃的馏分，即为苯甲醇，量体积，回收，计算产率。

⑦ 将保留的水层慢慢地加入盛有 30mL 浓盐酸和 30mL 水的混合物中，同时用玻璃棒搅拌，析出白色固体。冷却，抽滤，得到粗苯甲酸。

⑧ 粗苯甲酸用水作溶剂重结晶。产品在红外灯下干燥后称重，回收，计算产率。

请回答以下问题

1. 本实验的主反应是：（　　）。

（A）Cannizzaro 反应　　　　　　　（B）Diels-Alder 反应

（C）Friedel-Crafts 反应　　　　　　（D）Grignard 反应

2. 用饱和亚硫酸氢钠溶液洗涤乙醚萃取液，是为了除去：（　　）。

（A）甲苯　　　　（B）苯甲醛　　　　（C）苯甲醇　　　　（D）苯甲酸

3. 用饱和亚硫酸氢钠溶液洗涤乙醚萃取液时，产生的白色固体是：（　　）。

（A）硫酸钠　　　　　　　　　　　（B）苯甲醛与亚硫酸氢钠的加成物质

（C）苯甲酸钠　　　　　　　　　　（D）苯甲醇与亚硫酸氢钠的加成物质

4. 洗涤后的乙醚萃取液不能用下列哪种干燥剂除水？（　　）

（A）无水碳酸钾　　（B）无水硫酸镁　　（C）无水氯化钙　　（D）无水硫酸钠

5. 经乙醚萃取的水层与盐酸溶液混合前，其中的反应产物以何种状态存在？（　　）。

（A）络合物　　　　（B）缩醛　　　　（C）钠盐　　　　（D）醚

6. 本实验在反应结束后，反应液透明澄清，但加入 20mL 冷水后又变浑浊。请解释这一现象。

7. 本实验所用原料已部分被氧化，实际得到干燥的苯甲酸晶体 7.32g，那么从理论上推算，原料中至少有多少克苯甲醛被氧化了？最多可得到苯甲醇多少克？

8. 乙醚萃取后保留的水层，用浓盐酸酸化到中性是否最恰当？为什么？

9. 重结晶时，加热溶解粗苯甲酸，产生强烈的刺激性气味而引起咳嗽，主要是什么原因？

10. 本实验在蒸出乙醚后，蒸馏苯甲醇时得不到产品，而蒸馏瓶中变成黏稠的液体，主要的原因可能是什么？

试卷四参考答案

试卷五
（建议考试时间 40min）

一、单项选择题（60 分）

1. 有些有机反应必须在低温下进行，为使反应体系温度控制在 $-78^{\circ}C$，应采用：（　　）。

（A）乙醇/干冰浴　　　　　　　（B）冰/氯化钙浴
（C）丙酮/干冰浴　　　　　　　（D）乙醇/液氮浴

2. 某一化合物的红外光谱图中，位于 $2240cm^{-1}$ 处有一尖锐的强吸收峰，试判断该吸收峰属于下列何种官能团的特征吸收峰：（　　）。

（A）羰基　　　（B）羟基　　　（C）氰基　　　（D）氨基

3. 从手册中查得四种有机化合物的闪点分别是下列数据，则其中起火燃烧危险性最大的是：（　　）。

（A）二甘醇 $124^{\circ}C$　　　　　　（B）叔丁醇 $10^{\circ}C$
（C）四氢呋喃 $-14^{\circ}C$　　　　　（D）正戊烷 $-49^{\circ}C$

4. 加热回流操作中，液体蒸气上升高度一般不超过球形冷凝管有效冷凝长度的（　　）？

（A）1/2　　　（B）1/3　　　（C）1/4　　　（D）2/3

5. 在进行简单蒸馏操作时，对冷凝管的选择和冷却水的导入叙述正确的是：（　　）。

（A）选择直形冷凝管，冷却水"上进下出"，且出水口在冷凝管下方
（B）选择直形冷凝管，冷却水"下进上出"，且出水口在冷凝管下方
（C）选择直形冷凝管，冷却水"下进上出"，且出水口在冷凝管上方
（D）选择直形冷凝管，冷却水"上进下出"，且出水口在冷凝管上方

6. 关于分馏操作，下列说法错误的是：（　　）。

（A）分馏可以使共沸物得到分离
（B）分馏要缓慢进行，控制好稳定的分馏速度才能得到较好的分馏效果
（C）分馏的基本原理与蒸馏相似，只是在装置上多了一根分馏柱，液体混合物在分馏柱内通过多次的汽化和冷凝过程而实现分离
（D）分馏时若加热过快，分离能力会显著下降

7. 常压蒸馏装置中冷凝管的选择，蒸馏苯甲酸乙酯（b. p. $213^{\circ}C$）用：（　　）。

（A）空气冷凝管　　（B）直形冷凝管　　（C）球形冷凝管　　（D）蛇形冷凝管

8. 干燥未知液体时，通常选择的干燥剂是：（　　　）。

（A）无水 $CaCl_2$　　　（B）K_2CO_3　　　（C）金属 Na　　　（D）无水 Na_2SO_4

9. 无机盐类干燥剂干燥液体粗产物可能有以下五种处理方法，其中正确的操作是：（　　　）。

（A）尽量多加些，以利于充分干燥

（B）仅加少许以防产物被吸附损耗

（C）每 10mL 液体加入 0.5～1.0g，摇匀，放置十几分钟，观察干燥剂的棱角或状态变化，决定是否需要补加

（D）每 10mL 液体加入 1.0～2.0g，摇匀，放置十几分钟，观察干燥剂的棱角或状态变化，决定是否需要补加

（E）按照水在该液体中的溶解度计量加入

10. 在重结晶操作中，以下操作会降低产物的纯度：（　　　）。

（A）选择合适的溶剂及用量

（B）用较快的速度冷却溶液结晶

（C）慢慢自然地冷却滤液

（D）热抽滤时动作较快，以免有晶体析出在抽滤瓶中

11. 有四种晶体化合物的相图如下所示。图中虚线表示压强为一个标准大气压的等压线，则其中可以常压升华的是：（　　　）。

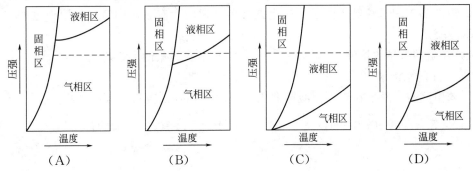

（A）　　　　　　（B）　　　　　　（C）　　　　　　（D）

12. 利用分液漏斗进行液-液萃取时，有时会形成较稳定的乳浊液。下列哪种操作不能达到使乳浊液分层的目的？（　　　）。

（A）长时间静置　　　　　　　　（B）加入食盐等电解质，使溶液饱和

（C）急剧摇荡溶液　　　　　　　（D）轻轻地向某一方向旋转漏斗

13. 测定有机化合物熔点数据偏高，可能的原因是：（　　　）。

（A）化合物不纯　　　　　　　　（B）化合物没有彻底干燥

（C）升温速率太快　　　　　　　（D）升温速率太慢

14. 当水蒸气蒸馏结束时有以下操作：①关闭冷却水；②取下接收瓶；③打开 T 形管下止水夹；④关闭热源；⑤反向拆除装置。现有下列五种不同的操作次序，则其中唯一正确可行的次序是：（　　　）。

（A）②—①—③—⑤—④　　　　　　（B）④—③—①—②—⑤

（C）③—①—②—⑤—④　　　　　　（D）③—④—①—②—⑤

（E）④—①—③—②—⑤

15. 旋转蒸发仪主要是用于：（　　　）。

（A）搅拌反应物，使反应加速进行　　　　（B）旋转仪器使反应顺利进行

（C）蒸发并得到产物　　　　　　　　　　（D）蒸发溶剂和浓缩溶液

16. 减压蒸馏不能使用下列哪种玻璃仪器：（　　）。

（A）圆底烧瓶　　　（B）梨形烧瓶　　　（C）克氏蒸馏瓶　　　（D）锥形瓶

17. 薄层色谱法不可以用于的是：（　　）。

（A）跟踪有机反应进程　　　　　　　　　（B）分离和提纯有机物质

（C）鉴别有机化合物　　　　　　　　　　（D）少量合成有机化合物

18. 用硅胶柱色谱分离混合物时，下列洗脱剂中洗脱能力最强的是：（　　）。

（A）环己烷　　　（B）丙酮　　　　　　（C）乙酸乙酯　　　（D）乙醚

19. 2-甲基-2-丁醇的沸点是 $100\sim104℃$，但有部分同学最后蒸馏收集产物时，在低于 $95℃$ 就有大量液体被蒸出，这其中的原因是：（　　）。

（A）产物中混有乙醚　　　　　　　　　　（B）干燥不充分，产物与水形成共沸物

（C）蒸馏速度过快　　　　　　　　　　　（D）蒸馏速度过慢

20. 下列化合物中不能发生 Cannizzaro 反应的是：（　　）。

（A）苯甲醛　　　（B）甲醛　　　　　　（C）乙醛　　　（D）三甲基乙醛

21. 苯甲酸乙酯制备实验中，向反应体系中加入苯或环己烷，该操作的目的是：（　　）。

（A）可以使酯类溶解其中　　　　　　　　（B）能与水共沸带出生成的水

（C）提高反应的温度　　　　　　　　　　（D）降低反应物的浓度，防止炭化

22. 粗产品 1-溴丁烷经水洗后油层呈红棕色，说明含有游离的溴，可用少量的（　　）洗涤以除去之。

（A）亚硫酸氢钠水溶液　　　　　　　　　（B）饱和氯化钠水溶液

（C）NaI 的水溶液　　　　　　　　　　　（D）活性炭

23. 苯甲醛与丙酸酐在无水丙酸钾催化下，发生 Perkin 反应得到的产物是：（　　）。

（A）〔苯〕—CH=CHCOOH

（B）〔苯〕—CH=CCOOH
　　　　　　　　　│
　　　　　　　　　CH₃

（C）〔苯〕—CH₂CH=CHCOOH

（D）〔苯〕—C=CHCOOH
　　　　　│
　　　　　CH₃

24. 由苯甲醛与醋酸酐反应制备肉桂酸时，反应完成后进行水蒸气蒸馏，目的是除掉：（　　）。

（A）醋酸　　　（B）苯甲醛　　　（C）苯甲酸　　　（D）醋酸酐

25. 在乙酰苯胺制备实验中，加入锌粉的目的是：（　　）。

（A）脱色　　　　　　　　　　　　　　　（B）作催化剂

（C）防止苯胺被氧化　　　　　　　　　　（D）代替沸石

26. 乙酰苯胺重结晶操作中，在溶解这一步操作中出现了油状物，正确的操作是：（　　）。

（A）用滴管吸出　　　　　　　　　　　　（B）加入活性炭吸附

（C）补加溶剂至沸腾时油珠完全消失　　　（D）降低加热温度

27. 现有三组混合液：①乙酸乙酯和乙酸钠溶液，②乙醇和丁醇，③溴化钠和单质溴的水溶液，分离以上各混合液的正确方法依次是（　　）。

（A）分液、萃取、蒸馏　　　　　　　（B）萃取、蒸馏、分液

（C）分液、蒸馏、萃取　　　　　　　（D）蒸馏、萃取、分液

28. 在减压蒸馏装置中，为了保护真空泵，常常安装有三级吸收塔，其中氢氧化钠吸收塔用来吸收（　　），活性炭吸收塔或块状石蜡吸收塔用来吸收（　　），氯化钙吸收塔用来吸收（　　）。

（A）酸性气体　　　（B）碱性气体　　　（C）有机气体　　　（D）水

二、简答题（20分）

1. 写出下列常用玻璃仪器的名称：

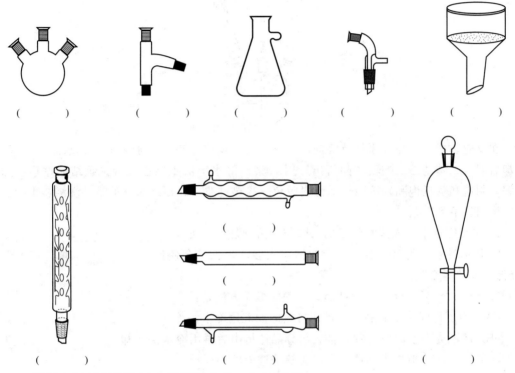

（　　　）　　　　（　　　）　　　　（　　　）　　　　（　　　）　　　　（　　　）

（　　　）　　　　（　　　）　　　　（　　　）

2. 请指出以下蒸馏装置中的错误之处？如何纠正？

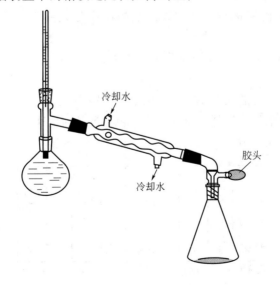

冷却水

冷却水

胶头

三、综合题（20 分）

二苯基乙二酮常用作医药中间体及紫外线固化剂，可由二苯基羟乙酮氧化制得，反应的化学方程式及装置图如下：

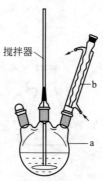

在反应装置中，加入原料及溶剂，加热回流。反应结束后，加入 50mL 水，加热煮沸，冷却后即有二苯基乙二酮粗产品析出，用 70％乙醇水溶液重结晶提纯。重结晶过程：加热溶解，制饱和（近饱和）溶液→活性炭脱色→趁热过滤→冷却结晶→抽滤、洗涤、干燥。

请回答下列问题：

1. 在反应物中加入醋酸的目的，除作为溶剂外，还可_____、_____。

2. 用活性炭脱色时，活性炭不能加得太多，否则，会使产率_____（填"增大"或"降低"或"不变"）。

3. 趁热过滤后，滤液冷却结晶。正确的操作方法是：_____。

（A）为了得到较多的晶体，迅速将热的滤液用冷水浴冷却

（B）滤液先在室温下冷却，待大部分晶体析出后再用冷水浴冷却

（C）为了较快地析出晶体，可以将热的滤液剧烈搅拌

（D）结晶时如果有过饱和现象，可以用玻璃棒摩擦器壁

4. 对结晶后的样品溶液进行过滤时，一般的次序是先用_____转移产品，再用_____洗涤。

5. 上述重结晶过程中的哪一步操作除去了不溶性杂质：_____，哪一步又除去了可溶性杂质：_____。

6. 某同学采用薄层色谱法跟踪反应进程，分别在反应开始、回流 15min、30min、45min 和 60min 时，用毛细管取样、点样、薄层色谱展开后的斑点如下所示。如果增大展开剂的极性，则各个点的比移值_____。

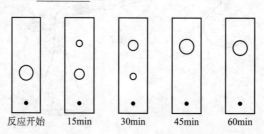

（A）增大 （B）减小 （C）不变 （D）不能确定

7. 某同学利用柱色谱法来分离、提纯二苯基乙二酮（含少量二苯基羟乙酮），两者中后流出色谱柱的化合物是：_____。

8. 本实验采用了电动搅拌装置，请问搅拌的作用是什么？

9. 原料二苯基羟乙酮为白色固体，产物二苯基乙二酮为黄绿色结晶。从结构特点出发说明二苯基乙二酮为什么呈黄绿色？

试卷五参考答案

试卷六
（建议考试时间 40min）

一、单项选择题（50 分）

1. 为防止钢瓶混用，全国统一规定了瓶身、横条以及标字的颜色，如：氧气瓶身的颜色是：（ ）。
（A）黑色 （B）黄色 （C）绿色 （D）天蓝色

2. 确定有机化合物官能团最适宜的方法是：（ ）。
（A）红外光谱法 （B）质谱法
（C）X 射线衍射法 （D）色谱法

3. 根据国家和有关部门颁布的标准，化学试剂按其纯度的高低分为四个等级，分别为优级纯、分析纯、化学纯和实验试剂，它们的英文标志分别是：（ ）。
（A）优级纯（YC）、分析纯（FC）、化学纯（HC）、实验试剂（SC）
（B）优级纯（GR）、分析纯（AR）、化学纯（CP）、实验试剂（LR）
（C）优级纯（LR）、分析纯（CP）、化学纯（HC）、实验试剂（SC）
（D）优级纯（AR）、分析纯（CP）、化学纯（LR）、实验试剂（HC）

4. 某同学在做苯甲酸和苯甲醇的制备实验中，不小心被 26％的氢氧化钠水溶液灼伤了手臂，正确的处理方法是：（ ）。
（A）用 26％的盐酸中和即可
（B）用 26％醋酸中和即可
（C）立即送往就近医院
（D）先用大量水冲洗，再用 1.5％的醋酸溶液冲洗，然后用水冲洗，最后涂上烫伤膏

5. 四氯化碳灭火器不适用于下面哪种情况的灭火？（ ）。
（A）电器设备的起火 （B）小范围的汽油起火
（C）小范围的丙酮起火 （D）活泼金属钾、钠的起火

6. 加热回流反应时，要控制好加热温度，不要让反应太剧烈，一般要求回流时上升蒸气的高度最高不要超过冷凝管有效冷却高度的：（ ）。
（A）1/2 （B）1/3 （C）2/3 （D）3/5

7. 某同学要制备无水乙醇，下列做法正确的是：（ ）。
（A）用工业酒精直接蒸馏，收集 78～79℃的馏分
（B）反应用的玻璃仪器必须干燥，为防止空气中的水分进入反应体系，反应装置应密封、不通大气
（C）用氧化钙干燥剂除去 95％乙醇中的水分，为防止空气中的水分进入反应体系，在

反应装置通大气的地方安装氯化钙干燥管

（D）用氯化钙干燥剂除去 95％乙醇中的水分，为防止空气中的水分进入反应体系，在反应装置通大气的地方安装氧化钙干燥管

8. 分馏丙酮（沸点 56.2℃）与水的混合物时，下列哪种因素将明显降低分离效果？（　　）。

（A）温度计有 5℃误差　　　　　　（B）加入过多沸石

（C）馏出速度 2～3 滴/秒　　　　　（D）分馏柱太长

9. 参照沸点数据判断：环己醇脱水制备环己烯的实验采用刺形分馏柱来分离生成的环己烯，可能是由于：（　　）。

（A）环己烯与烯水共沸物的沸点差小于 30℃

（B）醇水共沸物的沸点虽高于烯的沸点，但其差距小 30℃

（C）醇烯共沸物的沸点与水相近

（D）醇水共沸物的沸点虽高于烯水共沸物的沸点，但其差距小 30℃

纯化合物沸点及共沸物沸点数据如下：

化合物	环己烯	环己醇	环己烯-水	环己醇-水
沸点/℃	83.0	161.0	70.8	97.8

10. 2-甲基-2-丁醇粗产物用无水碳酸钾而不是用无水氯化钙干燥，其主要原因是（　　）。

（A）碳酸钾吸水比氯化钙快

（B）碳酸钾吸水容量比氯化钙大

（C）氯化钙能与醇形成络合物，造成产物损失

（D）碳酸钾价格比氯化钙便宜

11. 经过少量干燥剂干燥的有机物透明澄清，可以肯定该有机物（　　）。

（A）已不含水　　　　　　　　　　（B）仍含有水

（C）不能确定已不含水　　　　　　（D）含水量未变化

12. 在进行重结晶脱色操作时，活性炭的用量一般为（　　）。

（A）1％～5％　　（B）5％～10％　　（C）10％～20％　　（D）20％～30％

13. 在减压过滤时，下列操作正确的是：（　　）。

（A）布氏漏斗内的圆形滤纸应剪得比漏斗内径略大，以防止滤渣漏下

（B）布氏漏斗内的圆形滤纸应剪得比漏斗内径略小，但要完全盖住小孔

（C）抽滤时，先将过滤溶液倒满布氏漏斗，再打开减压泵抽滤

（D）停止抽滤时，先关减压泵，再将抽滤瓶通大气

14. 当反应产物为含较多杂质的酸性化合物时，对其进行纯化所采取的简单方法为：（　　）。

（A）重结晶　　　　　　　　　　　（B）先酸化再碱化

（C）先碱化再酸化　　　　　　　　（D）蒸馏

15. 测定熔点时，使熔点偏高的因素可能是：（　　）。

（A）试样有杂质　　（B）试样不干燥　　（C）试样太多　　（D）温度上升太快

16. 将含下列三种化合物的硫酸水溶液进行水蒸气蒸馏，被蒸出的化合物是：（   ）。

$$\underset{(Ⅰ)}{\overset{CH_3}{\underset{NO_2}{\bigcirc}}} \qquad \underset{(Ⅱ)}{\overset{CH_3}{\underset{NH_2}{\bigcirc}}} \qquad \underset{(Ⅲ)}{\overset{}{\bigcirc N}}$$

（A）Ⅰ和Ⅱ   （B）Ⅲ   （C）Ⅰ   （D）Ⅱ

17. 利用减压蒸馏分离提纯有机化合物时，只有采用正确的实验技术才能达到理想的分离效果。下列操作中，正确的操作是：（   ）。

（A）蒸馏前不要忘了加入 2～3 颗沸石，以防暴沸

（B）安装装置并检查系统不漏气后开启冷凝水，然后开始加热，最后开启真空泵减压

（C）在减压蒸馏之前必须用简单蒸馏法蒸去低沸点的组分

（D）减压蒸馏结束时的正确次序为：先解除真空，再停止加热，最后关闭冷凝水

18. 进行减压蒸馏操作时，蒸馏烧瓶中的蒸馏液体积应控制在烧瓶的：（   ）。

（A）1/3～1/2   （B）1/4～1/3   （C）1/2～2/3   （D）1/3～2/3

19. 用薄层色谱法分离两组分混合物，展开后测得两样点的比移值（R_f）分别是 0.7、0.4，而点样线至展开剂前沿距离为 10cm，则两样点之间的距离是：（   ）。

（A）1cm   （B）2cm   （C）3cm   （D）4cm

20. 在以硅胶为固定相的吸附柱色谱中，正确的说法是：（   ）。

（A）组分的极性越强，被固定相吸附的作用越强

（B）物质的分子量越大，越有利于吸附

（C）流动相的极性越强，组分越容易被固定相所吸附

（D）吸附剂的活度级数越小，对组分的吸附力越大

21. 某学生以溴乙烷为原料，通过格氏反应合成 2-甲基-2-丁醇。除乙醚可作溶剂外，还可用下列哪种化合物作溶剂？（   ）

（A）C_2H_5OH （B）$(CH_3)_2CO$

（C）$CH_3COOC_2H_5$ （D）<img 五元环氧杂环>

22. 在苯甲醛的 Cannizzaro 反应中，后处理时用饱和 $NaHSO_3$ 溶液洗涤，分液漏斗中出现白色固体物质，其原因是：（   ）。

（A）苯甲醛被氧化为苯甲酸   （B）溶液饱和度太大，固体 $NaHSO_3$ 析出

（C）苯甲酸析出   （D）苯甲醛与 $NaHSO_3$ 的加成物

23. 在苯甲醛的 Cannizzaro 反应中，得到的苯甲酸用水进行重结晶，常常闻到一股刺鼻的气味，其可能的原因是：（   ）。

（A）HCl 挥发   （B）苯甲酸升华   （C）苯甲醇挥发   （D）苯甲酸分解

24. 制备环己烯的实验中，常用饱和食盐水而不是用清水洗涤粗环己烯，其目的是：（   ）。

（A）增强洗涤的效果，得到更纯的产品   （B）增加水的密度，有利于分层

（C）促进反应的继续进行，提高收率   （D）以上说法都对

25. 在用 NaBr、正丁醇及硫酸制备 1-溴丁烷的实验时，反应瓶中要加入少量水。下列

关于水的作用中，最不可能的是：（　　）。

（A）防止反应时产生大量的泡沫　　　（B）减少副产物醚、烯的生成

（C）减少 HBr 被浓硫酸氧化成 Br$_2$　　（D）增加 NaBr 的溶解度，以促进反应

二、简答题（16 分）

1. 常压蒸馏时，蒸馏烧瓶不应过大，否则会造成大的"滞留量"（在瓶内无法蒸出来），试用理想气体状态方程（$pV=nRT$，理想气体常数 $R=8.314 Pa \cdot m^3 \cdot mol^{-1} \cdot K^{-1}$）进行计算，证明这一规定的正确性。

（1）将 20.0g 丙酮（分子量 $M=58$，相对密度 $d^{25}=0.78$）置于 1dm^3 的蒸馏烧瓶中，在 101325Pa 压力及 56.0℃下进行蒸馏，直到烧瓶看上去已空，计算有多少克丙酮"滞留"在瓶中而无法蒸出，并计算由于"滞留"所造成的丙酮损失率。

（2）为降低蒸馏的损失率，蒸馏 20.0g 丙酮应选用多大的蒸馏烧瓶才合适？（　　）

（A）20mL　　　　（B）50mL　　　　（C）100mL　　　　（D）200mL

2. 下图表示的是某同学蒸馏乙醚的装置，请指出错误之处？如何纠正？

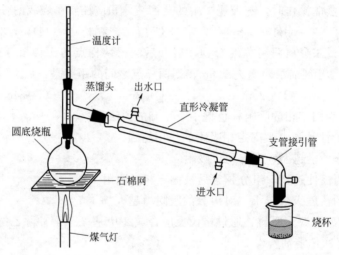

三、综合题（34 分）

苯甲酸乙酯通常采用苯甲酸与乙醇的酯化反应制得，反应体系中需加入浓硫酸和环己烷，并使用回流分水装置（图1）。投料量：苯甲酸 5.0g，无水乙醇 12.5mL，浓硫酸 3.0mL，环己烷 10.0mL。

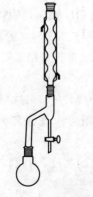

图1　回流分水装置

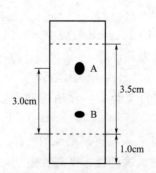

图2　薄层色谱示意图

实验采用硅胶薄层色谱跟踪反应进程，展开剂是：石油醚∶乙酸乙酯＝4∶1（体积比）。图2是反应进行到一定时间取样，用薄层色谱展开后，在紫外线（254nm）下观察的示意图。请回答以下问题。

1. 写出制备苯甲酸乙酯的反应方程式。

2. 酯化反应有何特点？实验中采用了什么措施来提高酯的产率？

3. 用最简练的语言描述图1装置中分水器的工作原理。

4. 苯甲酸乙酯的相对密度（水＝1.0）是1.05，反应结束后，将该反应混合物倒入水中，为什么产品油层在上层？

5. 浓硫酸的作用是什么？一般酯化反应时硫酸的用量为乙醇的3%，该反应中硫酸大大超量，有何好处？

6. 在图2中，A、B两个斑点分别是什么化合物？计算A点的比移值（R_f）。如果将展开剂改为石油醚∶乙酸乙酯＝2∶1（体积比），A点的R_f将增大还是减小？

7. 苯甲酸乙酯常采用减压蒸馏来提纯，请画出减压蒸馏装置图（只要求画出蒸馏部分装置图），并标出仪器名称。

8. 某学生将含乙醚、环己烷等低沸点溶剂的混合物直接进行减压蒸馏，这样做是否正确？为什么？

9. 图3是苯甲酸乙酯的核磁共振氢谱图（以CDCl$_3$为溶剂，TMS为内标）。请指出下列各吸收峰所对应的氢的种类。

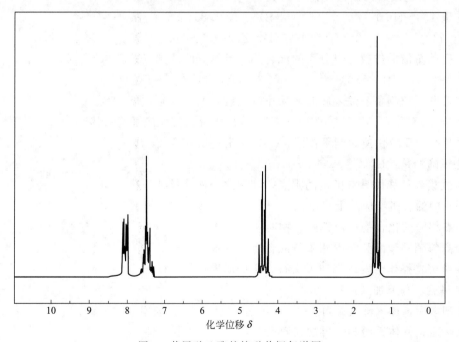

化学位移δ

图3 苯甲酸乙酯的核磁共振氢谱图

试卷六参考答案

试卷七
（建议考试时间 40min）

一、单项选择题（50分）

1. 有关气体钢瓶的正确使用和操作，以下说法不正确的是：（　　）。

(A) 不可把气瓶内气体用光，以防重新充气时发生危险

(B) 各种压力表可相互通用

(C) 可燃性气瓶（如 H_2、C_2H_2 等）应与氧气瓶分开存放

(D) 检查减压阀是否关闭，方法是逆时针旋转调压手柄至螺杆松开为止

2. 在下列情况下，必须使用搅拌器来促进反应的进行？（   ）。

(A) 纯液相反应　　(B) 纯固相反应　　(C) 纯气相反应　　(D) 非均相反应

3. 关于萃取操作描述正确的是：（   ）。

① 在一定温度、一定压力下，一种物质在两种互不相溶的溶剂中的分配浓度之比是一个常数，即分配系数

② 在萃取时，用相同用量的萃取剂分两次萃取比一次萃取好，即少量多次萃取效率较高

③ 已知分配系数及原溶液和萃取剂体积，应用分配定律可以计算出每次萃取后被萃取物质在原溶液中的残余量

④ 萃取是以分配定律为基础的

(A) ②③④　　　　(B) ①②③　　　　(C) ①②④　　　　(D) ①②③④

4. 从手册中查得五种易燃气体或易燃液体的蒸气的爆炸极限（体积分数％）分别如下所示，则其中爆炸危险性最大的是：（   ）。

(A) 二硫化碳 1.3～50.0　　　　　　(B) 乙醚 1.85～36

(C) 氢气 4～74　　　　　　　　　　(D) 乙炔 2.5～80.0

5. 只用一次简单蒸馏操作就可以分离的混合物，其组分间的沸点差应当是：（   ）。

(A) ≥30℃　　　　(B) ≤30℃　　　　(C) ≥100℃　　　　(D) 90℃

6. 由苯胺与乙酸反应制备乙酰苯胺时，采用分馏装置的目的是：（   ）。

(A) 馏出产物　　　　　　　　　　　(B) 分出水分，使反应平衡右移

(C) 分出水分，使反应快速达到平衡　(D) 蒸出过量的苯胺

7. 下列说法正确的是：（   ）。

(A) 蒸馏时收集到的液体具有恒定的沸点，那么这一液体是纯的化合物

(B) 分液漏斗中的有机层应从上口倒出

(C) 两个熔点相同的化合物一定为同一物质

(D) 大量分离邻硝基苯酚和对硝基苯酚混合物可用水蒸气蒸馏

8. 在进行简单蒸馏操作时发现忘加了沸石，正确的操作是：（   ）。

(A) 停止加热后，马上加入沸石

(B) 关闭冷却水后，加入沸石即可

(C) 停止加热后，待体系冷却，再加入沸石

(D) 不需停止加热和关闭冷却水，即可加入沸石

9. 多组分液体有机物的各组分沸点相近时，下列最适宜的分离方法是：（   ）。

(A) 常压蒸馏　　　(B) 萃取　　　　(C) 分馏　　　　(D) 减压蒸馏

10. 乙酸乙酯粗产物用无水硫酸镁干燥而不是用无水氯化钙干燥，其可能的原因是：（   ）。

(A) 硫酸镁吸水比氯化钙快

(B) 硫酸镁的吸水是不可逆的，而氯化钙的吸水是可逆的

(C) 硫酸镁吸水容量比氯化钙大

(D) 氯化钙能与酯形成络合物造成产物损失

11. 经过干燥剂干燥的有机物透明澄清，可以肯定该有机物：（　　）。

(A) 已不含水 　　　　　　　　　　(B) 仍含有水

(C) 不能确定已不含水 　　　　　　(D) 含水量已降低

12. 重结晶纯化固体有机物时，一般杂质含量少于（　　）时纯化效果较好。

(A) 5% 　　　　(B) 10% 　　　　(C) 15% 　　　　(D) 20%

13. 固体有机物常用的提纯方法有：（　　）。

(A) 蒸馏、分馏 　　　　　　　　　(B) 重结晶、升华

(C) 重结晶、减压过滤 　　　　　　(D) 蒸馏、重结晶

14. 在萃取时，可利用（　　），即在水溶液中先加入一定量的电解质（如氯化钠），以降低有机物在水中的溶解度，从而提高萃取效果。

(A) 络合效应 　　(B) 盐析效应 　　(C) 溶解效应 　　(D) 沉淀效应

15. 使用显微熔点仪测熔点时，为节省时间可先快速后慢速加热，但温度快升至熔点时，应控制好温度上升的速度，特别是当温度到达比近似熔点低约 10℃ 时，升温速度为：（　　）。

(A) 1～2℃/min 　　　　　　　　　(B) 5℃/min

(C) 1℃/(2～3min) 　　　　　　　　(D) 都不对

16. 测熔点时，样品未完全干燥、样品研得不细两种情况，将使所测样品的熔点分别比实际熔点：（　　）。

(A) 偏高，偏高 　　　　　　　　　(B) 偏低，偏高

(C) 偏高，偏低 　　　　　　　　　(D) 偏低，偏低

17. 苯酚的硝化可生成邻硝基苯酚和对硝基苯酚，能很好分离该混合物的方法是：（　　）。

(A) 减压蒸馏 　　(B) 重结晶 　　(C) 水蒸气蒸馏 　　(D) 分馏

18. 选用水蒸气蒸馏分离有机物时，要求被馏出的有机物：（　　）。

(A) 饱和蒸气压比水小 　　　　　　(B) 饱和蒸气压比水大

(C) 在水中的溶解度小 　　　　　　(D) 在水中的溶解度大

19. 利用减压蒸馏分离提纯有机化合物时，只有采用正确的实验技术才能达到理想的分离效果。下列操作中，正确的操作是：（　　）。

(A) 选用 2～3 颗素瓷丸作沸石，锥形瓶作接收瓶

(B) 搭好装置并检查系统不漏气后开启冷凝水，然后开始加热，最后开启真空泵减压

(C) 调节尽可能高的真空度以使沸点降得尽可能低

(D) 在减压蒸馏之前必须用简单蒸馏法蒸去低沸点的组分

20. 减压蒸馏中有关毛细管起到的作用，以下说法不对的是：（　　）。

(A) 保持外部和内部大气连通，防止爆炸

(B) 成为液体沸腾时的汽化中心

(C) 使液体平稳沸腾，防止暴沸

(D) 起一定的搅拌作用

21. 薄层板制备中常采用 0.5% 的 CMC 水溶液与硅胶 GF_{254} 调匀制板。CMC 的作用是：

（　　）。

    （A）黏合剂，增强薄层板的牢度　　　　（B）促进剂，增强硅胶 GF$_{254}$ 的荧光度

    （C）稀释剂，有利于样点的稀释、展开　（D）展开剂，用于样品的分离

22. 在薄层色谱中，吸附剂对样品的吸附能力与（　　）无关。

    （A）吸附剂含水量　　　　　　　　　　（B）吸附剂粒度

    （C）样品极性　　　　　　　　　　　　（D）点样时斑点大小

23. 根据分离原理，硅胶柱色谱属于：（　　）。

    （A）分配色谱　　　（B）吸附色谱　　　（C）离子交换色谱　　（D）空间排阻色谱

24. 在用苯甲醛作原料同时制备苯甲醇与苯甲酸的实验中，某同学将反应液用乙醚萃取，萃取液用饱和亚硫酸氢钠洗涤时，分液漏斗中产生较多的白色固体。该白色物质是：（　　）。

    （A）苯甲醛与亚硫酸氢钠的加成物　　　（B）苯甲醛被氧化成苯甲酸

    （C）苯甲醇被氧化成苯甲酸　　　　　　（D）结晶的亚硫酸氢钠

25. 在 1-溴丁烷的制备实验中，学生用 10mL 水和 10mL 浓硫酸配制硫酸溶液，请问该硫酸溶液的质量分数是多少？（浓硫酸的相对密度是 1.84，浓度是 98%。水的相对密度是 1.0。）

    （A）64.3%　　　（B）63.5%　　　（C）64.8%　　　（D）65.6%

二、简答题（25 分）

1. 根据题目要求回答。

2. 用苯与氯磺酸制备苯磺酰氯：

$$\text{（苯）} + 2ClSO_3H \longrightarrow \text{（苯）}—SO_2Cl + H_2SO_4 + HCl\uparrow$$

操作步骤如下：将 3mL 氯磺酸（无色发烟、有腐蚀性液体，沸点 158℃）慢慢加入 1mol 苯中（约在 0.5h 内完成），要求反应混合物均匀，并保持冰水浴温度 0~5℃。加完氯磺酸后，将反应混合物温度升高到室温搅拌反应，至无氯化氢气体逸出，反应结束。

根据以上要求，设计反应装置，并画图，标出所用仪器名称。

3. 溶有少量物质 A 的水溶液 30mL，现用乙醚萃取回收该物质 A。已知物质 A 在水和乙醚中的分配系数为 1∶5，试问用 30mL 乙醚一次萃取，或用 30mL 乙醚分两次萃取，它们的萃取效率如何？

三、综合题（25 分）

苯甲酸乙酯通常采用苯甲酸与乙醇的酯化反应制得，其制备与纯化过程涉及酯化反应实验的一些策略，反应体系中需加入浓硫酸和苯，并使用分水装置。参考附录"苯甲酸乙酯的物理性质"，设计合理的实验方案，回答以下问题。

1. 列出分离提纯苯甲酸乙酯的流程及相关操作的关键点。

2. 本实验采用了什么原理和操作来提高酯的产率？

3. 何种原料过量？为什么？

4. 苯甲酸乙酯溶液用什么作干燥剂较合适？

5. 浓硫酸的作用是什么？常用酯化反应的催化剂有哪些？

6. 分水器中通常需要事先加水，a. 为何要加水？b. 加水到什么位置合适？c. 反应进行中什么时候可以分出一点点水？

7. 萃取和分液时，两相间有时出现絮状物或乳浊液，难以分层，如何解决？

附：苯甲酸乙酯的物理性质

外观与性状：无色澄清液体，有芳香气味。

溶解性：微溶于热水，与乙醇、乙醚、石油醚混溶。

熔点/℃	−34.6
相对密度(水＝1)	1.05
沸点/℃	212.6
相对蒸气密度(空气＝1)	4.34
闪点/℃	93
折射率(n_D^{20})	1.5001
爆炸下限/%(体积分数)	1.0
饱和蒸气压/kPa	0.17(44℃)

试卷七参考答案

试卷八
（建议考试时间 40min）

一、单项选择题（60 分）

1. 标准磨口玻璃仪器通常用 D/H 两个数字表示磨口的规格，如 19/26，表示：（   ）。

（A）磨口大端直径 19mm，磨口长度 26mm

（B）磨口小端直径 19mm，磨口大端直径 26mm

（C）磨口大端直径 26mm，磨口长度 19mm

（D）磨口平均直径 19mm，磨口长度 26mm

2. 机械搅拌装置安装完成后，应检查其转动的灵活性。要做到以下几点：（   ）。

（A）从正面看，搅拌棒与电机的支杆应在一个平面内

（B）从侧面看，搅拌棒与电机的支杆应平行

（C）从俯视看，搅拌棒与搅拌塞应为同心圆

（D）以上都是

3. 从手册中查得下列四种有机化合物的蒸气的爆炸极限（体积分数％），判断爆炸危险性最大的是：（   ）。

（A）甲烷：5.3～15　　　　　　　（B）乙醚：1.85～36

（C）乙烯：2.7～36　　　　　　　（D）乙炔：2.5～80

4. 发生危险化学品事故后，应该向（   ）方向疏散。

（A）下风　　　　　　　　　　　（B）上风

（C）顺风　　　　　　　　　　　（D）各个

5. 当使用金属钠操作失误引起燃烧时，唯一正确可行的灭火方法是：（   ）。

（A）立即用水泼熄　　　　　　　（B）立即用湿抹布盖熄

（C）立即用泡沫灭火剂喷熄　　　（D）立即用干沙或干燥的石棉布盖熄

6. 简单蒸馏时，蒸馏液体的量不能超过圆底烧瓶容积的：（   ）。

(A) 1/3   (B) 2/3

(C) 1/2   (D) 3/4

7. 分馏操作过程中，分馏柱顶的温度计读数有时会出现波动。这一现象与下列哪种因素无关?（　　）

(A) 加热程度不够   (B) 分馏柱保温不好

(C) 温度计有误差   (D) 低沸点组分已基本蒸完

8. 通过合成实验得到一个稳定的已知有机固体化合物样品，以下哪种测试方法可较为简便地判断其是否为目标产物以及其纯度:（　　　）。

(A) 测定红外光谱   (B) 测定熔点

(C) 薄层色谱分析   (D) 核磁共振分析

9. 分馏丙酮（沸点 $56.2℃$）与水的混合物时，下图中哪条曲线表示了较好的分离效果（T 为蒸气温度，V 为馏出液体积）?（　　）

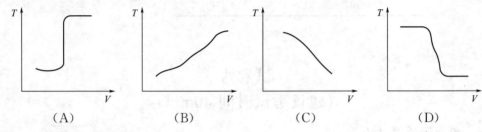

       (A)   (B)   (C)   (D)

10. 分馏效率与下列哪些因素有关?（　　　）。

①柱子绝热性   ②柱子填充物   ③回流比   ④分馏柱柱长

(A) ①②   (B) ①③   (C) ①②③   (D) ①②③④

11. 乙酸乙酯粗产物用无水硫酸镁干燥而不是用无水氯化钙干燥，其主要的原因是:（　　　）。

(A) 硫酸镁吸水比氯化钙快

(B) 硫酸镁干燥效能比氯化钙强

(C) 硫酸镁吸水容量比氯化钙大

(D) 氯化钙能与酯形成络合物，造成产物损失

(E) 硫酸镁价格比氯化钙便宜

(F) 硫酸镁的吸水是不可逆的，而氯化钙的吸水是可逆的

12. 实验中由于干燥不当蒸馏得到的产品浑浊，为了得到合格的产品，应如何处理:（　　　）。

(A) 倒入原来的蒸馏装置中重蒸一次，再加入干燥剂待产物澄清后，滤去干燥剂

(B) 倒入干燥的蒸馏装置中重蒸一次

(C) 再加入干燥剂干燥，待产物澄清后滤去干燥剂，倒入干燥的蒸馏装置中重蒸一次

(D) 再加入干燥剂干燥，待产物澄清后滤去干燥剂，倒入原来的蒸馏装置中重蒸一次

13. 在重结晶操作过程中，常常需要加入活性炭脱色，正确的做法是:（　　　）。

(A) 活性炭与固体化合物混合均匀后，再加入溶剂煮沸

(B) 在沸腾着的溶液中快速加入活性炭粉末

(C) 待溶液完全冷却后，再加入活性炭粉末

(D) 待溶液稍冷却后，再加入活性炭粉末

14. 苯甲酸的提纯除了重结晶外，还可用下列哪种合适的方法？（　　）。

(A) 升华　　　　　　(B) 蒸馏　　　　　　(C) 萃取　　　　　　(D) 分馏

15. 重结晶时，选用的溶剂应具备的基本条件中，不包含：（　　）。

(A) 与被提纯的有机化合物不起化学反应

(B) 重结晶物质与杂质的溶解度在此溶剂中有较大的差别

(C) 溶剂与重结晶物质容易分离

(D) 与水能够混溶

16. 重结晶操作中，如果热过滤后溶液不结晶，下列哪种方法不适合用来加速结晶？（　　）

(A) 投"晶种"　　　　　　　　　　(B) 补加少量冷溶剂

(C) 冷却　　　　　　　　　　　　(D) 用玻璃棒摩擦器壁

17. 萃取和洗涤是利用物质在不同溶剂中的（　　）不同来进行分离的操作。

(A) 吸附能力　　　(B) 亲和性　　　(C) 沸点　　　(D) 溶解度

18. 使用显微熔点仪测熔点时，为节省时间，可先快速后慢速加热，但温度快升至熔点时，应控制好温度上升的速度，特别是当温度达到比近似熔点低约 10℃ 时，升温速度为：（　　）。

(A) 1～2℃/min　　　　　　　　　(B) 5℃/min

(C) 1℃/(2～3min)　　　　　　　　(D) 都不对

19. 制备得到的乙酰苯胺是否纯净，常用（　　）的方法加以初步判断。

(A) 熔点测定　　　(B) 沸点测定　　　(C) 旋光度测定　　　(D) 折射率测定

20. 水蒸气蒸馏时，蒸馏瓶中物料最多为蒸馏瓶容积的多少？（　　）。

(A) 2/3　　　　　(B) 1/3　　　　　(C) 1/2　　　　　(D) 3/4

21. 水蒸气蒸馏应用于分离和纯化时，其分离对象的适用范围为：（　　）。

(A) 从挥发性杂质中分离有机物

(B) 从大量树脂状杂质或不挥发性杂质中分离有机物

(C) 从液体多的反应混合物中分离固体产物

(D) 从水相中分离出有机物

22. 关于减压蒸馏有以下四种说法，则其中错误的说法是：（　　）。

(A) 加入的待蒸液体体积不应超过蒸馏瓶容积的二分之一

(B) 不可用平底烧瓶或锥形瓶作接收瓶

(C) 应使用尽可能高的真空度，以便使沸点降得更低些

(D) 在减压蒸馏之前必须尽量除去其中可能含有的低沸点组分

23. 减压蒸馏时要用（　　）作接收瓶。

(A) 锥形瓶　　　(B) 容量瓶　　　(C) 圆底烧瓶　　　(D) 以上都可以

24. 在薄层色谱技术中常用的显色方法有以下四种，其中不适合于 CMC 薄板的是：（　　）。

(A) 荧光显色法　　　　　　　　　(B) 碘蒸气显色法

(C) 茚三酮显色法　　　　　　　　(D) 浓硫酸显色法

25. 下图是标样 a、标样 b 以及其混合物分别在 A、B 两种展开剂中展开的薄层色谱（硅胶 GF$_{254}$ 板，正相色谱）：

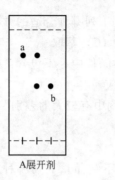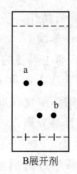

A展开剂   B展开剂

根据展开情况判断展开剂的极性大小，以下说法正确的是：（ ）。

(A) A 展开剂的极性较大   (B) B 展开剂的极性较大

(C) 两种展开剂的极性一样大 (D) 单凭此图无法判断展开剂的极性大小

26. 上题中，样品 a 和样品 b 的极性大小比较：（ ）。

(A) 样品 a 的极性较大   (B) 样品 b 的极性较大

(C) 两种标样的极性一样大 (D) 单凭此图无法判断标样的极性大小

27. 粗产品正溴丁烷经水洗后油层呈红棕色，说明含有游离的溴，可用少量的（ ）洗涤以除去。

(A) 亚硫酸氢钠水溶液   (B) 饱和氯化钠水溶液

(C) 水   (D) 活性炭

28. 用 Perkin 反应制备肉桂酸，肉桂酸分子中的羧基（—COOH）来自下列哪种化合物？（ ）

(A) 苯甲醛 (B) 苯甲酸 (C) 乙酸酐 (D) 碳酸钠

29. 乙酰苯胺重结晶操作中，在溶解这一步操作中出现了油状物，正确的操作是：（ ）。

(A) 用滴管吸出   (B) 加入活性炭吸附

(C) 补加溶剂至沸腾时油珠完全消失 (D) 降低加热温度

30. 利用红外光谱法可以测定反应动力学，例如利用 $C\!=\!\!=\!C$ 的吸收峰的降低程度来测定聚合反应进行的程度，$C\!=\!\!=\!C$ 吸收峰出现在：（ ）。

(A) $1640cm^{-1}$ (B) $1730cm^{-1}$ (C) $2930cm^{-1}$ (D) $1050cm^{-1}$

二、简答题（20 分）

1. 邻叔丁基对苯二酚（TBHQ）是一种新颖的食品抗氧化剂，对植物性油脂抗氧化性有特效，TBHQ 可以用对苯二酚作原料，在酸催化下与叔丁醇发生傅-克烷基化反应制得。反应式如下所示：

请回答下列问题：

(1) 该制备方法中，你选择磷酸还是硫酸作为催化剂，理由是什么？

(2) 该制备方法可能会有什么副产物生成？

（3）为避免该副反应的发生，应该采用何种加料方式？

（4）设计一种检测反应进程的方法。

2. 在肉桂酸制备实验中，进行水蒸气蒸馏前要在反应混合物中加入饱和 Na_2CO_3 溶液进行中和，其目的是什么？此实验为什么要进行水蒸气蒸馏？

3. 在固体产品的重结晶过程中，往往要进行热过滤操作，其目的是什么？热过滤时布氏漏斗和抽滤瓶都要预热，否则会怎样？

三、综合题（20 分）

根据"苯甲醇与苯甲酸制备"的实验步骤，回答下列问题。

实验步骤

① 在 250mL 三口烧瓶上安装电动搅拌及球形冷凝管。加入 8.0g 氢氧化钠和 30.0mL 水，搅拌溶解。

② 稍冷，加入 10.0mL 新蒸过的苯甲醛，开启搅拌器，剧烈搅拌，加热回流约 40min。

③ 停止加热，从球形冷凝管上口缓缓加入冷水 20.0mL，搅拌均匀，冷却至室温。

④ 倒入分液漏斗，用乙醚萃取三次，每次乙醚用量 10.0mL。水层保留待用。

⑤ 合并三次乙醚萃取液，依次用 5.0mL 饱和亚硫酸氢钠、10.0mL 10％碳酸钠溶液、10.0mL 水洗涤。

⑥ 醚层用无水硫酸镁干燥。先缓缓加热蒸出乙醚，然后升高温度蒸馏，当温度升到 140℃时改用空气冷凝管，收集 198～204℃的馏分，即为苯甲醇，量体积，回收，计算产率。

⑦ 将保留的水层慢慢地加入盛有 30.0mL 浓盐酸和 30.0mL 水的混合物中，同时用玻璃棒搅拌，析出白色固体。冷却，抽滤，得到粗苯甲酸。

⑧ 粗苯甲酸用水作溶剂重结晶。产品在红外灯下干燥后称重，回收，计算产率。

请回答以下问题

1. 什么是坎尼扎罗（Cannizzaro）反应？写出以上反应的方程式。

2. 用饱和亚硫酸氢钠及 10％碳酸钠溶液洗涤的目的是什么？写出反应式。

3. 醚层蒸馏前，加无水硫酸镁干燥，如何判断已干燥彻底？能否改用无水氯化钙干燥，为什么？

4. 蒸馏乙醚时必须注意哪些方面？

5. 乙醚萃取后保留的水层，用浓盐酸酸化到中性是否最恰当？为什么？

试卷八参考答案

6. 重结晶时，加热溶解粗苯甲酸，产生强烈的刺激性气味而引起咳嗽，请分析原因。

试卷九
（建议考试时间 40min）

一、单项选择题（50 分）

1. 在有机实验中可使冷却温度达到最低的冷媒是：（　　）。

（A）冰　　　　（B）干冰　　　　（C）冰盐　　　　（D）液氮

2. 在某些有机化学实验中会产生和逸出有刺激性的、水溶性的气体，这时，实验室常用一个倒置的长颈玻璃漏斗和盛水的烧杯来安装吸收装置，用于吸收这些气体。关于玻璃漏斗的正确安装方法是：（　　）。

（A）为使气体充分吸收，必须将漏斗全部浸没于水中

（B）漏斗口应略微倾斜，使一半在水中，一半露出水面

（C）为防止水倒吸，漏斗应尽可能地远离水面

（D）以上说法都不对

3. 实验室中使用的玻璃仪器，根据需要制作成不同大小的标准磨口，通常以整数数字表示标准磨口的系列编号，如实验室常用的是 19 号的磨口仪器，它表示：（   ）。

（A）磨口大端直径约 19mm   （B）磨口长度约 19mm

（C）磨口小端直径约 19mm   （D）磨口直径与长度之比约 19mm

4. 蒸馏含少量过氧化物的乙醚溶液前，必须将乙醚作下列哪种处理？（   ）。

（A）用饱和食盐水洗涤   （B）加入少量金属钠

（C）用三氯化铁水溶液洗涤   （D）用硫酸亚铁水溶液洗涤

5. 当 502 胶将自己的皮肤黏合在一起时，可以用以下什么液体慢慢溶解？（   ）。

（A）汽油   （B）丙酮   （C）酒精   （D）水

6. 起火燃烧时可能有下列所示的灭火方法。当使用金属钠操作失误而引起燃烧时，唯一正确可行的方法是：（   ）。

（A）立即用水泼灭   （B）立即用干沙或干燥的石棉布盖灭

（C）立即用泡沫灭火器喷灭   （D）立即用二氧化碳灭火器喷熄

7. 只用一次简单蒸馏操作就可以分离的混合物，其组分间的沸点差应当是：（   ）。

（A）≥30℃   （B）≤30℃   （C）≥50℃   （D）≤50℃

8. 下列说法正确的是：（   ）。

（A）蒸馏时收集到的液体具有恒定的沸点，那么这一液体是纯的化合物

（B）两个熔点相同的化合物一定为同一物质

（C）分液漏斗中的有机层应从上口倒出

（D）减压蒸馏时应当选用圆底烧瓶作为接收器

9. 简单蒸馏操作过程中，当加热到接近沸腾时发现忘了加沸石，正确的操作是：（   ）。

（A）停止加热后，马上加入沸石

（B）不需停止加热和关闭冷却水，即可加入沸石

（C）关闭冷却水后，加入沸石即可

（D）停止加热，待体系冷却后，再加入沸石

10. 用无水 $CaCl_2$ 干燥液体产品时，下面说法正确的是：（   ）。

（A）由于无水 $CaCl_2$ 是高效干燥剂，所以一般干燥 5min 就可以了

（B）加入干燥剂后，液体透明澄清即可，如加入太多，干燥剂会吸附产品，造成产品损失

（C）加入干燥剂量的多少对实验产量没有影响，加入一勺即可

（D）一般干燥剂用量以摇动锥形瓶时，干燥剂可在瓶底自由移动，一段时间后溶液澄清为宜

11. 下列哪种干燥剂不适合卤代烃的干燥：（   ）。

（A）无水 Na_2SO_4 （B）无水 $CaCl_2$ （C）Na   （D）分子筛

12. 在重结晶操作过程中，常常需要加入活性炭脱色。正确的做法是先制成热的饱和溶

液，然后，为防止暴沸，通常采用如下操作：（   ）。

（A）在沸腾着的溶液中快速加入活性炭粉末

（B）待溶液完全冷却后，再加入活性炭粉末

（C）待溶液稍冷却后，再加入活性炭粉末

（D）先补加大量的水后，再加入活性炭粉末

13. 四种溶剂对某固体化合物的溶解度与温度的关系如下图所示。若准备将该化合物作重结晶，则最合适的溶剂是：（   ）。

（A）（Ⅰ），（Ⅲ）　　（B）（Ⅱ），（Ⅳ）　　（C）（Ⅰ）　　　　（D）（Ⅳ）

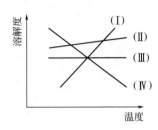

14. 萃取和洗涤是利用物质在不同溶剂中的（   ）不同来进行分离的操作。

（A）溶解度　　　　（B）亲和性　　　　（C）吸附能力　　　　（D）化学活泼性

15. 用分液漏斗洗涤粗产物，在最后一次振摇静置后有机相在上、水相在下。此后正确的操作是：（   ）。

（A）从旋塞放出水，宁可多放半滴，然后将有机相从上口倒入干燥的锥形瓶中

（B）从旋塞放出水，宁可少放半滴，然后将有机相从上口倒入干燥的锥形瓶中

（C）从旋塞放出水，宁可少放半滴，更换接收瓶，再将上层从活塞放入干燥的锥形瓶中

（D）从旋塞放出水，宁可多放半滴，更换接收瓶，再将上层从活塞放入干燥的锥形瓶中

16. 用熔点法初步判断物质的纯度，主要是观察：（   ）。

（A）初熔温度　　　（B）全熔温度　　　（C）熔程长短　　　D. 三者都不对

17. 通过水蒸气蒸馏能蒸馏分离出来的有机物，必须满足以下条件：（   ）。

①不溶或难溶于水　　　　　　　②比水密度大

③与水不发生化学反应　　　　　④100℃左右有一定的蒸气压

⑤与水能形成共沸物

（A）①②③　　　　（B）①③④　　　　（C）①②③④⑤　　　（D）③④⑤

18. 减压过滤操作中洗涤滤饼时，下列步骤的正确顺序是：（   ）。

①抽滤　　　　　　　　　　　②洗涤液均匀洒在滤饼上

③使装置恢复常压　　　　　　④将滤饼压紧

⑤静置片刻

（A）①→②→④→⑤→③　　　　　（B）②→③→⑤→④→①

（C）④→③→②→⑤→①→④　　　　（D）③→⑤→②→①→④

19. 关于减压蒸馏有以下五种说法，其中错误的说法是（   ）。

（A）加入的待蒸液体体积不应超过蒸馏烧瓶容积的二分之一

（B）不可用平底烧瓶或锥形瓶作接收瓶

(C) 应使用尽可能高的真空度，以便使沸点降得更低些

(D) 待工作压力完全稳定后才可开始加热

(E) 在减压蒸馏之前必须尽量除去其中可能含有的低沸点组分

20. 肉桂酸的结构式是：（　　）。

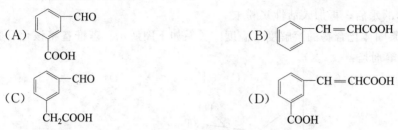

21. 能用紫外光谱区别的一对化合物是：（　　）。

22. 在硅胶柱色谱中，干法上样时先要拌样，即将粗样溶解后加入硅胶粉拌匀，再烘干。其主要目的是：（　　）。

(A) 使样品分散均匀　　　　　　　(B) 有利于洗脱

(C) 防止被氧化　　　　　　　　　(D) 有利于溶解

23. 制作硅胶薄层板活化时，维持 105～110℃恒温 30min。若温度太高或时间太长，则展开后斑点的 R_f 值将：（　　）。

(A) 变小　　　　(B) 变大　　　　(C) 不变　　　　(D) 无法判断

24. 将苯甲酸钠用浓盐酸酸化得到苯甲酸时，酸化到 pH 值为（　　）最恰当。

(A) 3～4　　　　(B) 7～8　　　　(C) 9～10　　　　(D) 1～2

25. 用苯甲醛作原料同时制备苯甲醇与苯甲酸的实验，其主反应是：（　　）。

(A) Cannizzaro 反应　　　　　　(B) Diels-Alder 反应

(C) Friedel-Crafts 反应　　　　　(D) Grignard 反应

二、简答题（18 分）

实验以苯胺与冰醋酸为原料制备乙酰苯胺，回答以下问题。

1. 写出苯胺与冰醋酸为原料制备乙酰苯胺的反应方程式。

2. 此反应实验装置中，为什么要安装分馏柱？在反应过程中，为什么要控制柱顶温度不要超过 105℃？

3. 反应结束后，将反应物趁热以细流状倒入水中的目的是什么？（要回答①趁热；②细流；③倒水中三个方面）

4. 已知乙酰苯胺在水中溶解度（g/100mL 水）为 0.46^{20}、0.56^{25}、0.84^{50}、3.45^{80}、5.50^{100}。现有乙酰苯胺粗品 10g，以水为溶剂重结晶。试计算在以下两种工作条件下重结晶收率的上限（以溶剂过量 20% 计）：

(1) 在 100℃下热过滤，在 20℃下滤集晶体；

(2) 在 80℃下热过滤，在 25℃下滤集晶体。

三、综合题（32 分）

制备苯甲酸乙酯的反应式：

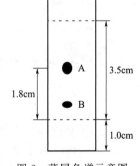

1. 图 1 是制备苯甲酸乙酯的反应装置图，请指出图中仪器的名称并回答问题：

仪器 A ＿＿＿＿＿＿＿＿＿＿＿；

仪器 B ＿＿＿＿＿＿＿＿＿＿＿；

仪器 C ＿＿＿＿＿＿＿＿＿＿＿；

反应时，如要测量反应温度，可将仪器 A 换成＿＿＿＿＿＿＿＿＿＿；

仪器 B 的作用是＿＿＿＿＿＿＿＿＿＿＿＿＿＿＿＿＿＿＿＿＿＿＿＿。

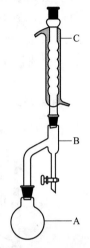

图 1　反应装置图

2. 实验投料时除苯甲酸、无水乙醇、浓硫酸以外，还加入了环己烷，其作用是＿＿＿＿＿。
（A）溶剂、洗脱剂
（B）溶剂、带水剂
（C）洗脱剂、展开剂
（D）洗脱剂、带水剂

3. 实验采用硅胶薄层色谱跟踪反应进程，图 2 是反应进行到一定时间取样，用薄层色谱展开后，在紫外线（254nm）下观察的示意图。

请问，在图 2 中 A、B 两个斑点分别是什么化合物？
A ＿＿＿＿＿＿＿＿＿；
B ＿＿＿＿＿＿＿＿＿；
A 点的比移值 R_f＝＿＿＿＿＿＿＿；
如果薄层板长期放置受潮后，A 点的 R_f 将＿＿＿＿＿＿（填增大或减小）。

图 2　薄层色谱示意图

4. 反应结束后，将反应物倒入水中，分出油层和水层，接下来的操作是：
（A）水层用乙醚萃取
（B）油层和醚层合并后进行洗涤
（C）重结晶
（D）加热回流
（E）加干燥剂干燥
（F）常压蒸馏低沸点物质
（G）水蒸气蒸馏
（H）减压蒸馏
请你选择正确的操作，并按先后排序＿＿＿＿＿＿＿＿＿＿＿＿＿＿＿＿＿＿＿（填字母）。

5. 上述油层和醚层合并后进行洗涤，下列正确的洗涤方式是＿＿＿＿＿＿＿＿。
（A）10％硫酸洗涤、10％碳酸钠溶液洗涤、水洗
（B）水洗、10％硫酸洗涤、水洗

(C) 水洗、10％碳酸钠溶液洗涤、水洗

(D) 10％碳酸钠溶液洗涤、水洗、10％硫酸洗涤

6. 减压蒸馏装置安装好后，向蒸馏烧瓶中倒入待蒸馏的苯甲酸乙酯，再进行下列操作：

(A) 通冷却水，开始加热

(B) 记录压力读数和温度，收集不同沸点的馏分

(C) 开启真空泵，关闭安全瓶上的两通活塞，调节毛细管上的螺旋夹

(D) 关闭真空泵，关闭冷却水

(E) 移去热源，渐渐打开安全瓶上的两通活塞，同时慢慢打开毛细管上的螺旋夹

请对上述操作排序：

(   )→(   )→(   )→(   )→(   )

7. 图 3 是苯甲酸乙酯的减压蒸馏图，请在图标出错误之处。

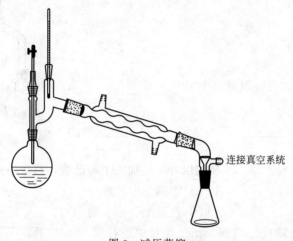

连接真空系统

图 3　减压蒸馏

试卷九参考答案

试卷十
（建议考试时间 40min）

一、单项选择题（每小题 2 分，共 60 分）

1. 下列哪个英文缩写是指化学纯试剂：（　　）。

(A) GR　　　　　(B) CP　　　　　(C) AR　　　　　(D) LR

2. 某同学做实验时发现没有现成的干燥玻璃器皿，他想用一种快速方法获取，下列何种方法是可行的？（　　）

(A) 用浓硫酸冲洗后晾干　　　　(B) 用浓硝酸冲洗后晾干

(C) 用硅胶倒入器皿中　　　　　(D) 用少许丙酮冲洗后晾干

3. 旋转蒸发仪主要用于：（　　）。

(A) 搅拌反应物，使反应加速进行　　(B) 旋转仪器使反应顺利进行

(C) 蒸发并得到产物　　　　　　　　(D) 蒸发溶剂和浓缩溶液

4. 手册中查得五种化合物的 LD_{50}（mg/kg）数据如下，则其中急性毒性最大的是：（　　）。

（A）二甘醇：16980　　　　　　（B）叔丁醇：3500

（C）三乙胺：460　　　　　　　（D）2,4-二硝基苯酚：30

（E）丙烯醛：46

5．在蒸馏少量丙酮时，由于蒸馏烧瓶与蒸馏头之间的磨口不严密而引起燃烧。扑救这些初起火苗时，实验室常用的方法是：（　　　）。

（A）尽快用灭火器扑救，把火灾消灭在萌芽状态

（B）为保障人身安全，操作者尽快撤离现场

（C）立即关闭电热套电源，再用湿布盖灭火源，如不能灭火则用灭火器扑救

（D）赶快用水浇灭或拨打"119"通知火警

6．为防止钢瓶混用，全国统一规定了瓶身、横条以及标字的颜色，如，氢气瓶身是：（　　　）。

（A）红色　　　　（B）黄色　　　　（C）天蓝色　　　　（D）草绿色

7．在蒸馏操作中，有关温度计安装的位置，下列哪张图是正确的？（　　　）。

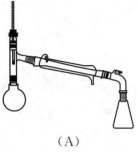
（A）

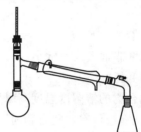
（B）

（C）

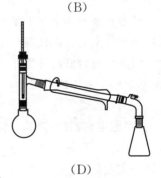
（D）

8．在蒸馏操作时，为保证馏分的纯度，必须控制好蒸馏速度，其要求是：（　　　）。

（A）1滴/（2～3秒）　　　　　　（B）1～2滴/秒

（C）3～4滴/秒　　　　　　　　（D）都不对

9．在进行蒸馏实验时，以下加热和通水的顺序中，（　　　）是正确的。

（A）加热、通水、停水、关火　　　　（B）通水、加热、停水、关火

（C）通水、加热、关火、停水　　　　（D）加热、通水、关火、停水

10．关于重结晶溶剂的选择，下列表述正确的是（　　　）。

①不与被提纯物质发生化学反应

②杂质在该溶剂中的溶解度很大或很小

③产品在该溶剂中溶解度随温度升高而升高

④产品在该溶剂中能形成完整的晶体

⑤若溶剂选择不当，经重结晶后产品纯度有可能下降

(A) ①③④⑤　　　(B) ①②④⑤　　　(C) ①②③④⑤　　　(D) ②③④

11. 尽管分馏的分离效能大于蒸馏，但也不能将共沸物中的组分分离开来，其原因是：（　　）。

(A) 共沸物的组成可以变　　　　　(B) 共沸物具有确定的沸点

(C) 蒸气的组成与液相相同　　　　(D) 分馏柱的理论塔板数不够多

12. 干燥 1,2-环己二胺的二氯甲烷溶液时，不能使用的干燥剂是：（　　）。

(A) 无水硫酸钠　　　　　　　　　(B) 无水硫酸镁

(C) 无水氯化钙　　　　　　　　　(D) 球状氢氧化钠

13. 重结晶纯化固体有机物，用活性炭进行脱色时，其用量应该视杂质的多少来决定，加多了会：（　　）。

(A) 吸附产品　　　　　　　　　　(B) 发生化学反应

(C) 颜色加深　　　　　　　　　　(D) 引入杂质

14. 溶剂的选择是重结晶操作的关键，下列不符合重结晶溶剂应具备的条件的是：（　　）。

(A) 不与待提纯化合物起反应

(B) 对杂质的溶解度非常大或非常小

(C) 溶剂的沸点越低越好

(D) 对待提纯的化合物的溶解度温度高时大，温度低时小

15. 使用分液漏斗洗涤液体有机化合物时，下列操作唯一正确的是：（　　）。

(A) 塞紧漏斗盖子，关闭活塞，长时间剧烈振摇

(B) 为方便操作，可将分液漏斗拿在手中分液

(C) 将下层液体自活塞放出后，再从漏斗上口倒出上层液体

(D) 分液时先打开活塞，再打开漏斗盖子

16. 若用下列溶剂萃取水溶液中的有机物，有机物在下层的是：（　　）。

(A) 乙醚　　　　(B) 己烷　　　　(C) 乙酸乙酯　　　　(D) 氯仿

17. 有两个样品，分别测定它们的熔点，再将它们按任意比例混合后测定熔点，结果都是一样的，说明：（　　）。

(A) 两个样品是同一化合物　　　　(B) 两个样品互为同分异构体

(C) 两个样品是同系物　　　　　　(D) 两个样品是同一化合物，但晶形不一样

18. 水蒸气蒸馏时，对被分离的物质应具备的条件中，不包括：（　　）。

(A) 不溶或难溶于水　　　　　　　(B) 在沸腾下不与水发生化学反应

(C) 在 100℃ 左右有一定的蒸气压　　(D) 常温下是透明的液体

19. 水蒸气蒸馏结束时，正确的操作顺序是：（　　）。

(A) 松开 T 形管的螺旋夹使系统通大气，撤去热源，最后关冷凝水

(B) 撤去热源，松开 T 形管的螺旋夹使系统通大气，最后关冷凝水

(C) 关冷凝水，松开 T 形管的螺旋夹使系统通大气，最后撤去热源

(D) 关冷凝水，撤去热源，最后松开 T 形管的螺旋夹使系统通大气

20. 在减压蒸馏时为了防止暴沸，应向反应体系：（　　）。

(A) 加入玻璃毛细管引入汽化中心　　(B) 通过毛细管向体系引入微小气流

(C) 加入沸石引入汽化中心　　　　　(D) 控制较小的压力

21. 下列实验用薄层色谱法跟踪反应进程，展开剂是二氯甲烷，在薄层板上展开时 R_f 值最大的斑点是：（ ）。

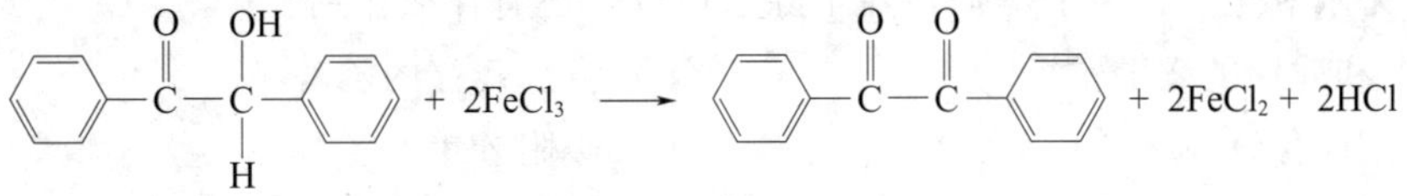

$$\text{（反应式）}\ \ + 2FeCl_3 \longrightarrow \ \text{（产物）}\ + 2FeCl_2 + 2HCl$$

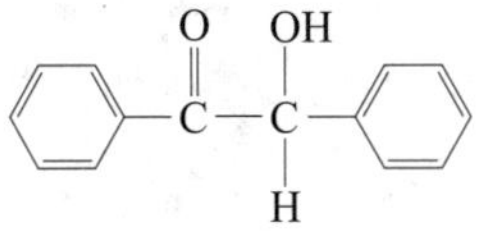

（A）（结构式）   （B）$FeCl_3$

（C）（结构式）   （D）$FeCl_2$

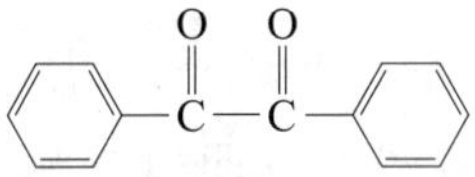

22. 上述实验若将展开剂改为丙酮，则展开后化合物的 R_f 值将：（ ）。

（A）变大   （B）变小   （C）不变   （D）无法判断

23. 使用薄层色谱分析能够快速且较准确地判断合成反应液中是否含有目标产物，下列操作方法最合理的是：（ ）。

（A）分别在两块薄层板上展开反应液和目标产物对照样品，比较比移值是否相同

（B）在同一块薄层板上展开反应液和目标产物对照样品，比较比移值是否相同

（C）在同一块薄层板上展开反应液、目标产物对照样品及其混合后的样品，比较比移值是否相同

（D）采用文献报道的薄层色谱条件展开反应液样品，与文献的比移值进行对比

24. 在利用 Cannizzaro 反应制备苯甲醇与苯甲酸的实验中，要用饱和亚硫酸氢钠溶液洗涤，其目的是洗掉萃取液中的什么物质：（ ）。

（A）苯甲酸   （B）苯甲醇   （C）苯甲醛   （D）乙醚

25. 在乙酰苯胺制备实验中，常加入少量的锌粉，但不能加得太多，其原因是：（ ）。

（A）锌与乙酰苯胺起化学反应

（B）加得太多会在后处理过程中出现不溶于水的氢氧化锌

（C）锌让人中毒

（D）锌催化氧化乙酰苯胺

26～30. 根据以下文字叙述来判断选择答案：

某同学做了苯甲酸乙酯的制备实验，内容如下：

在 100mL 圆底烧瓶中，加入 6.1g 苯甲酸、18mL 95％乙醇和 2mL 硫酸，投入沸石，装上球形冷凝管。用小火加热回流 90min 后，蒸出未反应的乙醇。残余物倒入 40mL 冷水中，加入 5mL 四氯化碳。倾去上层水溶液，搅拌下加入 10％碳酸钠溶液，直至未反应的苯甲酸全部溶解。分出有机相，用等体积的冷水洗涤，再用无水氯化钙干燥。

将干燥后液体中的四氯化碳蒸出，继续蒸馏，收集沸点 210～214℃的苯甲酸乙酯 4～5g（无色液体，相对密度 1.05）。

26. 本实验中使用大大过量的乙醇，其目的是：（ ）。

（A）酯化反应速率很慢   （B）乙醇在反应中分解

（C）酯化反应是可逆反应   （D）乙醇被硫酸氧化

27. 蒸出未反应的乙醇后，残余物中加入四氯化碳的目的是：（ ）。

（A）溶解残存的乙醇　　　　　（B）除去未反应的苯甲酸

（C）中和硫酸　　　　　　　　（D）溶解苯甲酸乙酯，容易与水分离

28. 用无水氯化钙作为干燥剂，除了除水以外，还有什么作用？（　　）。

（A）中和残存的碳酸钠　　　　（B）络合残存的乙醇

（C）吸附四氯化碳　　　　　　（D）吸附苯甲酸乙酯

29. 回收未反应的苯甲酸的正确方法是：（　　）。

（A）将分去有机相的碳酸钠溶液酸化

（B）将从 40mL 冷水中倾出的上层水溶液蒸发

（C）在洗涤有机相后分出的等体积冷水中加碱

（D）将洗涤有机相后分出的冷水蒸发

30. 在蒸馏四氯化碳时，往往会收集到一个 66～68℃ 的馏分（四氯化碳的沸点是 76.8℃），其原因可能是：（　　）。

（A）干燥不彻底，水与四氯化碳形成的共沸物

（B）未反应的苯甲酸未除尽

（C）苯甲酸乙酯分解的产物

（D）干燥不彻底，苯甲酸乙酯与四氯化碳形成的共沸物

二、简答题（18 分）

1. 为了提高酯化反应的产率，一般要采取哪些措施？在苯甲酸乙酯的制备实验中使用了回流分水装置，请画出装置图，并标出各部分仪器的名称。（10 分）

2. 实验室制备乙酰二茂铁的反应式如下。请问利用柱色谱分离二茂铁、乙酰二茂铁、二乙酰二茂铁的原理是什么？（8 分）

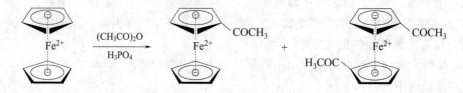

三、综合题（22 分）

根据 1-溴丁烷制备的实验步骤，回答下列问题。

实验步骤

① 配制稀硫酸。在烧杯中加入 10mL 水，将 10mL 浓硫酸分批加入水中，并搅拌。用冷水浴冷却，备用。

② 在 100mL 圆底烧瓶中依次加入正丁醇 6.2mL，NaBr 8.3g，沸石 2 粒，摇匀。从冷凝管上口分四次加入配制好的稀硫酸，每次加入稀硫酸后均需摇动反应瓶。安装带气体吸收的回流装置。加热回流 30min。

③ 冷却 5min 后，加沸石 2 粒，改成简易蒸馏装置。加热蒸馏直至无油滴蒸出为止。在分液漏斗中将馏出物静置分层。产品依次用 3mL 浓硫酸、10mL 水、5mL 10% 碳酸钠、10mL 水洗涤后，加无水氯化钙干燥。

④ 将干燥好的粗产品 1-溴丁烷倒入 50mL 圆底烧瓶中，加 2 粒沸石，蒸馏，收集 99～

102℃馏分。

请回答以下问题

1. 写出制备 1-溴丁烷的主反应方程式和可能的主要副反应方程式。

2. 反应过程中，加入硫酸起什么作用？配制硫酸时，浓度太高或太低对实验结果有什么影响？

3. 实验过程中主要采用了什么措施来提高 1-溴丁烷的产率？

4. 反应结束后进行简易蒸馏所得的馏出物中，一般情况下，产品（油状物）在下层，但实验中，有同学的上、下层颠倒了，请你分析原因。

5. 产品用 3mL 浓硫酸洗涤的目的是什么？写出反应式。

6. 产品洗涤后，加无水氯化钙干燥。如何判断已干燥彻底？

试卷十参考答案

249

附　　录

附录1　部分有机化合物的物理常数

名　称	分子量	熔点 /℃	沸点 /℃	相对密度	溶解度/(g/100mL)		
					水	醇	醚
正己烷	86.18	−95	68.95	0.6603	不溶	50[33]	溶
1-丁烯	56.12	−185.4	−6.3	0.5951	不溶	易溶	易溶
环己烯	82.15	−103.50	82.98	0.8098	不溶	∞	∞
甲苯	92	−92	122.4	0.867	0.047	不溶	∞
苯	78.11	5.5	80.1	0.8787[15]	微溶	∞	∞
对硝基甲苯	137.14	54.5	238.3	1.1038[75]	0.004[15]	溶	80.8[15]
间二硝基苯	168.11	90.02	167[14]	1.574[18]	0.3[99]	3.3	溶
二甲苯	106.17		137～140	0.865	不溶	溶	溶
萘	128.19	80.55	218.0	1.0253	0.008[25]	9.5[19.5]	易溶
正溴丁烷	137.03	−112.4	101.6	1.2758	0.06[16]	∞	∞
1-氯丁烷	92.57	−122.8	78.6	0.88648[20]	不溶	∞	∞
溴乙烷	108.97	−118.6	38.4	1.4604	1.06[0] 0.9[30]	∞	∞
二氯甲烷	84.93	−95	40.1	1.3266	微溶	∞	∞
三氯甲烷	119.38	−63.5	61.2	1.485	微溶	∞	∞
溴苯	157.01	−30.6	156.2	1.4950	不溶	∞	∞
氯苯	112.56	−45	131～132	1.107	不溶	易溶	易溶
氯苄	126.58	−43～−48	179	1.100[20]	不溶	∞	∞
溴苄	171.04	−3.9	201	1.4380	不溶	溶	溶
甲醇	32.04	−97.8	64.65	0.7915	∞	∞	∞
乙醇	46.07	−117.3	78.5	0.7893	∞	∞	∞
正丁醇	74.12	−89.53	117.25	0.8098	9[15]	∞	∞
环己醇	100.16	25.15	161.5	0.962	3.6	溶	溶
2-甲基-2-丁醇	88.15	−8.4	102	0.8059	∞	∞	∞
呋喃甲醇	98.10		170～171	1.1282	∞	易溶	易溶
叔丁醇	74.12	25.5	82.5	0.7858	溶	∞	∞
苯甲醇	108.15	−15.3	205.35	1.0419	4[17]	溶	溶
三苯甲醇	260.34	164.2	380	1.199[0]	不溶	易溶	易溶
苯酚	94.11	40.85	182	1.071[41]	溶	易溶	易溶
对苯二酚	110.11	172	285/730mmHg	1.332	溶	易溶	易溶
邻叔丁基对苯二酚	166.22	127～129			溶(热)	溶	溶
乙醚	74.12	−116.2	34.51	0.7138	7.5	∞	∞
正丁醚	130.23	−95.3	142	0.7689	微溶	∞	∞
苯甲醛	106.13	−26	178	1.0415	0.3	∞	∞
丙酮	58.03	−95.35	56.2	0.7899	∞	∞	∞
二苯甲酮	182.22	48.5	305.4	1.0869[50]	不溶	溶	溶
苯乙酮	120.15	20.5	202.6	1.0281	微溶	易溶	易溶
对甲基苯乙酮	134.18	28	225/736mmHg	1.0051	不溶	易溶	易溶
二苯基羟乙酮	212.22	137	344	1.31	溶(热)	溶(沸)	微溶
二苯基乙二酮	210.22	95	346～348	1.23	不溶	溶	溶
冰醋酸	60.05	16.6	117.9	1.049	∞	∞	∞

名　称	分子量	熔点/℃	沸点/℃	相对密度	溶解度/(g/100mL)		
					水	醇	醚
肉桂酸	148.17	133	300	1.2475	0.04[18]	24	溶
苯甲酸	122.12	122.4	249.2	1.266	0.2[17]	46.6[15]	66[15]
苯乙酸	136.16	77	265.5	1.0914[77]	微溶	溶	溶
黏氯酸	168.96	127			溶	溶	溶
黏溴酸	258	124			溶	溶	溶
呋喃甲酸	112.09	133~134	230~232		溶	易溶	易溶
氯磺酸	116.53	−80	151~152(分解)	1.753	分解	分解	
二苯基乙醇酸	228.24	150			溶(热)	易溶	易溶
对甲苯磺酸	172.20	106~107	140/20mmHg		易溶	溶	溶
邻氨基苯甲酸	137.14	144~146		1.412	溶(热)	溶	溶
乙酰水杨酸	180.15	135			0.333	20	10~6.7
水杨酸	138.12	159	211/20mmHg		微溶	37	33.3
乙醇酸	76.05	80			溶	溶	溶
苯巴比妥	232.24	174.5~178			微溶	溶	溶
乙酸酐	102.09	−73	140	1.082	12	溶	不溶
邻苯二甲酸酐	148.12	130.8	295	1.53	溶	溶	
乙酸乙酯	88.12	−83.57	77.06	0.9003	8.5[15]	∞	∞
乙酸正丁酯	116.16	−77.9	126.5	0.8825	0.7	∞	∞
苯甲酸乙酯	150.18	−34.6	213	1.0468	不溶	溶	∞
乙酰乙酸乙酯	130.14	−80(烯醇型) −39(酮型)	180.8	1.0250	微溶	溶	溶
乙酸苯酯	150.18	−51	213	1.057	不溶	∞	∞
苯甲酰氯	140.57	−0.5	197.2	1.2188	—	—	溶
对乙酰氨基苯磺酰氯	233.68	149			分解	易溶	易溶
二甲基甲酰胺	73.10	−61	152.8	0.9487	∞	∞	∞
邻苯二甲酰亚胺	147.13	238			微溶		
磺胺	172.21	164.5~166.5			微溶	微溶	不溶
N,N-二甲基苯胺	121.18	2.5	192.5~193.5	0.956	微溶	溶	溶
苯胺	93.13	−6.3	184.13	1.0213	3.6[18]	∞	∞
乙酰苯胺	135.17	114.3	304	1.219[15]	0.53[25] 5.2[100]	21	7[25]
间硝基苯胺	138.13	114	305~307(分解)	1.43	微溶	溶	溶
水合肼	50.06	−51.7(分解)	119.4	1.032	∞	∞	不溶
盐酸苯肼	144.59	243~246			易溶	溶	不溶
苏丹红	276.34	161~163			不溶	微溶	溶
甲基红	269.30	181~182			不溶	溶	
吲哚	117.15	52.5	254	1.22	溶	易溶	易溶
糠醛	96.09	−38.7	161.7	1.1594	溶	易溶	易溶
四氢呋喃	72.11	−108.5	67	0.8892	∞	∞	∞
吡啶	79.10	−42	115~116	0.9780	∞	∞	∞
1-甲基咪唑	82.11		198	0.945			
磺胺噻唑	255.32	200~204			微溶	微溶	不溶
α-氨基噻唑	100.14	93	140/11mmHg		微溶	微溶	微溶
α-氨基吡啶	94.12	58.1	204(升华)		溶	溶	溶

附录2　常见元素的原子量

元素名称		原子量	元素名称		原子量	元素名称		原子量	元素名称		原子量
银	Ag	107.868	铬	Cr	51.996	碘	I	126.9045	氧	O	15.9994
铝	Al	26.9815	铜	Cu	63.546	钾	K	39.098	磷	P	30.9737
溴	Br	79.904	氟	F	18.9984	镁	Mg	24.305	铅	Pb	207.2
碳	C	12.011	铁	Fe	55.847	锰	Mn	54.9380	硫	S	32.06
钙	Ca	40.08	氢	H	1.0079	氮	N	14.0067	锡	Sn	118.69
氯	Cl	35.453	汞	Hg	200.59	钠	Na	22.9898	锌	Zn	65.38

附录3　常用有机溶剂的沸点和相对密度

名称	沸点/℃	相对密度 d_4^{20}	名称	沸点/℃	相对密度 d_4^{20}	名称	沸点/℃	相对密度 d_4^{20}
甲醇	64.96	0.7914	乙酐	139.55	1.0820	氯仿	61.7	1.4832
乙醇	78.5	0.7893	乙酸乙酯	77.06	0.9003	四氯化碳	76.54	1.5940
正丁醇	117.25	0.8098	二氧六环	101.75	1.0337	二硫化碳	46.25	1.2632
乙醚	34.51	0.7138	苯	80.1	0.8787	硝基苯	210.8	1.2037
丙酮	56.2	0.7899	甲苯	110.6	0.8669			
乙酸	117.9	1.0492	二甲苯	140				

附录4　常用有机溶剂的纯化

　　市售有机溶剂也像其他化学试剂一样，有保证试剂（GR）、分析试剂（AR）、化学试剂（CP）、实验试剂（LR）及工业品等不同规格。可以根据实验对溶剂的具体要求而选用，一般不需作纯化处理。溶剂的纯化工作主要应用于以下几种情况。

　　① 某些实验对溶剂的纯度要求特别高，普通市售溶剂不能满足要求。

　　② 溶剂久置，由于氧化、吸潮、光照等原因使之增加了额外的杂质而不能满足实验要求。

　　③ 溶剂用量较大，为避免购买昂贵的高规格溶剂，需要以较低规格的溶剂代用。

　　④ 溶剂回收再用。

　　下面介绍的纯化方法适合前三种情况，对于第四种情况则需先用其他方法除去大部分杂质后再参照本方法处理。

　　1. 无水乙醇 CH_3CH_2OH

　　沸点78.3℃，折射率 n_D^{20} 为1.3616，相对密度 d_4^{20} 为0.7893。

　　普通乙醇含量为95％。与水形成恒沸溶液，不能用一般分馏法除去水分。初步脱水常以生石灰为脱水剂，这是因为：第一，生石灰来源方便；第二，生石灰或由它产生的氢氧化钙皆不溶于乙醇。操作方法：将600mL 95％乙醇置于1000mL圆底烧瓶内，加入100g左右新鲜煅烧的生石灰，放置过夜，然后在水浴中回流5~6h再将乙醇蒸出。如此所得乙醇相当于市售无水乙醇，质量分数约为99.5％。若需要绝对无水乙醇还必须选择下述方法进行处理。

（1）取1000mL圆底烧瓶安装回流冷凝管，在冷凝管上端附加一只氯化钙干燥管，瓶内放置2~3g干燥洁净的镁条与0.3g碘，加入30mL 99.5％的乙醇，水浴加热至碘粒完全消失（如果不起反应，可再加入数小粒碘），然后继续加热，待镁完全溶解后，将500mL 99.5％的乙醇加入，继续加热回流1h，蒸出乙醇，弃去先蒸出的10mL，其后蒸出的收集于干燥洁净的瓶内储存。如此所得乙醇纯度可超过99.95％。

由于无水乙醇具有非常强烈的吸湿性，故在操作过程中必须防止吸收入水分，所用仪器需事先放置于烘箱内干燥。

此方法脱水是按下列反应进行的：

$$Mg + 2C_2H_5OH \longrightarrow H_2 + Mg(OC_2H_5)_2$$
$$Mg(OC_2H_5)_2 + 2H_2O \longrightarrow Mg(OH)_2 + 2C_2H_5OH$$

（2）可采用金属钠除去乙醇中含有的微量水分。金属钠与金属镁的作用是相似的。但是单用金属钠并不能达到安全除去乙醇中含有水分的目的。因为这一反应有如下的平衡：

$$C_2H_5ONa + H_2O \Longleftrightarrow NaOH + C_2H_5OH$$

若要使平衡向右移动，可以加入过量的金属钠，增加乙醇钠的生成量。但这样做，造成了乙醇的浪费。因此，通常的办法是加入高沸点的酯，如邻苯二甲酸乙酯或琥珀酸乙酯，以消除反应中生成的氢氧化钠。这样制得的乙醇，只要能严格防潮，含水质量分数可以低于0.01％。

操作方法：取500mL 99.5％的乙醇盛入1000mL圆底烧瓶内，安装回流冷凝管和干燥管，加入3.5g金属钠，待其完全作用后，再加入12.5g琥珀酸乙酯或14g邻苯二甲酸乙酯，回流2h，然后蒸出乙醇，先蒸出的10mL弃去，其后的收集于干燥洁净的瓶内储存。

测定乙醇中含有的微量水分，可加入乙醇铝的苯溶液，若有大量的白色沉淀生成，证明乙醇中含有的水的质量分数超过0.05％。此法还可测定甲醇中含有0.1％、乙醚中含有0.005％醋酸乙酯中含0.1％的水分。

2. 无水乙醚 $C_2H_5OC_2H_5$

沸点34.6℃，折射率 n_D^{20} 为1.3527，相对密度 d_4^{15} 为0.7193。

工业乙醚中，常含有水和乙醇。若储存不当，还可能产生过氧化物。这些杂质的存在，对于一些要求用无水乙醚作溶剂的实验是不合适的，特别是有过氧化物存在时，还有发生爆炸的危险。

纯化乙醚可选择下述方法。

（1）取500mL普通乙醚，置于1000mL的分液漏斗内，加入50mL 10％的刚配制的亚硫酸氢钠溶液；或加入10mL硫酸亚铁溶液和100mL水充分振荡（若乙醚中不含过氧化物，则可省去这步操作）。然后分出醚层，用饱和食盐溶液洗涤两次，再用无水氯化钙干燥数天，过滤，蒸馏。将蒸出的乙醚放在干燥的磨口试剂瓶中，压入金属钠丝干燥。如果乙醚干燥不够，当压入钠丝时，即会产生大量气泡。遇到这种情况，暂时先用装有氯化钙干燥管的软木塞塞住，放置24h后，过滤到另一干燥试剂瓶中，再压入金属丝，至不再产生气泡，钠丝表面保持光泽，即可盖上磨口玻塞备用。

硫酸亚铁溶液的制备：取1000mL水，慢慢加入6mL浓硫酸，再加入60g硫酸亚铁溶液即得。

（2）经无水氯化钙干燥后的乙醚，也可用4A型分子筛干燥，所得绝对无水乙醚能直接用于格氏反应。

为了防止乙醚在储存过程中生成过氧化物，除尽量避免与光和空气接触外，可于乙醚内加入少许铁屑，或铜丝、铜屑，或干燥固体氢氧化钾，盛于棕色瓶内，储于阴凉处。

为防止发生事故，对于一般条件下保存的或储存过久的乙醚，除已鉴定不含过氧化物的以外，蒸馏时，都不要全部蒸干。

3. 甲醛

沸点 64.96℃，折射率 n_D^{20} 为 1.3288，相对密度 d_4^{20} 0.7914。

通常所用的甲醇均由合成而来，含水质量分数不超过 0.5％～1％。由于甲醇和水不能形成共沸混合物，因此可通过高效的精馏柱将少量水除去。精制甲醛含有 0.02％的丙酮和 0.1％的水，一般已可应用。如要制得无水甲醇，可用金属镁处理（方法见"无水乙醇"）。甲醇有毒，处理时应避免吸入其蒸气。

4. 无水无噻吩苯

沸点 80.1℃，折射率 n_D^{20} 为 1.5011，相对密度 d_4^{20} 为 0.87865。

普通苯含有少量的水（可达 0.02％），由煤焦油加工得来的苯还含有少量噻吩（沸点 84℃），不能用分馏或分步结晶等方法分离除去。为制得无水无噻吩的苯可采用下列方法：

在分液漏斗内将普通苯及相当于苯体积 15％的浓硫酸一起振荡，振荡后将混合物静置，弃去底层的硫酸，再加入新的硫酸，这样重复操作直至酸层呈现无色或淡黄色，且检验无噻吩为止。分去酸层，苯层依次用 10％碳酸钠溶液和水洗涤，用氯化钙干燥，蒸馏收集 80℃的馏分。若要高度干燥可加入钠丝（方法见"无水乙醚"）进一步去水。

噻吩的检验：取 5 滴苯于小试管中，加入 5 滴浓硫酸及 1～2 滴 1％的 α,β-吲哚醌-浓硫酸溶液，振荡片刻。如呈墨绿色或蓝色，表示有噻吩存在。

5. 丙酮

沸点 56.2℃，折射率 n_D^{20} 为 1.3588，相对密度 d_4^{20} 为 0.7899。

普通丙酮中往往含有少量水及甲醇、乙醛等还原性杂质。可用下列方法精制：

（1）1000mL 丙酮中加入 5g 高锰酸钾回流，以除去还原性杂质。若高锰酸钾紫色很快消失，需要加入少量高锰酸钾继续回流，直至紫色不再消失为止。蒸出丙酮，用无水碳酸钾或无水硫酸钙干燥后，过滤，蒸馏收集 55～56.5℃的馏分。

（2）1000mL 丙酮中加入 40mL 10％硝酸银溶液及 35mL 0.1mol/L 氢氧化钠溶液，振荡 10min，除去还原性杂质。过滤，滤液用无水硫酸钙干燥后，蒸馏收集 55～56.5℃的馏分。

6. 乙酸乙酯

沸点 77.06℃，折射率 n_D^{20} 为 1.3723，相对密度 d_4^{20} 为 0.9003。

乙酸乙酯沸点在 76～77℃部分的质量分数达 99％时，已可应用。普通乙酸乙酯含量为 95％～98％，含有少量水、乙醇及醋酸，可用下列方法精制。

于 1000mL 乙酸乙酯中加入 100mL 醋酸酐、10 滴浓硫酸，加热回流 4h，除去乙醇及水等杂质，然后进行分馏。馏液用 20～30g 无水碳酸钾振荡，再蒸馏。最后产物的沸点为 77℃，纯度达 99.7％。

7. 二硫化碳

沸点 46.25℃，折射率 n_D^{20} 为 1.6319，相对密度 d_4^{20} 为 1.2632。

二硫化碳是有毒的化合物（有使血液和神经组织中毒的作用），又具有高度的挥发性和易燃性，所以在使用时必须注意，避免接触其蒸气。一般有机合成实验中对二硫化碳纯度要求不高，在普通二硫化碳中加入少量磨碎的无水氯化钙，干燥数小时，然后在水浴上（温度55~65℃）蒸馏收集。

如需要制备较纯的二硫化碳，则需将试剂级的二硫化碳用质量分数为 0.5％高锰酸钾水溶液洗涤三次，除去硫化氢，再用汞不断振荡除硫。最后用 2.5％硫酸汞溶液洗涤，除去所有恶臭（剩余的 H_2S），再经氯化钙干燥，蒸馏收集。其纯化过程的反应式如下：

$$3H_2S+2KMnO_4 \longrightarrow 2MnO_2\downarrow+3S\downarrow+2H_2O+2KOH$$

$$Hg+S \longrightarrow HgS\downarrow$$

$$HgSO_4+H_2S \longrightarrow HgS\downarrow+H_2SO_4$$

8. 氯仿

沸点 61.7℃，折射率 n_D^{20} 为 1.4459，相对密度 d_4^{20} 为 1.4832。

普通用的氯仿含有少量质量分数为 1％的乙醇，这是为了防止氯仿分解为有毒的光气，作为稳定剂加进去的。为了除去乙醇，可以将氯仿用其体积一半的水振荡数次，然后分出下层氯仿，用无水氯化钙干燥数小时后蒸馏。

另一种精制方法是将氯仿与少量浓硫酸一起振荡两次。每 1000mL 氯仿用浓硫酸500mL。分去酸层以后的氯仿用水洗涤，干燥，然后蒸馏。除去乙醇的无水氯仿应保存于棕色瓶子里，并且不要见光，以免分解。

9. 石油醚

石油醚为轻质石油产品，是低分子量的烃类（主要是戊烷和己烷）的混合物，其沸点为30~150℃，收集的温度区间一般为30℃左右，如有 30~60℃、60~90℃、90~120℃等沸程规格的石油醚。石油醚中含有少量不饱和烃，沸点与烷烃相近，用蒸馏法无法分离，必要时可用浓硫酸和高锰酸钾把它除去。通常将石油醚用其体积的十分之一的浓硫酸洗涤两次，再用 10％的硫酸加入高锰酸钾配成的饱和溶液洗涤，直至水层中的紫色不再消失为止。然后再用水洗，经无水氯化钙干燥后蒸馏。如要绝对干燥的石油醚则加入钠丝（见"无水乙醚"）除水。

10. 吡啶

沸点 115.5℃，折射率 n_D^{20} 为 1.5095，相对密度 d_4^{20} 为 0.9819。

分析纯的吡啶含有少量水分，但已可供一般应用。如要制得无水吡啶，可与粒状氢氧化钾或氢氧化钠一同回流，然后隔绝潮气蒸出备用。干燥的吡啶吸水性很强，保存时应将容器口用石蜡封好。

11. N,N-二甲基甲酰胺

沸点 149~156℃，折射率 n_D^{20} 为 1.4305，相对密度 d_4^{20} 为 0.9487。

N,N-二甲基甲酰胺含有少量水分。在常压蒸馏时有些分解，产生二甲胺和一氧化碳。若有酸或碱存在，分解加快。所以在加入固体氢氧化钾或氢氧化钠在室温放置数小时后，即有部分分解。因此，最好用硫酸钙、硫酸镁、氧化钡、硅胶或分子筛干燥，然后减压蒸馏，36mmHg 下收集 76℃的馏分。当其含水较多时，可加入其体积十分之一的苯，在常压及80℃以下蒸去水和苯，然后用硫酸镁或氧化钡干燥，再进行减压蒸馏。

N,N-二甲基甲酰胺中如有游离胺存在，可用 2,4-二硝基氟苯产生颜色来检查。

12. 四氢呋喃

沸点 67℃，折射率 n_D^{20} 为 1.4050，相对密度 d_4^{20} 为 0.8892。

四氢呋喃是具有乙醚气味的无色透明液体，市售的四氢呋喃常含有少量水及过氧化物。如要制得无水四氢呋喃可与氢化锂铝在隔绝潮气下回流（通常 1000mL 约需 2～3g 氢化锂铝）除去其中的水和过氧化物，然后在常压下蒸馏，收集 66℃ 的馏分。精制后的液体应在氮气氛中保存，如需较久放置，应加质量分数为 0.025％ 的 2,6-二叔丁基-4-甲基苯酚作为抗氧化剂。处理四氢呋喃时，应先用小量进行试验，以确定只有少量水和过氧化物，作用不过于猛烈时，方可进行。

四氢呋喃中的过氧化物可用酸化的碘化钾溶液来检验。如过氧化物很多，应另行处理。

附录 5　常用有机试剂的配制

1. 2,4-二硝基苯肼

（1）用途

与醛、酮反应生成黄色沉淀，用于醛、酮的鉴别。

（2）配制方法

将 2,4-二硝基苯肼 3g 溶于 15mL 浓硫酸中，加入 70mL 95％乙醇，用蒸馏水稀释至 100mL，搅拌使其混合均匀，过滤，把滤液保存在棕色试剂瓶中。

2. 饱和亚硫酸氢钠溶液

（1）用途

亚硫酸氢钠与醛、脂肪族甲基酮及少于 8 个碳原子的环酮生成白色沉淀，用于此类醛酮的提纯和鉴别。

（2）配制方法

先配制 40％的亚硫酸氢钠水溶液，然后在 100mL 40％亚硫酸氢钠水溶液中，加不含醛的无水乙醇 25mL，溶液呈透明清亮。配制好后密封放置，但不可放置太久，最好是实验前临时配制。

3. 斐林（Fehling）试剂

（1）用途

斐林试剂与脂肪醛反应生成砖红色沉淀，用于脂肪醛与芳香醛及酮的区别。

（2）配制方法

斐林试剂 A——3.5g 的硫酸铜晶体（$CuSO_4 \cdot 5H_2O$）溶于 100mL 水中。

斐林试剂 B——17g 酒石酸钾钠晶体（$KNaC_4H_4O_6 \cdot 4H_2O$）溶于 15～20mL 热水中，加入 20％氢氧化钠溶液 20mL，然后稀释至 100mL。

此两种溶液要分别储藏，使用时才取等量试剂 A 与试剂 B 混合。

4. 托伦（Tollens）试剂（硝酸银氨溶液）

（1）用途

托伦试剂可与醛反应生成银镜，用于醛与酮的区别。

（2）配制方法

将 0.5mL 10％硝酸银溶液于试管中，滴加氨水，开始出现黑色沉淀，继续滴加氨水并摇动试管，至沉淀恰好溶解为止。

5. 氯化亚铜的溶液

（1）用途

与末端炔烃反应生成红棕色沉淀，用于此类化合物的鉴别。

（2）配制方法

① 1.5g 氯化亚铜与 3g 氯化铵溶解在 20mL 浓氨水中，用水稀释至 50mL；

② 5g 盐酸羟胺溶解在 50mL 水中。

使用时将①和②等体积混合。

6. 卢卡斯（Lucas）试剂

（1）用途

用于区别各级醇。各级醇与卢卡斯试剂反应的速度为：烯丙型醇、苄醇＞叔醇＞仲醇＞伯醇。

（2）配制方法

将 34g 无水氯化锌在蒸发皿中强烈熔融，稍冷后放入干燥箱中冷至温室，取出捣碎，溶于 23mL 浓盐酸中，配制时须加以搅动，并把容器放在冰水浴中冷却，以防氯化氢逸出。此试剂一般临时配制。

附录6　部分共沸混合物的性质

二元共沸混合物的性质

混合物的组分		760mmHg 时的沸点/℃		质量分数	
第一组分	第二组分	纯组分	共沸物	第一组分	第二组分
水		100			
	甲苯	110.8	84.1	19.6%	81.4%
	苯	80.2	69.3	8.9%	91.1%
	乙酸乙酯	77.1	70.4	8.2%	91.8%
	正丁酸丁酯	125	90.2	26.7%	73.3%
	异丁酸丁酯	117.2	87.5	19.5%	80.5%
	苯甲酸乙酯	212.4	99.4	84.0%	16.0%
	2-戊酮	102.25	82.9	13.5%	86.5%
	乙醇	78.4	78.1	4.5%	95.5%
	正丁醇	117.8	92.4	38%	62%
	异丁醇	108.0	90.0	33.2%	66.8%
	仲丁醇	99.5	88.5	32.1%	67.9%
	叔丁醇	82.8	79.9	11.7%	88.3%
	苄醇	205.2	99.9	91%	9%
	烯丙醇	97.0	88.2	27.1%	72.9%
	甲酸	100.8	107.3（最高）	22.5%	77.5%
	硝酸	86.0	120.5（最高）	32%	68%
	氢碘酸	−34	127（最高）	43%	57%
	氢溴酸	−67	126（最高）	52.5%	47.5%
	氢氯酸	−84	110（最高）	79.76%	20.24%
	乙醚	34.5	34.2	1.3%	98.7%
	丁醛	75.7	68	6%	94%
	三聚乙醛	115	91.4	30%	70%

混合物的组分		760mmHg 时的沸点/℃		质量分数	
第一组分	第二组分	纯组分	共沸物	第一组分	第二组分
乙酸乙酯		77.1			
	二硫化碳	46.3	46.1	7.3%	92.7%
己烷		69			
	苯	80.2	68.8	95%	5%
	氯仿	61.2		28%	72%
丙酮		56.5			
	二硫化碳	46.3	39.2	34%	66%
	异丙醚	69.0	54.2	61%	39%
	氯仿	61.2	65.5	20%	80%
四氯化碳		76.8			
	乙酸乙酯	77.1	74.8	57%	43%
环己烷		80.8			
	苯	80.2	77.8	45%	55%

三元共沸混合物的性质

第一组分		第二组分		第三组分		沸点/℃
名称	质量分数/%	名称	质量分数/%	名称	质量分数/%	
水	7.8	乙醇	9.0	乙酸乙酯	83.2	70.0
水	4.3	乙醇	9.7	四氯化碳	86.0	61.8
水	7.4	乙醇	18.5	苯	74.1	64.9
水	7	乙醇	17	环己烷	76	62.1
水	3.5	乙醇	4.0	氯仿	92.5	55.5
水	7.5	异丙醇	18.7	苯	73.8	66.5
水	0.81	二硫化碳	75.21	丙酮	23.98	38.04
水	4.0	丙酮	38.4	氯仿	57.6	60.4
水	3.1	正丁醇	34.6	丁醚	34.5	90.6
水	29.9	叔丁醇	11.9	四氯化碳	85.0	64.7

附录7　常用酸碱溶液相对密度及组成

盐酸

HCl 质量分数	相对密度 d_4^{20}	100mL 水溶液中含 HCl/g	HCl 质量分数	相对密度 d_4^{20}	100mL 水溶液中含 HCl/g
1%	1.0032	1.003	22%	1.1083	24.38
2%	1.0082	2.006	24%	1.1187	26.85
4%	1.0181	4.007	26%	1.1290	29.35
6%	1.0279	6.167	28%	1.1392	31.90
8%	1.0376	8.301	30%	1.1492	34.48
10%	1.0474	10.47	32%	1.1593	37.10
12%	1.0574	12.69	34%	1.1691	39.75
14%	1.0675	14.95	36%	1.1789	42.44
16%	1.0776	17.24	38%	1.1885	45.16
18%	1.0878	19.58	40%	1.1980	47.92
20%	1.0980	21.96			

硫酸

H_2SO_4 质量分数	相对密度 d_4^{20}	100mL 水溶液中含 H_2SO_4/g	H_2SO_4 质量分数	相对密度 d_4^{20}	100mL 水溶液中含 H_2SO_4/g
1%	1.0051	1.005	65%	1.5533	101.0
2%	1.0118	2.024	70%	1.6105	112.7
3%	1.0184	3.055	75%	1.6692	125.2
4%	1.0250	4.100	80%	1.7272	138.2
5%	1.0317	5.159	85%	1.7786	151.2
10%	1.0661	10.66	90%	1.8144	163.3
15%	1.1020	16.53	91%	1.8195	165.6
20%	1.1394	22.79	92%	1.8240	167.8
25%	1.1783	29.46	93%	1.8279	170.2
30%	1.2185	36.56	94%	1.8312	172.1
35%	1.2599	44.10	95%	1.8337	174.2
40%	1.3028	52.11	96%	1.8355	176.2
45%	1.3476	60.64	97%	1.8364	178.1
50%	1.3951	69.76	98%	1.8361	179.9
55%	1.4453	79.49	99%	1.8342	181.6
60%	1.4983	89.00	100%	1.8305	183.1

硝酸

HNO_3 质量分数	相对密度 d_4^{20}	100mL 水溶液中含 HNO_3/g	HNO_3 质量分数	相对密度 d_4^{20}	100mL 水溶液中含 HNO_3/g
1%	1.0036	1.004	65%	1.3913	90.43
2%	1.0091	2.018	70%	1.4134	98.94
3%	1.0146	3.044	75%	1.4337	107.5
4%	1.0201	4.080	80%	1.4521	116.2
5%	1.0256	5.128	85%	1.4686	124.8
10%	1.0543	10.54	90%	1.4826	133.4
15%	1.0842	16.26	91%	1.4850	135.1
20%	1.1150	22.30	92%	1.4873	136.8
25%	1.1469	28.67	93%	1.4892	138.5
30%	1.1800	35.40	94%	1.4912	140.2
35%	1.2140	42.49	95%	1.4932	141.9
40%	1.2463	49.85	96%	1.4952	143.5
45%	1.2783	57.52	97%	1.4974	145.2
50%	1.3100	65.50	98%	1.5008	147.1
55%	1.3393	73.66	99%	1.5056	149.1
60%	1.3667	82.00	100%	1.5129	151.3

氢氧化钾

KOH 质量分数	相对密度 d_4^{20}	100mL 水溶液中含 KOH/g	KOH 质量分数	相对密度 d_4^{20}	100mL 水溶液中含 KOH/g
1%	1.0083	1.008	28%	1.2695	35.55
2%	1.0175	2.035	30%	1.2905	38.72
4%	1.0359	4.144	32%	1.3117	41.97
6%	1.0554	6.326	34%	1.3331	45.33
8%	1.0730	8.584	36%	1.3549	48.78
10%	1.0918	10.92	38%	1.3769	52.32
12%	1.1108	13.33	40%	1.3991	55.96
14%	1.1299	15.82	42%	1.4215	59.70
16%	1.1493	19.70	44%	1.4443	63.55
18%	1.1588	21.04	46%	1.4673	67.50
20%	1.1884	23.77	48%	1.4907	71.55
22%	1.2080	26.58	50%	1.5143	75.72
24%	1.2285	29.48	52%	1.5382	79.99
26%	1.2489	32.47			

氢氧化钠

NaOH 质量分数	相对密度 d_4^{20}	100mL 水溶液中含 NaOH/g	NaOH 质量分数	相对密度 d_4^{20}	100mL 水溶液中含 NaOH/g
1%	1.0095	1.010	26%	1.2848	33.40
2%	1.0207	2.041	28%	1.3064	36.58
4%	1.0428	4.171	30%	1.3279	39.84
6%	1.0648	6.389	32%	1.3490	43.17
8%	1.0869	8.695	34%	1.3696	46.57
10%	1.1089	11.09	36%	1.3900	50.04
12%	1.1309	13.57	38%	1.4101	53.58
14%	1.1530	16.14	40%	1.4300	57.20
16%	1.1751	18.80	42%	1.4494	60.87
18%	1.1972	21.55	44%	1.4685	64.61
20%	1.2191	24.38	46%	1.4873	68.42
22%	1.2411	27.30	48%	1.5065	72.31
24%	1.2629	30.31	50%	1.5253	76.27

碳酸钠

Na_2CO_3 质量分数	相对密度 d_4^{20}	100mL 水溶液中含 Na_2CO_3/g	Na_2CO_3 质量分数	相对密度 d_4^{20}	100mL 水溶液中含 Na_2CO_3/g
1%	1.0086	1.009	12%	1.1244	13.49
2%	1.0190	2.038	14%	1.1463	16.05
4%	1.0398	4.159	16%	1.1682	18.50
6%	1.0606	6.364	18%	1.1905	21.33
8%	1.0816	8.653	20%	1.2132	24.26
10%	1.1029	11.03			

参 考 文 献

[1]　阴金香．基础有机化学实验．北京：清华大学出版社，2010.
[2]　张奇涵，关烨弟，关玲．有机化学实验．第 3 版．北京：北京大学出版社，2015.
[3]　高占先，于丽梅．有机化学实验．第 5 版．北京：高等教育出版社，2016.
[4]　蔡良珍，虞大红，肖繁花，等．大学基础化学实验（Ⅱ）．北京：化学工业出版社，2003.
[5]　徐伟亮．基础化学实验．第 2 版．北京：科学出版社，2010.
[6]　曾昭琼．有机化学实验．第 3 版．北京：高等教育出版社，2000.
[7]　焦家俊．有机化学实验．第 2 版．上海：上海交通大学出版社，2010.
[8]　周宁怀，王德琳．微型有机化学实验，北京：科学出版社，1999.
[9]　李霁良．微型半微型有机化学实验．北京：清华大学出版社，2003.
[10]　刘约权，李贵深．实验化学．第 2 版．北京：高等教育出版社，2006.
[11]　蔡炳新，陈贻文．基础化学实验．第 2 版，北京：科学出版社，2016.
[12]　古风才，肖衍繁．基础化学实验教程．北京：科学出版社，2000.
[13]　周科衍，高占先．有机化学实验教学指导．北京：高等教育出版社，1997.
[14]　王清廉，李瀛，高坤，等．有机化学实验．第 3 版．北京：高等教育出版社，2000.
[15]　曹健，郭玲香．有机化学实验．第 3 版．南京：南京大学出版社，2018.